粤北传统村落形态和建筑文化特色

朱雪梅 著

中国建筑工业出版社

图书在版编目（CIP）数据

粤北传统村落形态和建筑文化特色／朱雪梅著.
—北京：中国建筑工业出版社，2015.10
（岭南建筑丛书. 第三辑）
ISBN 978-7-112-18690-7

Ⅰ. ①粤…　Ⅱ. ①朱…　Ⅲ. ①农业建筑－建筑艺
术－广东省　Ⅳ. ①TU26

中国版本图书馆CIP数据核字（2015）第261127号

　　本书主要采取书斋与现场并重的态度与方法，综合多学科领域知识和研究成果。针对粤北历史文化特点，以古道为切入点，为调研选点和现场素材采集等方面提供指引，并通过古村落普查和传统民居调研，较为系统分析归纳粤北传统村落形态及建筑文化特色。对粤北周边地区研究状况及区域地理文化特色进行分析比较，从军事防御、迁徙移民等社会历史变迁出发，重新认识粤北传统村落的演变历程和动因。

责任编辑：唐　旭　李东禧　张　华
责任校对：张　颖　刘　钰

岭南建筑丛书　第三辑
粤北传统村落形态和建筑文化特色
朱雪梅　著

＊

中国建筑工业出版社出版、发行（北京西郊百万庄）
各地新华书店、建筑书店经销
北京锋尚制版有限公司制版
北京盛通印刷股份有限公司印刷

＊

开本：787×1092毫米　1/16　印张：16½　字数：317千字
2015年11月第一版　2015年11月第一次印刷
定价：59.00元
ISBN 978-7-112-18690-7
（27636）

总　序

　　《岭南建筑丛书》第二辑已于2010年出版，至今《岭南建筑丛书》第三辑于
2015年出版，又是一个五年。

　　2012年党的十八大文件提出："文化是民族的血脉，是人民的精神家园。全面
建成小康社会、实现中华民族的伟大复兴，必须推动社会主义文化人发展、大繁
荣"；又指出"建设优秀传统文化传承体系，弘扬中华优秀传统文化"，要求我国全
民更加自觉、更加主动地推进社会主义建设新高潮。

　　2014年习近平总书记指出："要实现社会主义经济文化建设高潮，要圆中国
梦。"对广东建筑文化来说，就是要改变城乡建设中的千篇一律面貌，要实现"东
方风格、中国气派、岭南特色"的精神，要实现满足时代要求，满足群众希望，创
造有岭南特色的新建筑的梦想。

　　优秀的建筑是时代的产物，是一个国家、一个民族、一个地区在该时代社会经
济和文化的反映。建筑创作表现有国家、民族的特色，这是国家、民族尊严和独立
的象征和表现，也是一个国家、民族在经济和文化上成熟和富强的标志。

　　岭南建筑创作思想从哪里来？在我国现代化社会主义制度下，来自地域环境，
来自建筑实践，来自优秀传统文化传承。我们伟大的祖国建筑文化遗产非常丰富，
认真总结，努力发扬，择其优秀有益者加以传承，对创造我国岭南特色的新建筑是
非常必要的。

2015年6月

前　言

　　一方水土养一方人，我国幅员辽阔，上下五千年历史源远流长，孕育着丰富多彩的地方文化，传统村落可谓量大面广而各具特色。虽然近年越来越多的专家学者投身于传统村落的研究并取得了丰硕的成果，但相对浩渺的祖国传统村落与乡土文化，这或许只是沧海一粟，还有许多村落未能得以深入研究，传统村落的研究和保护利用工作任重而道远，如广东粤北地区的传统村落就亟待人们探索研究。

　　因粤北的地理区位和历史上作为移民迁徙的重要空间走廊，将粤北置于湘楚文化、客家文化和广府文化三个文化核心区之间的交融地带进行考察是必要的，便于在更大区域范围内探索该地区村落特点和其文化渊源，以避免传统静态特征的个案分析，有助于三个文化核心区彼此之间缘起、辐射、影响和作用过程的研究，力求注重动态演变的类型分析。为此，本书采取书斋与现场并重的态度与方法，综合多学科领域知识和研究成果。一方面，针对粤北历史文化特点，以古道为切入点，为调研选点和现场素材采集等方面提供指引；另一方面，通过古村落普查和传统民居调研，较为系统地分析归纳粤北传统村落形态及建筑文化特色。对粤北周边地区研究状况及区域地理文化特色进行分析比较，从军事防御、迁徙移民等社会历史变迁出发，重新认识粤北传统村落的演变历程和动因。首先，以粤北古道为线索，对沿线典型村落进行分析，探寻其形成过程。其次，对粤北传统村落形态进行系统研究和比较，归纳总结其共同和差异特征。再次，基于区域背景和文化源流不同，对粤北传统村落空间构成及建筑特色进行研究，探索移民文化、族权空间和防御体系对村落格局和建筑文化的影响。最后，基于古道沿线相关地区传统村落差异比较，进而总结出粤北传统村落文化特色分区。

　　本书的主要内容基于笔者的博士论文，得益于导师程建军教授的悉心指导和前人丰硕的研究成果，在此深表感谢。同时也非常感谢陆元鼎教授一直以来在学术上的指教和鼎力举荐。因调研所限难以全面和深入到每个传统村落，同时也自知研究尚显粗浅，当借此书抛砖引玉，期待读者对书中不足之处的批评指正。谨此出版，希望能为一直处于研究薄弱环节的粤北亚文化区的传统村落研究予以补充，同时期许引发读者对该区域传统村落和民居更多思考和提供一些研究佐证。

目　录

总序

前言

第一章　　绪论

第一节　研究缘起　　　　　　　　　　　　　　　　　1
一、全球化对本土文化的冲击　　　　　　　　　　　1
二、国内传统村落面临的危机　　　　　　　　　　　2

第二节　传统村落研究情况　　　　　　　　　　　　　2
一、国际相关研究　　　　　　　　　　　　　　　　2
二、国内相关研究与实践　　　　　　　　　　　　　3

第三节　研究对象、方案和价值　　　　　　　　　　　4
一、研究对象　　　　　　　　　　　　　　　　　　4
二、研究方案　　　　　　　　　　　　　　　　　　5
三、研究价值　　　　　　　　　　　　　　　　　　6

第二章　　粤北周边地区研究背景及区域地理文化特色

第一节　粤北周边传统村落相关研究　　　　　　　　　9
一、岭南传统民居、聚落研究　　　　　　　　　　　9
二、粤北地域的相关研究　　　　　　　　　　　　　19
三、关于粤北传统民居、聚落研究　　　　　　　　　20

第二节　粤北传统村落区位特色　　　　　　　　　　　20
一、粤北区域历史沿革动态特色　　　　　　　　　　21
二、南北交汇中转的区位条件　　　　　　　　　　　23
三、军事战略要地特色　　　　　　　　　　　　　　25

第三节　粤北传统村落文化发展演变及移民文化特色　　25

一、早期文化　　26

二、移民文化　　27

三、少数民族文化　　28

第三章　　粤北古道及传统村落

第一节　历史上影响粤北的人口大迁移　　37

一、中国历史上的人口迁移　　37

二、影响粤北的几次大移民　　38

第二节　粤北古道与地理山水　　41

一、从南岭到南海的自然地理格局　　41

二、粤北古道　　43

第三节　粤赣地区古道及村落　　44

一、乌迳古道　　45

二、梅岭古道　　47

三、水口——南亩古道　　51

第四节　湘粤地区古道及村落　　52

一、城口湘粤古道　　54

二、宜乐古道（西京古道东线）　　57

三、星子古道（西京古道西线）　　61

四、茶亭古道　　62

五、秤架古道　　66

第五节　"反迁客家区"的村落　　67

一、始兴县村落　　67

二、翁源县村落　　68

三、新丰县村落　　70

四、曲江区村落　　70

五、浈江区村落　　72

六、英德市村落　　74

第六节　少数民族地区村落　　76

　　一、韶关乳源瑶寨　　　　　　　　　　　　　76

　　二、清远连州、连山、连南瑶寨　　　　　　　77

第四章　　粤北传统村落形态及特色

　　第一节　粤北传统村落的共性特色　　　　　　81

　　一、选址因地制宜　　　　　　　　　　　　　81

　　二、聚族而居、内向防御　　　　　　　　　　84

　　三、儒家礼制、耕读传家　　　　　　　　　　87

　　第二节　粤北传统村落形态的个性特色　　　　89

　　一、不同自然地貌的传统村落　　　　　　　　89

　　二、不同文化源流和历史时期对传统村落形态的影响　92

　　三、不同生计业态村落　　　　　　　　　　　93

　　四、重大事件和军事工事影响的村落　　　　　94

　　五、美好意象营建的村落　　　　　　　　　　96

第五章　　粤北传统村落空间构成及建筑特色

　　第一节　村落公共空间　　　　　　　　　　　105

　　一、村落公共空间形态及构成要素特色　　　　105

　　二、村落公共空间体系及模式特色　　　　　　112

　　三、空间的防御特色　　　　　　　　　　　　117

　　第二节　村落建筑　　　　　　　　　　　　　119

　　一、居住建筑　　　　　　　　　　　　　　　120

　　二、宗祠和宫庙　　　　　　　　　　　　　　134

　　三、书院和戏台　　　　　　　　　　　　　　150

　　四、构筑物　　　　　　　　　　　　　　　　163

　　第三节　粤北传统建筑技术与艺术　　　　　　167

　　一、建筑结构　　　　　　　　　　　　　　　167

　　二、装饰艺术　　　　　　　　　　　　　　　176

第六章　　　粤北传统村落文化特色分区

第一节　古道沿线村落特征　　　199

一、粤赣古道沿线村落典型特征　　　199

二、湘粤古道沿线村落典型特征　　　201

三、民俗文化的相互影响　　　215

第二节　粤北传统村落特色分区　　　226

一、粤北地区不同区域文化差异影响因素　　　227

二、粤北地区村落演进历史和动态变化路径　　　227

三、粤北传统村落特色分区　　　228

结语　　　231

附录　　　235

参考文献　　　245

后记　　　255

第一章
绪论

第一节　研究缘起

一、全球化对本土文化的冲击

全球化（globalization）是指人类的社会、经济、科技和文化等各个层面，突破彼此分割的多中心状态，走向世界范围同步化和一体化的过程。纵观人类发展史，全球化现象应是人类社会经济基础和生产方式发展到某一历史阶段的产物，早在19世纪，马克思就指出了它产生的历史必然性[①]。1985年西奥多·莱维特（Theodore Levitt）在《哈佛商报》上发表了题为"谈市场的全球化"[②]一文，首先用"全球化"这个词来形容此前20年间国际经济发生的巨大变化，特别是第二次世界大战以来的经济—科技—信息—文化的跨国化过程，形成各民族国家同步的新现象。

经济全球化促进了世界交往，不同文化类型之间同时存在着相互交流、冲突、渗透和融合，从而构成了生机勃勃的人类世界文化发展图景[③]。本来，经济全球化带来的文化全球化应该是一种"多元"的文化现象，但由于发展不平衡，西方发达国家掌握了文化输出主导权，文化全球化实际上是文化的一元化和趋同化，民族性、地域性的传统文化被打上落后愚昧的标签。这种现象在我国快速的城乡建设中尤显突出，暴露出浮躁和粗糙的痕迹，表现为对地方性文化视而不见，城市建设千城一面，传统建筑文化特色濒临危机，反映出急功近利的建筑文化"信仰危机"。同时，这种现象还蔓延到乡村，村庄建设也难免千村一面，要保持本土特色举步维艰，大多古村更面临消亡境地。

如此种种，也印证了西方曾有远见的学者所指出："全球化既是人类的一大进步，又起了某种微妙的破坏作用……这种单一的文明同时正在对创缔了过去伟大文明的文化资源起着消耗和磨蚀作用"④。可见，全球化是双刃剑，在发展建设中尤其要注意趋利避害，应着力挖掘本土文化内涵，传承提炼特色、升华文化精髓，以便在国际化大潮中不至于被同化、湮灭和淘汰，而是被吸收、融合为新的地域与民族文化。

二、国内传统村落面临的危机

冯骥才先生指出："传统村落是农耕文明留下的最大遗产，价值我认为不比长城小。因为我们中华民族最深的根在这里面，中华文化的灿烂性、多样性和地域性体现在里面，文化的创造性也在村落里……"⑤陈志华先生认为"没有乡土建筑，只有宫殿、庙宇、园林的建筑史研究是残缺不全的；没有乡土文化，只有庙堂文化、士大夫文化、市井文化的文化史研究也是残缺不全的"。诚然，过去相当长的历史阶段，农业文明在我国历史中处于绝对的统治地位，"刀耕火种"、"自给自足"的农耕文化成为中国文化的鲜明特点。传统村落作为人们长期聚居地，体现着与之相应的地方传统和民族特色，饱含乡土社会的历史文化信息。由此可见，传统村落凝聚着中华民族精神的同时，还保留着民族文化的多样性，它既是维系华夏子孙文化认同的纽带，也是繁荣发展民族文化的根基。⑥传统村落作为农耕文化内涵最丰富的承载地，是我国几千年农耕文明史的实物见证，具有历史、艺术和科学等价值，是不可再生的宝贵遗产。

尽管传统村落的价值毋庸置疑，但其保护传承现状极不乐观，出现了赵兵先生指出的"现代化所到之处，古老厚朴的田园景色、温情脉脉的宗法关系以及传统的乡村社会结构都被破坏无遗，凋敝的乡村成为城市工业化的牺牲品。在乡村物质方面提高的同时村落文化也在快速丧失。乡村形态的城市化现象破坏了千百年来遗留下来的乡土风貌和文化景观，乡村正在失去其应有的特色并导致许多人家园感的丧失"⑦。面对这些触目惊心的现象，传统村落已到了关乎生死存亡的紧急关头，乡村建设面临保护和发展的两难选择，任务尤为迫切。

第二节　传统村落研究情况

一、国际相关研究

面对全球化的冲击，国际社会已建立起广泛的共识，指出了单一文化模式的危害性，认为地域性和民族性文化是国际性文化的基础，在一定条件下地域性和民族性文化可以转化为国际性文化，国际性文化也可以被吸收、融合为新的地域与民族文化，这两者既对立又统一，相互补充共同发展。明确只有保持丰富多样的各种文化，才能维持这一文化系统的新陈代谢和生态平衡。同时，对传统村镇、乡土建筑的研究保护也日益重视，出台了一系列的国际宪章、宣言和决议等，成立了多个国际性的协会，随着相关宪章颁布，越来越多的国家加入到历史文化遗产保护的队伍中。如法国、意大利、英国、美国和日本等，在历史村镇、街区等的现状、价值和保护利用对策、政策及资金来源等方面进行了大量的研究和实践。从1964年纽约现代艺术馆首次举办的世界各地乡土建筑照片展以"赞美的镜头诗意地展现了那些尘世、苦壮、贴近大地的建筑"至今，乡土聚落及其保护得到持续关注。当代，在尊重传统聚落地域特色的前提下进行活化利用，以便更好地实现地域历史文化的保护和传承延续，正被国际社会大力推广践行。

二、国内相关研究与实践

长期以来，作为第三建筑体系[®]的乡土建筑和传统村落未受到应有的重视，直到1934年9月，龙庆忠先生在《中国营造学社汇刊》第5卷第1期发表的"穴居杂考"一文，开我国建筑学者研究中国传统民居之先河。梁思成先生在调研中国古代建筑的时候，发现遍布在中国大地上的民居也是中国建筑发展史上的一个重要部分，于1945年由其编著的《中国古代建筑史》才第一次按中国历史的发展，把中国民居纳入中国建筑史的体系中，这开启了对传统民居研究的序幕。1957年刘敦桢先生的《中国住宅概说》是中国第一部系统研究中国民居的专著。20世纪八九十年代民居研究形成热潮，出版了一系列研究地方民居的专著。陈志华、彭一刚、陆元鼎、单德启、聂兰生和朱光亚等强调乡土建筑和乡土文化研究的重要性，开始从村落环境的视角入手，倡议吸取乡土建筑文化养分，创造出新的建筑形式，使乡土建筑文化得到延续与再生，并从个案入手探讨了古村落保护与发展的模式与途径。2000年前后，随着乡土建筑研究广度和深度的递进，研究也逐步向精细化和多元化发展。从以往村落和建筑单体的研究逐步扩展到文化地理、空间意象等广阔领域，同时，还深入到单独的村落元素、建筑类型、建筑构建或某种建筑工艺的研究。

从总体上看，我国对传统村落的保护亦经历了从重点单体建筑到村落整体环境、再到局部要素和构建的研究，从单纯的物质文化遗产保护到关注非物质文化遗产的研究历程。在方法上，从单一建筑学领域的研究发展到社会学、人类学、民俗学、心理学、生态学、考古学等多学科综合性的研究。可见，研究范围不断地拓展，综合性不断加强，并取得了众多的研究成果和实践经验，为传统村落保护的开展提供越来越完善的法律保障，特别是近年来"历史文化名村"工作的不断开展，对提高地方政府的保护积极性和村民的保护意识起到明显的效果。

第三节　研究对象、方案和价值

一、研究对象

（一）地理范畴

　　粤北多指韶关、清远两个地级市所管辖范围，有时也将河源计入粤北[9]。本书研究的地理范畴集中于粤北地区，即广东省北部，与江西省、湖南省、广西壮族自治区接壤。具体包括韶关市所管辖的南雄市、乐昌市、仁化县、始兴县、乳源县、翁源县、新丰县、浈江区、曲江区、武江区和清远市所管辖的连州市、英德市、连

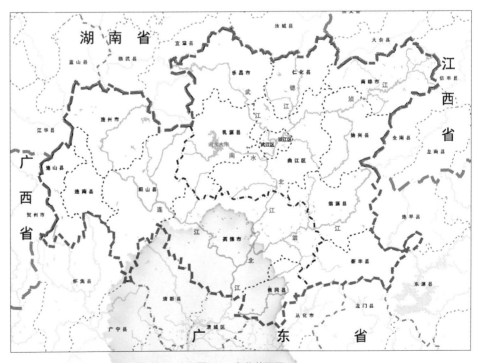

图1-1　粤北范围图
（来源：自绘）

南县、连山县、阳山县、佛冈县，共16县（市、区）。同时，在分析粤北地区传统村落的典型性和地域性特征时，也会涉及湘、赣、闽以及粤东和珠三角等其他地区的研究，并借用相关成果进行比对关联。从现行行政区划进行范围界定，一是便于研究，二是符合人们传统的共识，同时也与《广东历史地图集》[⑩]中所提的粤北区域接近。

（二）时间范畴

粤北传统村落建村时间较早，多数可追溯到唐宋时期，但由于中国传统民居建筑的砖木材料及结构特点，保存至今的民居和村落形态多为明清时期所建，加之明清时期客家人大规模迁入粤北地区，区域经济、社会和文化发生重大转型，客家文化反客为主，成为当地文化的主体。因此，本书研究的时间范畴以明清为主，当然基于研究的整体性和连贯性考虑，时间上也会有所推前延后。

（三）对象范畴

本书研究对象为历史遗存和传统风貌保留较为完整，具有较高历史文化、科学艺术和社会经济等价值的传统村落。因为这些村落拥有较丰富的物质形态和非物质形态的文化遗产，承载着中华传统文化的精华，是农耕文明不可再生的文化遗产[⑪]。粤北地区传统村落则反映了该地区作为移民走廊，承载着丰富的移民文化，体现了多元文化交汇融合的特征。

二、研究方案

本书研究对象为粤北传统村落，不可避免要涉及大量实物，必须对粤北传统村落进行全面的实地普查，并对具有典型性和特色的个案进行抽样测绘，抄录村落中的碑刻、楹联和谱牒等各种资料。同时还必须通过大量访谈，才能更生动、更深层次了解村落起源与变迁的历史、生活习俗、生产方式、匠艺技术和典故传说等。总之，只有通过近距离的观察、参与和体悟的田园调查，才能达到对粤北传统村落社会结构和社会生活更全面的认识。

传统村落外在的表现形式是具象的、多变的，但其内存在一种固定的深层结构，罗西称之为"文化原型（Prototype）"。它不仅是对场所精神、种族经验的沉淀，而且还是气候环境、自然地理特征以及社会文化状况在建筑上的累积与凝聚[⑫]。本书借助类型学的方法对粤北传统村落和建筑展开研究，依据其形态特征梳理分类，进而归纳统计以此寻找粤北地区传统村落的"文化原型"、演变规律、内在法则和典型特征。

传统村落是一定历史时期的产物，其产生和演变与社会、经济、政治、文化、技术等有着密不可分的联系。而粤北传统村落的建村时间远可追溯至唐宋，近至清末，拥有深厚绵长的历史。因此，对其研究只把握现状信息是远远不够的，需要收集大量历史资料，特别是具体建筑和村落的历史信息，乃至整个国家的社会、政治、经济、文化的历史背景资料，并对其进行分析整理，弄清楚粤北地区以及具体村落和建筑在历史发展过程中的"来龙去脉"，才能从中发现问题，启发思考，认识村落发展规律，推断其未来状况，指导实践。

粤北传统村落因其所在的区域位置和南北交通走廊的特点，受外来文化和周边地区影响深刻，将其与周边区域传统村落进行比较，通过逻辑分析认识对象间的相同点和差异点才能厘清源流，找出它们之间的共性与个性关系等。

由于粤北传统村落形态和建筑文化的多变性和复杂性，因此，在分析研究粤北传统村落时，并不局限于上文所提到的研究方法，而是需结合多种学科知识，以城市规划学和建筑学为基础，特别是借鉴社会学、考古学、人类学、民俗学和生态学等相关学科领域的研究成果和研究方法。在对村落物质实体空间形态的研究中，将更多地运用建筑学和城市规划学的知识，探讨其街巷、禾坪、池塘以及单体建筑的空间结构和布局特色。在村落环境的研究中，将结合生态学原理，分析在传统风水学观念支配下而营建的传统村落中所蕴含的生态观和其科学合理性。在探讨村落中人与人之间的关系上，将更多运用社会学、人类学和民俗学的知识，选择有代表性的村落进行详细考察。这样，才能从不同的角度发现村落的特色和存在的问题，以便在发展中探索保护模式和合理利用方法。

三、研究价值

以古道为线索，以水系为脉络，以村落形态为载体，以文化类型的动态演变过程为出发点，将粤北地区置于湘楚文化、客家文化和广府文化交融扩散的区域背景下，建立粤北传统村落区域类型体系，挖掘古道沿线有地域特色价值的村落，并综合多学科理论和知识，从村落起源、相地选址、平面布局、立面形式、构造技术、装饰艺术、乡土民俗和宗族发展等方面，深入研究粤北不同民系、民族和文化扩散作用下各类型区划的建筑文化特色，探析粤北传统村落和民居背后蕴藏的深层文化内涵，找出文化传播的特征和变迁背后的动因。

展示较完整的文化生态体系和较深厚的物质及非物质文化遗产，体现了社会价值、历史价值、艺术价值和科学价值，对粤北地区相关研究进行有效的补充。其学术价值，主要概括为以下几方面：一是丰富完善了粤北传统村落的研究内容；二是为粤北传统村落保护和民居特色的提炼提供参考；三是为广东省开展传统村落保护与利用建立评价体系，为新农村建设提供决策依据，也可成为其他学科领域研究工作的基础。

[注释]

① 马克思在《共产党代言》中指出："资产阶级，由于开拓了世界市场，使一切国家的生产和消费都成为世界性的了……过去那种地方的和民族的自给自足和闭关自守状态，被各民族的各方面的互相往来和各方面的互相依赖所代替了，物质生产是如此，精神生产也是如此。各民族的精神产品成了公共的财富。"见《马克思恩格斯选集》第二卷，外文出版社，1957：37~38.

② AlanM. Kantrow（ed.），Sunrisesunset：ChallengingtheMythofIndustrialObsolescence，JonhWinley&Sons，1985：53-68.

③ 曹泳鑫．中国共产党人文化使命研究[M]．上海：上海人民出版社，2011，7：55.

④ K. Frampton著，原山等译．现代建筑——一部批判的历史[M]．中国建筑工业出版社，1988：56.

⑤ 搜狐文化．古村落消亡速度惊人加大开发力度就是加大破坏力度[EB/OL]．http://cul.sohu.com/s2012/diyixianchang54/，2012，6，8.

⑥ 陈志华．说说乡土建筑研究[J]．建筑师，1997，4，(75)：78.

⑦ 赵兵．农村美化设计新农村绿化理论与实践[M]．北京：中国林业出版社，2011，5：53-54.

⑧ 建筑界倾向于把中国传统建筑划分为三大体系，即以皇家建筑为代表的第一建筑体系，以士大夫阶层建筑为代表的第二建筑体系，广大老百姓的乡土建筑被称为第三建筑体系。参见魏挹澧《风土建筑与环境》，载陆元鼎主编《中国传统民居与文化》，中国建筑工业出版社1991年版。

⑨ 百度百科．粤北[EB/OL]．http：//baike.baidu.com/view/3471244.htm

⑩ 广东历史地图集编辑委员会．广东历史地图集[M]．广州：广东省地图出版社，1995.

⑪ 人民网．首批中国传统村落名单公布600多村落将获严格保护[EB/OL]．http：//leaders.people.com.cn/n/2012/1221/c58278-19968989.html

⑫ 邓庆坦，邓庆尧．当代建筑思潮与流派[M]．武汉：华中科技大学出版社，2010，8：81.

第二章
粤北周边地区研究背景及区域地理文化特色

"村落"为人类生存和活动最重要的物质载体之一，其形态是人文要素与自然要素共同作用，而表现在"村落"这个物质实体的形式与结构上，其表象是实实在在可供触摸和观察的实体，而本质是深邃的文化和自然法则指导的逻辑关系反映。因此，要全面认识粤北地区传统村落形态，挖掘其建筑文化特色，离不开对其周边地区的研究和了解。粤北位于广东北部山区五岭南端，北与江西、湖南、广西三省区接壤，南临珠三角，正处于北面湘楚文化、南面广府文化、东面赣闽粤客家文化核心区和西面广西少数民族文化的交界地带，这四种个性鲜明的文化在此交汇、碰撞、融合，加之，历史悠久的古道文化传播，使粤北地区在文化上呈现出多元共生的特点。

第一节　粤北周边传统村落相关研究

一、岭南传统民居、聚落研究

岭南传统民居主要分为三大类型区：一是以珠江三角洲为核心的广府系民居；二是广东东北部山区的客家系民居；三是以韩江三角洲为核心的福佬系民居。

（一）客家地区

客家地区传统村落与民居的研究较早，早在1947年曾昭璇就发现客家民居的价值，并通过广泛的调查研究，发表了《客家屋式之研究》，从人类学和聚落地理学相合的角度分析客家"家屋之形式、变式、分布及来源"[①]。但或许受当时政治和社会环境的影响，曾先生的著作并没有引起学界的重视，甚至在他之后的一段时间里关于客家村落与民居的研究一度处于空白。直到20世纪80年代末90年代初，客家民居才引起国内外学者的重视。至今，关于客家村落与民居的研究可谓硕果累累，但主要集中在粤东梅州和福建西南两个客家聚集区。

1．社会学与人类学方面的研究

1999年台湾学者谢剑和大陆学者房学嘉合作出版的《围不住的围龙屋：记一个客家宗族的复苏》在客家人类学研究中有着重要影响。该书在掌握大量的文献资料和细致的田野调查基础上，分析了1949年以来在重大事件中，特别是政治、经济政策改变下，社会与文化的变迁对广东梅县丙村的温姓宗族的影响。更重要的是，两位作者不满足于现象描述及数据展示，而是努力探索这种变迁背后的深层意义，试图解释温姓宗族成员在功能上的作用、原来已经被压抑或瘫痪了的宗族组织再次复苏的原因和条件等②。此后不久，房学嘉先生又出版《围不住的围龙屋：粤东古镇松口的社会变迁》，在深入的田野调查基础上，配合地方志和族谱等文献资料，以"传统社会的结构与原动力"为切入点，探讨明清以来松口镇的宗族、民间信仰和墟市之间的互动关系③。谢剑和房学嘉两位学者对两个客家村镇的人类学调查，较全面地展示了当时客家人的生活状态，是外界认识客家人的重要著作。此外还有：何国强（2002年）对广东客家群生计的社会学研究④；刘晓春（2003年）对富东村的宗族、仪式与权力关系的调查⑤；周建新（2006年）对钟村客家宗族在社会城市化过程中遭遇拆迁问题而引发的一系列反应的研究⑥等。他们从不同的区域层面和研究视角，向人们展示客家人的各种生活状态和蕴含的深层文化，为后继客家地区的研究积累丰富的素材和经验。

2．建筑学方面的研究

早在1947年曾昭璇就对客家的屋式进行研究，从民居的形式、布局特点、分布范围和来源等进行分析，并认为客家屋采取"围龙"屋式主要不是地理原因，而由客家人强烈的宗族观念决定的⑦。此外还有：谢苑祥先生（1991年）探讨客家民居的类型⑧；林嘉书先生和林浩先生（1992年）探讨客家土楼的价值和文化内涵⑨；宙明先生（1992年）分析闽西南土楼的特点、成因和建造技术⑩；邱国锋先生（1995年）介绍梅州客家民居的类型和特色⑪；吴庆洲先生（1996年，1998年）探讨客家民居的美学智慧⑫、生殖崇拜⑬和民居意象⑭等。

可以看出，2000年以前从建筑学的角度研究客家民居尚处于探索阶段。林嘉书和林浩的《客家土楼与客家文化》，以土楼为主线，循着"客家文化—中国文化—世界文化"的程序，将土楼放到中国与世界的文化大系之中，从建筑学、文化学、民族学、历史学、艺术学、哲学等角度，探讨土楼的文化与根基、分布与类型、造型与工艺、设计与施工、宗教与生活、传统与创新等内容，以求得土楼在整个文化体系中的价值和位置⑮。而吴庆洲则从民居意象的角度出发，分析客家民居的深层内涵，认为客家民居具有"追求与宇宙和谐合一的意象、向往佛国宇宙的意象、宣扬儒家文化的礼乐意象、生殖崇拜意象、祈福纳吉的意象"[16]。

2000年以后，客家村落与民居的研究发展迅速，一批建筑学家纷纷投入研究，取得可喜的成果。其中，陆元鼎先生（2000年）在充分的资料收集和详细调研的基础上，分析客家建筑的意象与文化特色、营造仪式与技术、装饰艺术，并对全国各个地区客家建筑的特点进行系统地梳理[17]。唐孝祥先生（2001年）从建筑造型、文化、环境三方面阐述客家聚居建筑的审美价值和美学特征[18]。黎虎先生（2002年）探究客家的社会特征和民居的本源，认为宗族聚居和围堡式大屋是客家民系的两个基本特征，前者渊源于汉魏晋北朝中原的宗族共同体聚居制度和坞堡宗族聚居方式，后者渊源于汉魏晋北朝中原大宅与坞堡建筑[19]。潘莹先生（2002年）则以动态的观念从迁徙与融合的生活本质入手，探讨"客家主流民居"（指堂屋、土楼、土围子、围龙屋等民居）的演化过程，认为城郭和围寨是客家围楼的雏形[20]。程爱勤先生（2002年）从风水学的角度探析客家土楼的文化内涵，认为"'风水理论'规范着，乃至决定着客家民居的建筑思维和建筑行为"[21]。房学嘉先生（2005年）以屏东县内埔徐氏宗祠和梅县丙村仁厚温公祠为例，分析粤东梅州地区和台南六堆地区围龙屋的建构特征和文化异同[22]。林智敏先生（2006年）分析梅州客家传统民居存在的价值与意义，探索传统民居的保护与利用的方法[23]。杨宝先生和宁倩先生（2007年）以永定县初溪客家土楼群为实例，探讨其建筑本体及周边相关环境的保护规划对策[24]。特别值得指出的是陈志华先生（2007年）[25]对广东省梅州市南口镇侨乡村所辖的三个"围龙屋"式自然村（寺前排村、高田村和塘肚村）的田野调查。他从人文历史、村落建筑、"图版"三方面详细分析客家人长期迁移过程中产生聚族而居的围龙屋形式形成的背景和原因、围龙屋的演进和变化、围龙屋空间布局特点和构造施工技术以及客家村落的布局特点等，多角度展示围龙屋作为客家人"发迹海外，心系故乡"的文化内涵和特色。2008年吴庆洲先生系统地整理已有客家建筑的研究成果，辑成《中国客家建筑文化》[26]，详细系统地分析全国乃至世界各地的客家建筑文化。肖文燕先生（2009年）以梅州为例考察客家围的"洋化"，探讨侨乡民居的变迁以及华侨在这一变迁中的作用，并分析其原因[27]。吴卫光先生（2010年）则尝试以图像学、田野调查和"深描"（Thick Description）的分析方法，从人文学科的层面上去理解围龙屋建筑图像和装饰图像中，隐藏在视觉象征符号下的深层意义，探究围龙屋自身形态发展和风格演变的内在规律和文化内涵[28]。

（二）广府地区

以珠江三角洲为中心的广府地区，有着十分优越的自然条件。广州为珠三角的中心城市，建城至今已有2200多年历史，历史上是我国重要的通商口岸，商业、对外贸易发达，特别到明清以后，一度成为岭南乃至全国经济和文化输出的核心地区之一，在国内外有着深远的影响。在城市商贸活动的影响下，农村商业活动也比较活跃，特别是明清以后，农村地区出现桑基鱼塘的农业制度，大大推动了农村经济的发展，村落形态也有所变化。关于广府地区村落与民居的研究是在20世纪90年代前后有关学者对广州西关地区民居的研究后才逐渐展开的，如杨秉德先生、龚耕先生和刘业先生等。2000年以后，随着经济的快速发展，广府地区城乡问题逐渐突显，社会学家开始关注广州的"城中村"问题，如李培林先生、周天芸先生和欧阳可全先生等。可以说，广府地区传统村落与民居的研究是从城市民居开始的，到2000年后村落和民居才真正得到重视，社会学、人类学、建筑学和城市规划等学科的研究成果才逐步丰富起来，并逐渐朝着多学科结合的综合性研究方向发展。

1．文化地理学、社会学与人类学方面的研究

广府地区村落与民居的研究，早期在文化地理学家对该区域的研究中均有所论述，如司徒尚纪先生认为"三间两廊式传统民居流行于粤中地区，为小农户所居，中间为厅，左右为房，东廊为门廊，西廊为厨房，厅前由围墙构成约10平方米小院落，中间多设花坛，摆设盆景，构成向心聚合式院落空间"[29]（1993年），聚落"以梳式（也称把齿式）布局为主。即聚落民居整齐划一，像梳子一样南北向排列成行"[30]（2001年），从文化现象进行研究。

2000年以后广府地区的城乡问题日益明显，特别是"城中村"问题逐渐演变为一个突出的社会问题。为此，社会学和人类学家们开始进入到这些"无农业的村落"中去，走街串巷，努力从对村落的观察和对每一个人的交谈中，寻找问题产生的原因。其中周大鸣先生（2003年）以宗族结构为研究主体，从新中国成立前、新中国成立后和当代这三个时间阶段分析了南景村非正式权力的民间组织与正式权力的国家政权的展演[31]。李培林先生（2004年）在对广州40多个"城中村"的研究中，试图"建立一种关于中国村落终结的具有普遍解释力的理想类型"[32]，把多个村的原始素材进行提炼和"一般化"处理，塑造一个多原型的"羊城村"模型。除此之外，广府地区村落的社会学和人类学研究比较有代表性著作还有：《珠江流域的族群与区域文化研究》[33]（2007年）一书对珠江流域内多个村落的社会组织、经济发展、文化习俗等进行调查分析研究；《潮平两阔，风正一帆悬：广州江村的变迁》[34]（2008年）一书则基于日常生活层面，用定性、定量和多重调研相结合的方法，讨论和分析改革开放以来江村变迁的原因、内容、模式、趋势等；《求索中的演进：佛山夏西村的变迁》[35]（2008年）一书以土地变化为基础，通过婚姻、家庭、

政权组织与群众组织、习俗与信仰、公共生活和社会保障等的演变，分析夏西村改革开放30年来变迁的内外因及发展中存在的问题；《乡村的终结：南景村60年变迁历程》[36]（2010年）一书以南景村为案例，分析其60年来社会、经济、文化等方面的变迁，重点讨论"农村如何实现转型"的问题，在经验上对中国农村如何实现转型进行探讨。

　　2．建筑学方面的研究

　　广府村落与民居的研究早期主要在分析城市旧区民居的建筑形式和居住环境。如杨秉德先生的《广州的竹筒屋》[37]（1990年）分析竹筒屋建筑形式与居住模式的关系；龚耕先生和刘业先生的《广州近代城市住宅的居住形态分析》[38]（1991年）从心理意识、生活习惯、地方经济和气候特点等方面探讨城市住宅的居住形态特征；潘安先生的《广州城市传统民居考》[39]（1996年）从传统民居生存的客观条件、产生和发展的过程及其基本特征等角度对广州城市传统民居进行研究等。至2000年以后，广府地区传统村落和民居的研究才得到普遍的重视，研究方向和角度呈多样化发展，成果颇丰，总体上可分为建筑文化和建筑技术两方面。

　　（1）建筑文化

　　建筑文化的研究早期主要有陆元鼎、朱光文和罗雨林等。其中陆元鼎先生的《广州陈家祠及其岭南建筑特色》[40]在分析广府祠堂形制的基础上，以陈家祠为例从建筑布局、建筑艺术、气候适应性等方面分析其体现的岭南建筑特色的要素，认为"陈氏书院建筑贯彻了实用与艺术相结合、结构与审美相结合的原则，充分运用了各种艺术门类的特点和手法，创造了雕琢精致、华丽和谐的装饰装修形象"[41]。罗雨林先生的《广州陈氏书院建筑艺术》[42][43]则从建筑布局和平面形制、建筑结构与造型、建筑装饰（包括木雕、砖雕、石雕、陶塑瓦脊、灰塑、铸造、壁画及书法对联）等方面对陈氏书院的建筑文化内涵进行剖析。2000年以后，广府村落与民居的研究开始由单体民居和祠堂的研究转向村落文化、整体布局、景观环境、形态特色和保护利用等方面的研究和探索。如朱光文先生的《明清广府古村落文化景观初探》[44]（2001年）分乡土聚落景观和乡土建筑景观两个层面，从民居、宗祠、宅第庭园、村庙、水口等方面对明清广府古村落文化景观进行分析，认为乡土建筑与乡土文化有机结合，明清广府古村落文化景观是珠三角的独特地理环境与广府民系乃至岭南区域文化共同作用的产物。王健先生的《广府民系民居建筑与文化研究》[45]（2002年）尝试运用文化人类学的理论分析广府民系地域居住模式和形态，梳理其居住建筑的源流和脉络。

　　刘炳元、郑力鹏和郭祥等则针对广府村落面临的危机，从聚龙村个案研究进行探索分析，以保护与利用为出发点，发掘村落与民居的特色，探索适合本地区现状的对策。刘炳元的《东莞古村落保护与利用研究》[46]（2001年）以虎门镇逆水流龟村堡水围、茶山镇南社村、石排镇塘尾村为例，分析东莞古村落的共同特征[47]。王海娜（2006年）提出在保护的同时，活用文物资源，发展旅游业[48]。隋启明（2011年）则尝试将广府村落建筑进行价值评价，根据得分将历史建筑分为文物性历史建筑和风貌性历史建筑，然后提出两者在技术层面上相应的保护措施和管理维修方法[49]。此外还有：冯江（2010年）在田野调查的基础上，对明清广州府宗族祠堂的衍变研究[50]；田银生等（2012年）对广府民居形态演变及其影响因素与动力机制的分析[51]等。

（2）建筑技术

关于广府村落与民居建筑技术方面的研究并不多，而且主要研究也集中在建筑通风采光等建筑物理方面的分析上，对村落整体的研究并不多见。较早从建筑技术研究广府民居的有汤国华，他从空间环境、热环境、光环境、声环境、安全环境和卫生环境等方面，通过详细的调查数据分析广州近代民居构成单元的居住环境[52]。此外还有赖传青（2007年）采用数据分析和表格统计的方法研究广府地区风水塔的营建规律和尺度规律，尝试为风水塔的修复、修缮、复原提供技术参考[53]。曾志辉（2010年）则通过实测与CFD模拟，从传统群组的布局通风、民居单体通风、民居细部通风三个层面，探讨广府传统民居的实际通风效果及其作用机理，总结提炼广府传统民居的通风经验，再结合当代新型的技术、材料和构造，探索将传统通风方法和技术应用到现代建筑中的有效途径[54]。

3. 潮汕地区

潮汕传统村落与民居的研究，萌芽于20世纪20年代社会学者对潮汕宗族村落的田野调查，起步于20世纪90年代建筑学者对潮汕单体民居建筑的布局类型、建造技术等方面的研究。发展于2000年以后，有关学者对建筑文化、建筑装饰和建筑工艺的研究。直到目前，潮汕传统村落与民居的研究才逐步走向多样化与综合化，并以多学科知识的综合运用研究为未来的发展趋势。总体上，关于潮汕传统村落与民居的研究主要集中在社会学、人类学和建筑学等方面。

（1）社会学与人类学方面的研究

潮汕传统村落的研究始于20世纪20年代，时任上海江户大学教师的美国学者丹尼尔·哈里森·葛学溥对潮州溪口村[55]的调查，1925年由哥伦比亚大学出版《华南的乡村生活：广东凤凰村的家族主义社会学研究》。这是中国社会学、人类学第一次对村落全面的田野调查，也是第一本华南汉人村落社区的民族志研究。它记录和分析了凤凰村的人口、经济、政治、教育、婚姻和家庭、宗教信仰和社会控制等，并对凤凰村进行了体质人类学的调查，是广东最早的体质人类学的记录之一。[56]葛学溥还开创性地提出"家族主义"（Familism）的概念，认为"家族主义"是一种社会制度，家族成为所有价值判断的基础和标准。

周大鸣先生对凤凰村进行追踪调查，在《凤凰村的变迁：〈华南的乡村生活〉追踪研究》[57]中回应葛氏书中存在的疑问，并对葛氏得出的结论进行今昔对比分析，让人更全面真实地了解凤凰村近百年来的历史变迁和发展现状。

在葛学溥之后，身为潮汕人的陈礼颂又于20世纪30年代对当时的潮州市澄海县（现为澄海区）斗门乡（现为汕头市澄海区上华镇斗门村）进行类似的田园调研，于1995年出版《一九四九前潮州宗族、村落、社区的研究》[58]。该书比葛学傅的书有所推进，用详细的数据与事例展示了20世纪30年代斗门乡的人、宗族、生活礼俗等社会生活，并依据作者对潮汕文化的理解，对这些现象做了较为合理的解释或推测。此后，又有杨正军和王建新于2007~2008年对汕头市潮阳区新和村的调研，于2008年出版《粤东侨乡：汕头新和村社会经济变迁》[59]，依然以民族志的方法，从历史变迁、民俗与礼仪、社会组织、教育成果等方面进行研究，试图以此展现改革开放30年来广东农村的变化与成就。

（2）建筑学方面的研究

从建筑学的角度对潮汕传统村落与民居进行研究，较早有陆元鼎和魏彦钧两位学者。他们在20世纪80年代初开始对潮汕民居展开调查，1982年发表的《广东潮汕民居》[60]成为第一篇从建筑学的角度对潮汕民居进行系统分析的文章。它通过大量的建筑平面、立面和细部大样图，展示丰富多彩的潮汕民居建筑，总结潮汕民居的平立面布局类型、建筑屋顶形式和细部装饰特点等，并分析其中蕴含的文化内涵和建筑技术合理性。1988年程建军先生发表《"压白"尺法初探》[61]，对中国建筑中的"压白"尺法进行详细的考证、剖析和尺寸推测，并借用潮州许府（至迟初建于明中期）的测量数据进行佐证。1990年，两位学者又将他们对广东省民居考察后的成果整理出版《广东民居》[62]一书，在《广东潮汕民居》的基础上，将潮汕民居置于整个广东省的范围内与其他民居进行比较分析，突出潮汕民居的特点。1991年陆元鼎先生又发表《广东潮州民居丈竿法》[63]，对流传于潮汕民间工匠中的房屋营造"要诀"和丈竿法的运用方法进行详细的解析，并初步总结出潮汕民居的设计原则和方法。在陆元鼎、魏彦钧和程建军的持续关注和影响下，潮汕民居在建筑学上逐步得到重视，许多青年学者纷纷从不同的角度对潮汕民居进行研究。这些研究总体上可分为建筑技术和建筑文化两个方面。

1）建筑技术

建筑技术方面的研究主要有吴国智、吴鼎航、唐孝祥和郑小露等。吴国智先生是研究潮汕民居建筑技术较早的学者，他从潮州许驸马府的研究中发现潮汕民居建造中蕴含着复杂的传统建筑技术，并由此展开一系列的专项研究。于20世纪90年代初开始，吴国智先生先后发表了《广东潮州许驸马府研究》[64]、《潮州民居板门扇做法算例》[65]、《潮汕民居侧样之排列构成——上厅六柱式》、[66]《潮州民居侧样之构成——前厅四柱式》[67]、《潮汕民居侧样之排列构成——下厅九桁式》[68]、《上厅开启式柱扇侧样之构成》[69]、《柱扇式五柱侧样之排列构成》[70]等一系列文章，分别研究了许驸马府的建造、潮州民居的板门扇、上厅六柱式、前厅四柱式、下厅九桁式、上厅开启式柱扇、柱扇式五柱排列构成等的做法，并结合实例对苦涩的营造"口诀"进行详细的解析，以"求其通俗易用，使祖先在营建房屋的实践中总结形成的行之有效的'规矩'与'法则'，逐渐升华为能在较大范围内传承的精神财富。"[71]吴国智先生的研究为我们展示了潮汕建筑蕴含的传统工艺技术魅力和深厚的建筑文化内涵，为潮汕传统民居建筑的保护、修缮和建筑技术的传承做了重要贡献。程建军先生的《粤东福佬系厅堂建筑大木构架分析》[72]、陆元鼎先生和魏彦钧先生的《广东潮安象埔寨民居平面构成及形制雏探》[73]、唐孝祥先生和郑小露先生的《潮汕传统建筑的技术特征简析》[74]则从防潮防蛀、防风防雨、抗震抗灾三个主要方面分析潮汕传统建筑的技术特征，总结出潮汕传统建筑因地制宜的材料运用和集多重目的于一体的技术手法，折射出其自然适应性，体现了潮汕传统建筑技术的务实性。

2）建筑文化

较早从建筑文化的角度研究潮汕民居的有何建琪先生的《传统文化与潮汕民居》和钟鸿英先生的《潮汕民居风采揽胜纪略》[75]。其中何建琪先生的《传统文化与潮汕民居》[76]（1991年），从文化传播对潮汕民居的影响、潮汕民居的传统文化观、方位选择、平面组织和空间形态构成等方面对潮汕民居进行分析，认为潮汕民居在传统文化观念和当地自然环境的共同影响下，形成颇具特色的建筑风格并有较完整的设计思路和方法。特别值得借鉴的是作者从文化传播的角度分析潮汕人口的来源对潮汕民居形成的影响，并结合韩江流域特殊的自然环境，详细分析潮汕民居的特点。

2000年以后，从建筑文化的角度研究潮汕民居的文献明显增多，研究的侧重点有所不同，大有"百花齐放"之趋势。其中，主要有：曾建平（2003年）从美学的角度探讨陈慈黉故居的美学现象和深层的文化意蕴[77]；林凯龙（2004年）对潮汕民居的源流及演变、建筑形制与格局进行考据，并重点从美学的角度对建筑装饰和工艺进行赏析[78]；林平（2004年）从建筑布局与文化渊源的角度探讨潮汕民居的本土特性[79]；陈榕滨和陈晓云（2005年）从风水文化的角度探讨潮汕民居的择向布局、建构尺度和细部装饰中蕴含的风水哲理[80]；李绪洪（2006）从艺术学和美学的角度分析潮汕传统建筑的石雕艺术[81]；2007年林凯龙又从建筑美学和装饰艺术的角度分析潮汕传统民居建筑的价值[82][83]；陆琦（2008年）系统地从潮汕的自然环境、民系形成、聚居形态、民居类型、建筑造型及营造技术等做了详细的分析，总结了潮汕民居文化特点[84]；林卫新和李建军（2009年）从文化唯象的角度探讨潮汕祠堂建筑在维系宗族团体和社会稳定中所起的作用[85]；蔡海松（2012年）以通俗的语言介绍潮汕民居建筑的文化渊源和建筑特色[86]等。

4. 邻近的湘南、赣南和闽西南地区

湘赣闽村落与民居的研究较多，主要集中在建筑文化、建筑装饰艺术、村落布局模式、民居类型区系、保护与利用、少数民族民居特色等方面。

早在1987年高诊明、王乃香和陈瑜的《福建民居》就曾对福建传统民居进行了较广泛的调查，从福建的自然、历史、社会出发，结合手绘图录对民居的群体组合、建筑布局、空间处理、结构造型以及细部装饰等方面进行分析。[87]

20世纪90年代，叶强（1990年）结合瑶族的生活习俗，对湘南瑶族民居的平面形式和构造特点进行分析[88]。杨慎初（1993年）探讨了湖南汉族、土家族、苗族、侗族、瑶族的民居特点[89]。黄浩、邵永杰和李延荣（1993年，1996年）从江西天井式民居的平面组合、立面处理、梁架构造、装饰艺术等方面分析其特点[90][91]。黄镇梁（1999年）结合实例分析了开合式天井的物理特征、构造制式、设计理念和使用功能[92]。

2000年以后，建筑学界开始对湘赣闽民居的村落布局模式和类型区系进行研究。主要有李国香的《江西民居群体的区系划分》[93]，按照江西民居群体建筑类型的区系分区，将江西民居划分为赣东、赣南、赣西、赣北和婺源五个大的区系，并简析每个区系民居群体的主要特点。之后，潘莹和施瑛（2007年）对江西传统聚落布局模式的特征进行分析，总结出其受"形势派"风水理论影响、广泛地采用"横巷式"布局、宗族结构之间的关系极具密切以及受到地形条件的制约极大等四个鲜明特征[94]。蔡凌（2007年）[95]在田野调查的基础上，选取具有地域代表性的5个侗族村落进行分析，并认为村落构成元素、住宅平面形制、公共建筑构建技术和村落空间图式这几个方面在地域上重合和同构，以此为依据确定侗族建筑文化与地理格局的关系，寻找它的区域分布的规律。戴志坚（2009年）从人类文化学的角度，以民系为线索，结合福建各地区气候和地理环境的影响，将福建传统建筑分布划分为六分文化区：闽南海洋文化区、莆仙科举文化区、闽东江城建筑文化区、闽北书院文化区、闽中山林建筑文化区和闽西南客家移垦文化区，并对闽西南客家民居的分布和类型特点进行研究，探索福建客家民系的社会形态、经济生活与民居的关系[96]。

面对正在急剧消逝的传统村落，有关专家和学者对湘赣民居的保护和利用进行了探索。魏欣韵（2003年）[97]在实地考察和测绘的基础上，从湘南聚落与地域、传统的关系着手，对聚落布局、公共空间、空间结构层次、传统文化和地域环境对聚落的影响进行研究和分析，并提出保护和开发的具体措施。李哲和柳肃《湖南传统民居聚落街巷空间解析》以湖南永兴县板梁村为线索，从空间构成形态和交往行为特征两方面分析湖南传统民居聚落中的街巷空间，运用人体工程学和环境心理学原理解析传统街巷的空间结构、界面、节点及空间尺度，指出了传统街巷空间的延续与保护对传统民居聚落肌理形态和社会生活网络保护的重要意义[98]。

此外，还有许多著作和研究论文从建筑文化、建筑技术、装饰艺术等方面对湘赣民居进行研究，取得了丰硕的成果。比较有影响的研究成果有郭谦的《湘赣民系民居建筑与文化研究》（2005年），用人文社会科学与建筑学相结合的研究方法，以地域生活圈为研究范围，从方言民系的角度研究湘赣民系民居建筑，分析了人口迁徙和民系形成过程以及地域社会文化背景，探讨了居住模式与宗族组织、家族生活之间的互动关系，系统论述了聚落环境、空间特征和装饰手段，并对建筑技术成就进行了分析总结[99]。陈牧川（2006年）从风水学的角度对江西万载周家大屋进行考察研究，认为风水模型指导着传统村落的住宅建设、宅址的选择、村镇格局的形成[100]。江西省政协文史委（2006年）从搜集、整理文史资料的角度，采撷部分经典古村古民居资料结集成册，从另一个角度反映丰富多样的江西传统村落和民居[101]。伍国正、余翰武、吴越和隆万容（2008年）从阐述中国古代"天人合一"的基本哲学观念着手，分析了湖南传统民居在村落选址、空间布局、建造技术、建筑装饰等方面的生态环境特点，揭示了湖南传统民居的地理环境、气候条件、历史文化传统、生活习俗和审美观念中隐含的中国古代基本的哲学观念和朴素的生态精神，指出了传统民居的生态环境在当今和谐社会宜居社区的规划建设中的借鉴意义[102]。黄浩（2008年）分析赣南客家围屋产生的社会背景、类型、特征、文化本质以及赣南围屋与闽粤围楼的异同[103]。李秋香（2008年）从自然地理和人文历史的角度对闽西山区连城的客家村落——培田村的周边环境、村落布局结构、宗祠、民居、商铺以及各类公共建筑的演变、形制和装饰等进行系统地研究[104]。张索娟（2008年）在实地调研的基础上，运用形态学分析方法对湘南传统聚落景观空间形态进行研究，并阐释其文化内涵[105]。郭粼和曾国光（2009年）[106]从赣南客家传统民居的类型、产生背景及特征（结构特征、文化特征）等方面对赣南客家传统民居进行分析。李晓峰和谭刚毅（2009年）以典型案例的形式分析湘南传统村落的整体格局、民居和祠堂等的布局和特点[107]。陈志华和李秋香（2010年）则在对婺源县传统村落进行系统归纳的基础上，从人文因素的角度，按建筑类型，重点论述延村、思溪村、甲路村、黄村等十个村落，并分析其典型建筑的装饰艺术[108]。

二、粤北地域的相关研究

相比周边地区，粤北地域的研究总体上还是比较丰富的，研究文献和专著数量众多，涉及历史学、经济学、民族学、地理学、民俗学和语言学等学科。较早有陈忠烈先生（1988年）对清代粤北经济区域形成的研究、高惠冰（1991年）对古代粤北经济地位变化的研究[109]、黄志辉（1994年）对粤北少数民族历史渊源的研究[110]、谭子泽和赖井洋（1995年）对英德市江湾村民俗的调查[111]、沈涌（1996年）对曲江县群星客家民俗的调查[112]等。特别是曾汉祥和谭伟伦对粤北地区的传统经济、社会、民俗和宗教等进行的系统整理和研究，先后出版了《韶州府的宗教、社会与经济》[113]（2000年）、《乐昌县的传统经济、宗族与宗教文化》[114]（2002年）、《始兴县的传统经济、宗族与宗教文化》[115]（2003年）、《连州的传统经济、宗教与民俗》[116]（2005年）等系列研究文集，对了解粤北地区的传统社会与文化提供了丰富的资料和素材。除此之外，庄初升（2004年）对粤北土话的分布和音韵的系统研究，为人们展示了粤北区域不同的语言文化分区和影响范围，认为：雄州片具有明显的客家方言性质，是赣南"老客家话"在地缘上的延伸；韶州片和连州片两宋以来主要来源于江西中、北部的方言，明清以来融合客家方言、粤方言和西南官话，连州片与湘南土话、桂北平的关系非常密切[117]。

此外，还有黄晓梅（2004年）对粤北瑶族地区经济文化建设的探讨[118]、陈晓毅和马建钊（2006年）对粤北山区瑶族移民搬迁后的文化适应性的探讨[119]、朱丽芬（2008年）对排瑶"耍歌堂"的源流及社会功能的研究[120]、莫自省（2010年）对连山壮族的历史及其文化特色的研究[121]、李筱文（2011年）对粤北瑶族地区文化旅游发展资源与潜力的探讨[122]、赵炳林（2012年）对粤北瑶族文化面临的困境与解决路径的探讨[123]等。这些研究从不同学科，多角度地展示了粤北地区的经济、社会、民族、文化等方面的历史、现状和存在的问题，为本课题的研究提供了理论基础和丰富的文献资料。

三、关于粤北传统民居、聚落研究

关于粤北村落与民居的研究较少，从建筑学科专业角度进行系统研究的专著或研究论文更是凤毛麟角。研究粤北村落和民居的学者主要有魏彦钧、司徒尚纪、廖志、傅志毅、廖晋雄、廖文等。其中，魏彦钧的《粤北瑶族民居与文化》（1992年）从瑶寨的选址、布局、瑶居平面组成与空间处理等方面简要论述了乳源瑶族民居的特点，并对新建瑶寨提出建议[124]。司徒尚纪在《广东文化地理》（1993年）中对粤北聚落的描述是"粤北聚落分散区，属山地丘陵地区，河谷盆地面积狭小，可供耕种土地有限，交通梗阻，生活条件艰苦，居民大部分是客民，异姓小户，必须分散居住才能谋生，故村落规模很小，稀疏分散"[125]。廖志的硕士论文《粤北客家次区域民居与文化研究》（2000年）是较早对粤北民居进行系统研究的文献。他借助文化人类学的概念，分析了粤北客家次区域的民族背景、方言与地缘、宗教与民族等文化要素，指出粤北客家民居文化是在赣南、粤东等区域客家文化以及广府文化、土著文化的相互渗透融合中形成的，其显性特征体现了客家民居"聚居"的社会形态内涵，而在居住形态上则以围屋为代表，表现出其独特的个性[126]。廖晋雄（2007年）从始兴围楼的渊源、功能、材料、平面布局等方面分析始兴围楼的文化内涵[127]。傅志毅先后发表了《粤北客家围楼民居建筑探究》（2006年）、《粤北客家传统民居雕饰艺术的文化解读》（2010年）、《桂东与粤北客家传统民居"围楼"比较研究——以贺州江氏围屋与始兴满堂大围为例》（2010年）和《粤北客家传统民居的建筑美》（2012年）等文章，从建筑文化、建筑装饰、建筑美学等角度探析客家传统民居的特点。廖文的《始兴古村》（2011年）则从聚落的选址、民居的布局、村民的习俗以及与村落和民居有关的故事传说等方面探讨始兴客家村落和民居的文化内涵[128]。

第二节　粤北传统村落区位特色

粤为广东的简称，因此粤北指广东的北部。历史上，粤北作为一个区域概念，古今书籍文献中多有提到，但因其行政区划的不断变化和错综更替，粤北区域具体范围并无明确而统一的说法，而地属郡县也常变迁，是其独特的一面。

一、粤北区域历史沿革动态特色

粤北概念的形成虽然与地理环境、气候条件、水文地质等条件有关，但中国长期受中央集权统治的影响，国土的划分依据以政治稳定因素为主。因此，笔者尝试以1988年海南独立设省以后所确定的相对稳定的广东省界为基本界限，分析广东省北部历朝行政界限的演变情况（见附录表2）。

先秦，今广东[⑳]北部区域建制无考。秦始皇三十三年（前214年）略定扬越，广东省分属南海郡、长沙郡、九江郡、桂林郡和象郡，其中北部分属南海郡、长沙郡、九江郡三郡，均未建县。

汉承秦制，广东北部仍分属以上三郡，但开始陆续建县。有属荆州的曲江县、（包括今曲江、乳源、仁化、乐昌4县）、桂阳县（包括今连州市、连南、连山）、阳山县、含洭县（今英西）、浈阳县（今英东和翁源县）五县，今南雄、始兴地区未建县，属扬州刺史部豫章郡南野县。

三国两晋及南北朝时期，开始在粤北设郡置州，加快开发的步伐。[㉛]东吴始立始兴郡，属荆州。领曲江县、桂阳县、始兴县（东吴永安六年263年，析豫章郡南野县及桂阳郡曲江县二县地新置，辖境包括今始兴、南雄二县）、含洭县（含阳山）、浈阳县、中宿县（今清远县）。[㉝]西晋武帝平吴（280年），始兴郡改属广州，辖境与东吴的始兴郡无异。东晋始兴郡辖境不变，但改属湘州。南北朝时期，朝代更替和州郡废置频繁，但广东北部基本沿袭前朝旧制。宋、齐时期该区域仍属湘州；梁分湘、广二州置衡州，广东北部属之。梁承圣二年（553年）广东北部分东、西衡州，东吴以来一直归属始兴郡的中宿县，此时单独建置西衡州，治在今清远县境内。陈袭梁制，分东、西衡州。

隋唐时期广东北部建制渐趋稳定。隋大业元年（605年），于连州治桂阳县置熙平郡，领广东境内的桂阳、阳山、宣乐（大业十三年废入阳山县）、连山、熙平（唐废入连山县）。唐改熙平郡置连州，贞观（627~633年）年间，改东衡州为韶州，领曲江、临泷、良化、始兴、乐昌5县，废洭州，含洭、浈阳2县入广州。

南汉析兴王府之浈阳县置英州，析韶州之浈昌县置雄州。此时广东北部分属韶州、连州、雄州、英州，浛洭属兴王府（广州）。

宋元以后，南（雄州）、韶（州）、连（州）三地的建置，或为州，为路，为府，辖区大体不变。北宋时期，广东北境分属韶州、连州、雄州、英州四州，均属广南东路。浛洭于开宝四年自广州隶连州，五年改名浛光，六年自连州改隶英州。南宋至元代广东北部县名稍有变化，但辖境基本不变，仍分属韶州、连州、雄州、英州四州，亦属广南东路。

明朝置韶州、南雄二府，属广东布政司。连州（今连县）改属广州府，领连山、阳山2县。英德降州为县，与翁源2县入韶州府。清沿明制，韶州府的建置一直不变，领曲江、乳源、仁化、乐昌、英德、翁源6县。南雄府降为直隶州，领始兴县。连州初隶于广州府，雍正五年（1727年）升为直隶州，领连山、阳山2县，后连山县改设连山厅。以上府、州、厅，均隶属于广东省。

民国时期，广东北部建置变化频繁。民国二年一月广东北部始置南韶连道（治在今韶关市区），民国7年改称岭南道。此后名称有多次更改，但辖区均同。民国25年10月，广东省分设九个行政督察区，广东北部为第二行政督察区，专署驻韶关。民国38年4月，粤北分置三个行政督察区。其中第三行政督察区专员公署设在英德，下辖英德、清远、佛冈、新丰、翁源5县；第四行政督察区专员公署设在韶关，下辖曲江、乳源、仁化、乐昌、南雄、始兴6县；第五行政督察区专员公署设在连县，下辖连县、连南、连山、阳山4县。

新中国成立后，1950年广东北部设北江人民行政督察专员公署，1952年设立粤北行政公署，辖区除原辖境15县1市之外，还增辖原属东江专区的连平、和平、新丰三县，以及原属珠江专区的花县，合共19县1市。自此至1956年2月底，粤北行政区只是属下个别县的建制有些变动，而全区所辖范围不变。1956年3月1日，改置韶关专员公署，辖境减至16县1市，花县划归佛山专区，连平、和平二县划归惠阳专区。1983年6月设韶关市（地级市）。下辖市区和12个县：曲江县、乳源瑶族自治县、仁化县、乐昌县、始兴县、南雄县、英德县、翁源县、连县、连南瑶族自治县、连山壮族瑶族自治县、阳山县。清远、佛冈2县划入广州市。

另外，根据1995年《广东历史地图集》中的粤北区域历史开发图（图2-1）[12]，其粤北主要指连江和翁江流域及以北地区，包括今韶关的新丰县和今清远的清新县、清城区除外的大部分区域。1998年司徒尚纪则从地形地貌的角度出发，认为"起于粤赣边境西南直下广州白云山的九连山脉，为东江和北江分水岭之一，其西为粤北，即唐宋以来的韶州（或路、府）和南雄州（或路、府）"[13]。

以上该地区行政界线的不断变化，一方面因行政区划本身的相对封闭，加之集权式管理而形成各地较明显的文化个性特征；另一方面，这种区划的动态变化又促进区域间不断交流融合。由此而导致不同区划间无论在社会生活、经济形式、方言分布，还是在风土人情等方面，都表现出一定程度的兼容性。可以说，这种行政界线的不断变化促进了该地区文化交流，共性和差异性并存。

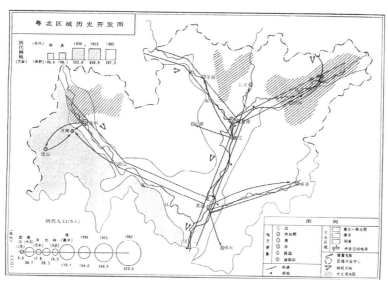

图2-1　粤北区域历史开发图

（来源：广东历史地图集编辑委员会. 广东历史地图集[M]. 广州：广东省地图出版社，1995.）

二、南北交汇中转的区位条件

（一）四省区交汇地带

五岭（南岭）[34]是长江水系与珠江水系的分水岭，是岭南地区与中原地区的一

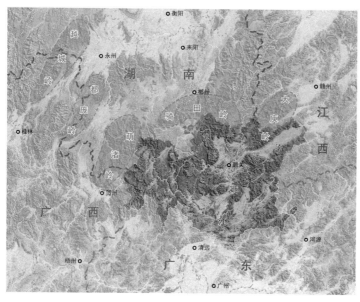

图2-2　五岭区位图

（来源：自绘）

道天然屏障，也是岭南文化与中原文化的一条天然分界线。粤北位于五岭山脉萌渚岭和大庾岭山地，东北面是江西省的赣州地区，北面与湖南省郴州市和永州市接壤，西面与广西壮族自治区的贺州市毗邻，南面是珠江三角洲的北端，自古就是湖湘的唇齿和南北交通的要冲。五岭群山之间川流不息，其中发源于江西省信丰县的浈江、发源于湖南省临武县的武江和发源于湖南九嶷山南麓的连江汇合成北江，成为珠江的三大支流之一，这些水系成为粤北地区天然的水路交通枢纽和开发路线（图2-3）。

（二）南北交流、东西迁徙的古道特色

粤北山川虽险峻，但是阻挡不了人们交流沟通的脚步，先民们在长期的生产实践中，发现五岭山脉上有许多山隘和谷口，还有众多发源于山岭的河流所分出的溪流，形成了中国北方及长江流域与华南沿海之间最重要的通道，为五岭入粤的咽喉和南北交通的战略要冲，为历史上中原先民进入岭南的重要门户和岭南有名的重镇和粤湘赣交界地区商品集散中心，如：西京古道、乌迳古道、唐代开凿的大庾岭梅关古道和浈水线、湘桂走廊经骑田岭和武水线等，在中国古代中原与岭南地区的政

图2-3　粤北水系图

（来源：自绘）

治经济文化交融上发挥着重要作用。历史上的浈水、武水和连江为湘赣与粤的重要商贸运输通道，特别是大庾岭古道的筑成，把珠江水系的浈水与长江水系的赣水遥遥地连接起来，使唐代很多北方流民能由这一山道进入粤北地区，对粤北的开发起着重要作用。同时，也使北江航线作为岭南通往中原和江南地区主要干线的地位得到确立。

三、军事战略要地特色

粤北地势负山阻险，战略位置险要，古今于此地发生的重要战事不计其数。秦时屠睢南征岭南时遭袭受挫，后始皇增派援军，其中有一路取道今江西省大余县跨过大庾岭，顺浈江而下北江；另有一路由今湖南省郴州市越过骑田岭，顺连江而下北江，最终才夺取番禺（今广州），统一了岭南。

秦末任嚣、赵佗在粤北设横浦（梅关）、阳山、湟溪三关，其中横浦关就在大庾岭上，为南北咽喉，古有"入越之道，必由岭峤"[15]之说。相传西汉庾胜将军奉汉武帝令统率大军驻此岭以征战南越，庾将军岭下筑城，岭上建寨，且岭形似禀庾（粮仓）故该岭称庾岭、大庾岭。秦时旧关早圮，唐代开元四年凿通梅关古道新辟驿道，宋蔡挺于岭上立石表云"梅关"。汉元鼎五年（前112年）武帝派楼船将军杨仆"下横浦，入浈水"，平定南越。晋朝卢循起义，以始兴为基地，沿赣江北进，东下江宁，后败退南还，与刘裕对峙周旋数载，终失败自投于江。唐大历年间，路嗣恭平哥舒晃起义，于韶州把守江口，造桴置薪，乘风纵火，起义兵被焚或溺死者无数，追斩哥舒晃于泔溪，岭南遂平。宋时熊飞、曾逢龙亦曾率兵在此抗击元军。明清时起义不断，国内战争时期，项英、陈毅曾在大庾岭、油山一带坚持游击战争。梅关，迄今仍为粤赣公路上的重要隘口。除此之外，古代粤北还有英杨关（鹰阳关）、白石关等，为扼守粤桂通道之重要关卡。

第三节　粤北传统村落文化发展演变及移民文化特色

客家是汉族在南方的一个民系，关于"客家"名称由来，《辞海》中对"客家"的释义是"中国西晋末永嘉年间至唐末以及南宋末，黄河流域的一部分汉人因战乱南徙渡江，被称为客家，以别于当地居民，后遂相沿而成这一部分汉人的自称。今分布在广东、福建、广西、江西、湖南和台湾等省区。"[16]罗香林在《客家研究导论》中提出"五次大迁徙"，详细论证了客家之源为"中原衣冠旧族"的观点，从而成为客家研究的奠基人。罗香林为客家人找到了中原文化的根，客家人的血缘是汉族，客家先人是南迁的汉民，客家民系是汉族的一个支系。但，罗香林只为客家民系找到一个族源——南迁汉民。近年的研究，使学界普遍认识到客家民系除南迁汉人一个族源外，还有另一个族源——本地土著，客家民系是在南迁汉人与本地土著融合过程中诞生的。这无疑是对罗香林认为客家之源仅为"中原衣冠旧族"的突破和超越。福建师范大学谢重光先生认为：大批南迁汉人涌入赣闽粤交界区域的山区和丘陵地带，与当地土著及其他也已生活在这一区域的南方少数民族，经过长期互动融合，至南宋时彼此在文化上充分互相涵化，形成了一种新的文化——既迥异于当地原住居民的旧文化，又不完全雷同于外来汉民原有文化的新型文化，这种新型文化的载体就是客家民系。[137]粤北地区人口以客家人为主，以韶关地区为例，人口90％属客籍（包括少数民族）[138]。随着移民的增多，中原文化与土著文化的交流逐渐频繁，相互融合、交汇共生，粤北文化开始走向多样化，并呈现出地域性特征的端倪。

一、早期文化

1958年在广东韶关市曲江区马坝镇狮子岩溶洞发现的早期智人马坝人，距现今已经有12.95万年至13.5万年，是介于中国猿人和现代人之间广东省迄今为止唯一的古人类，也即最早的南越（粤）人。这座狮子岩既是著名的"马坝人"遗址，也是距今约有4000~5000年的"石峡文化"遗址所在地。出土了大型长身石铲、石

图2-4　马坝人出土地——狮子岩
（来源：梁健，何露. 韶关印象　历史与文化[M]. 广州：广东人民出版社，2008：4.）

图2-5　20世纪70年代石峡遗址发掘区全景图
（来源：梁健，何露. 韶关印象　历史与文化[M]. 广州：广东人民出版社，2008：15.）

铲、石镞等锄耕生产农具，以及人工栽培稻谷和陶制器皿，证明那时人们已有一定的农业栽培技术、稻作文化、手工业制作和渔猎活动经验。遗址中发现的墙基、柱洞等古建筑遗迹，说明石峡文化遗址的居民定居方式是一种以种植栽培稻谷的原始农业为主的定居聚落，可见岭南也是中华民族文化发源地之一，同样有过光辉灿烂的古代文明[39]。苏秉琦先生就曾经指出："石峡文化不仅可以作为岭南地区新石器时代晚期文化的一个典型，它还为我们研究原始社会解体总过程的阶段性发展提供了一批重要资料……类似石峡文化所反映的原始社会解体两大阶段发展过程的材料，在我国其他新石器晚期诸文化中还是罕见的。"[40]

从上述石峡文化的历史文化特征说明分布于粤北的新石器晚期文化"石峡文化"是当地土著文化，其发现不仅对我们研究粤北文化渊源，甚至探索广东、岭南地区的历史文化都存在着重大的历史意义，同时对研究我国名族渊源也十分重要。

二、移民文化

文化是人类活动的产物，因人类所处的地域差异而形成不同的文化地理景观。因此研究文化，就离不开探讨人在地理空间上的移动，即人口迁移。葛剑雄认为，"人口的迁移实质上也就是某种文化的流动和传播"[41]。司徒尚纪也认为移民造成文化传播并使不同地域文化发生交流和融合，形成新文化，推动文化发展[42]。

粤北长期处于南岭南北经济、交通、军事交汇中转地位，南北文化交流频繁，既承接北方中原南下的文化洪流，又开启岭南大地文化建构的温柔源头。商周以后，中原文化、楚文化和吴越文化通过五岭间的一些天然通道渗入岭南，这时还是一种随机性的文化扩散，并没有形成具有鲜明特色的文化个性。战国时期，"越人梅鋗从至台岭家焉，而筑城浈水，奉王居之。乡人因谓台岭为梅岭。"[13]此为有名姓可考的最早一批南迁岭南的移民。直到秦汉时期，中央多次进军岭南，在大庾岭、骑田岭、都庞岭等古道沿线地区立郡县、城池、关隘，许多中原士兵由此居留岭南，与当地土著人结婚生子，共同开发粤北，粤北由此成为广东开发自北向南空间推移的第一站[14]，中原士兵也成为岭南的第一批大规模移民。他们带来了中原先进文化并与当地土著文化交融，铸就了早期岭南的移民文化雏形。东汉建武二年（26年）桂阳太守卫飒倡导修筑西京路，打通韶关至郴州的道路，沿途设置亭传、驿站。从此"上通三楚，下达百粤，必由之路"，西京古道为更大规模的移民提供条件，成为岭南承接中原文化的第一条通道。

隋唐以后，特别是张九龄开凿大庾岭路以后，交通条件得到较大改善，崎岖的梅岭山路开始迎接着一批批的中原南迁汉民，成为中原汉人进入岭南的另一条重要通道。"兹路既开，然后五岭以南人才出矣，财货通矣，中原之声教是近矣，遐陬之风俗日变矣"。[15]粤北韶关成为五岭南北水陆交通枢纽，经济文化快速发展。宋元时期是粤北经济文化的繁荣阶段，官民商旅如云，各地文化在此交汇融合。可见大庾岭路对粤北商贸、文化发展的重要性，更体现中原移民强大的文化张力，主要体现在：一是移民所带来的儒家文化和宗法礼制在这里得到发展和传承，倡导血亲人伦、现世事功、修身存养、道德理性，其中心思想是孝、悌、忠、信、礼、义、廉、耻，其核心是"仁"，无不打着儒家思想的烙印，使其对粤北文化的发展演变起了决定性的作用；二是移民也带来了以农业生产和农耕技术为主的先进农耕文化，他们刺激了粤北经济发展和商贸的发达；三是移民还带来了依附人们的生活习惯、情感信仰而产生的丰富民俗文化，主要有生产劳动民俗、日常生活民俗、社会组织民俗、岁时节日民俗、人生礼仪、游艺民俗、民间观念、民间文学、宗教及巫术和婚丧嫁娶等。

三、少数民族文化

粤北是多民族的聚居之地。现今广东境内还居住着黎、苗、瑶、回、壮、畲、满等少数民族[16]。其中绝大多数少数民族都分布在粤北各地区，如广东有3个民族自治县（乳源瑶族自治县、连南瑶族自治县、连山壮族瑶族自治县）、4个瑶族乡（始兴县深渡水瑶族乡、阳山县秤架瑶族乡、连州市三水瑶族乡和瑶安瑶族乡）分布在粤北山区[17]。而粤北地区的少数民族主要以瑶族和壮族为主，也包括部分畲族。根据1990年第四次人口普查统计，广东省有少数民族350479人，粤北有少数民族172447人，其中瑶族最多113873人，壮族47164人，畲族9327人。

　　粤北的瑶族因地域和习俗差异，大体被分为排瑶和过山瑶。其中排瑶的称呼源于他们房屋一排排依山而建，逐层而上，故被当地汉、壮族人民称为"排瑶"。散居于排瑶附近的另外一部分的瑶民，过着"今岁在此山，明岁又别岭"的游耕生活，所以被称为"过山瑶"。而排瑶和过山瑶之间尽管居住地相近，但因为祖先并不是同出一源，所以在语言、服饰、文化习俗上面依然存在比较明显的差异。而居住在乳源境内的瑶族，还因不同的居住区分别被称为"东边瑶"（或称为"深山瑶"、"浅山瑶"）和"西边瑶"（或称为"过山瑶"）。据当地乳源瑶民自己所传，可能由于自然灾害或战乱，一部分原来居住在乳源的瑶民部分移居其他地方，所以乳源地区的各个不同姓氏的瑶民迄今也只有20代左右的历史。而另一部分散居在阳山、连县、始兴、英德、乐昌、曲江、翁源、仁化等县的瑶族，因瑶寨散居在汉寨中，从而形成了"汉瑶杂居"的局面，习俗和生活习惯也部分与汉族同化。

　　连山壮族瑶族自治县是广东省唯一有壮族、瑶族两个少数民族聚居的自治县。全县12个乡、镇都有壮族分布，而壮族主要聚居在连山壮族瑶族自治县的南部，地名过去统叫"宜善九村"，史籍称这部分壮胞为"峒民"[⑯]。根据刘允元《连山县志》中部分卷所述，原来居住在广西的部分壮民，主要以避乱、屯兵、迁徙等方式，先后迁居连山定居落籍。因居住地域不同被分为"内峒"、"外峒"。也根据定居时间的先后顺序有"主壮"、"客壮"之分。因而在连山壮族之间流传有"九村开辟在明朝，一半壮民一半瑶"，以及"峒居为壮"，"山居为瑶"的民谣[⑱]。

　　粤北的畲族，大部分都聚居在南雄、始兴两个县。其中蓝、雷两姓先人于明洪武元年从福建迁入南雄至今，有400多年历史。因与汉族杂居在一起，文化习俗和生活习惯已经逐渐与汉族的生活同化，并融为一体。畲族原有的婚丧习俗、服饰和语言等也都逐渐的发生改变或慢慢消逝，后来根据两个姓氏群众的要求，经过核实和审查，直到1987年底，分布在南雄县（今南雄市）的畲族人才恢复畲族身份。1988年至1989年，南雄、始兴、乳源也陆续有畲族人恢复畲族身份。

[**注释**]

①　曾昭璇. 客家屋式之研究[M]. 广州：广东省中山文献馆藏，民国手抄本.

②　谢剑，房学嘉. 围不住的围龙屋：记一

个客家宗族的复苏[M]. 台北：南华大学，1999，11.

③　房学嘉. 围不住的围龙屋：粤东古镇松

口的社会变迁[M]. 广州：花城出版社，2002，2.

④ 何国强. 围屋里的宗族社会：广东客家群生计模式研究[M]. 南宁：广西民族出版社，2002.

⑤ 刘晓春. 仪式与象征的秩序一个客家村落的历史、权利与记忆[M]. 北京：商务印书馆，2003.

⑥ 周建新. 动荡的围龙屋：一个客家宗族的城市化遭遇与文化抗争[M]. 北京：中国社会科学出版社，2006，9.

⑦ 曾昭璇. 客家屋式之研究[M]. 广州：广东省中山文献馆藏，民国手抄本.

⑧ 谢苑祥. 广东客家民居初探[A]. 陆元鼎. 中国传统民居与文化中国民居学术会议论文集[C]. 北京：中国建筑工业出版社，1991，2.

⑨ 林嘉书，林浩. 客家土楼与客家文化[M]. 博远出版有限公司，1992.

⑩ 宙明. 神秘的客家土楼[J]. 华中建筑，1992（3）：53-54.

⑪ 邱国锋. 梅州市客家民居建筑的初步研究[J]. 南方建筑，1995（3）：53-54.

⑫ 吴庆洲. 客家民居意象之生命美学智慧[J]. 广东建筑装饰，1996（4）：18-18.

⑬ 吴庆洲. 从客家民居胎土谈生殖崇拜文化[J]. 古建园林技术，1998（1）：8-15.

⑭ 吴庆洲. 客家民居意象研究[J]. 建筑学报，1998（4）：57-58，75.

⑮ 林嘉书，林浩. 客家土楼与客家文化[M]. 博远出版有限公司，1992.

⑯ 吴庆洲. 客家民居意象研究[J]. 建筑学报，1998（4）：57-58，75.

⑰ 陆元鼎. 中国客家民居与文化[M]. 广州：华南理工大学出版社，2000.

⑱ 唐孝祥. 论客家聚居建筑的美学特征[J]. 华南理工大学学报（社会科学版），2001（3）：42-45.

⑲ 黎虎. 客家民居特征探源[A]. 庆祝北京师范大学一百周年校庆历史系论文集史学论衡[C]. 下. 北京：北京师范大学出版社，2002. 8.

⑳ 潘莹. 试从迁徙与融合的动态模式解析客家民居[A]. 华南理工大学建筑学术丛书编辑委员会. 建筑学系教师论文集[C]. 2000-2002下. 北京：中国建筑工业出版社，2002，11.

㉑ 程爱勤. 论"风水学说"对客家土楼的影响[J]. 广西民族学院学报（哲学社会科学版），2002（3）：76-83.

㉒ 房学嘉. 从两岸客家民居的特征看客家文化的变迁：以围龙屋建构为重点分析[A]. 陈支平，周雪香. 华南客家族群追寻与文化印象[C]. 合肥：黄山书社，2005. 12：301-311.

㉓ 林智敏. 对梅州传统客家民居保护与利用的思考[J]. 山西建筑，2006（17）：39-40.

㉔ 杨宝，宁倩. 传统生土民居建筑遗产保护对策——浅议福建永定客家土楼的保护[J]. 华中建筑，2007（10）：162-166.

㉕ 陈志华，李秋香. 梅县三村[M]. 北京：清华大学出版社，2007.

㉖ 吴庆洲. 中国客家建筑文化上、下[M]. 武汉：湖北教育出版社，2008，5.

㉗ 肖文燕. 华侨与侨乡民居：客家围屋的"中西合璧"：以客都梅州为例[J]. 江西财经大学学报，2009（6）：68-72.

㉘ 吴卫光. 围龙屋建筑形态的图像学研究[M]. 北京：中国建筑工业出版社，2010，11.

㉙ 司徒尚纪. 广东文化地理[M]. 广州：广东人民出版社，1993，8：144.

㉚ 司徒尚纪. 岭南历史人文地理广府、客家、福佬民系比较研究[M]. 广州：中山大学出版社，2001：238.

㉛ 周大鸣等. 当代华南的宗族与社会[M]. 哈尔滨：黑龙江人民出版社，2003：14.

㉜ 李培林. 村落的终结：羊城村的故事[M]. 北京：商务印书馆，2004：11.

㉝ 周大鸣，吕俊彪. 珠江流域的族群与区域文化研究. 广州：中山大学出版社，2007.

㉞ 周天芸，欧阳可全等. 潮平两阔，风正一帆悬：广州江村的变迁[M]. 广州：广东人民出版社，2008，12.

㉟ 汪勇，李尚旗，刘娟. 求索中的演进：佛山夏西村的变迁[M]. 广州：广东人民出版社，2008，12.

㊱ 陈那波，龙海涵，王晓茵. 乡村的终结：南景村60年变迁历程[M]. 广州：广东人民出版社，2010，4.

㊲ 杨秉德. 广州竹筒屋[J]. 新建筑. 1990：40-41.

㊳ 龚耕，刘业. 广州近代城市住宅的居住形态分析[J]. 中国传统民居与文化第一辑，1991．2：245-261.

㊴ 潘安. 广州城市传统民居考[J]. 华中建筑，1996（4）：104-107.

㊵ 陆元鼎. 广州陈家祠及其岭南建筑特色[J]. 南方建筑，1995（4）：29-34.

㊶ 陆元鼎. 广州陈家祠及其岭南建筑特色[J]. 南方建筑，1995（4）：29-34.

㊷ 罗雨林. 广州陈氏书院建筑艺术[J]. 华中建筑，2001（3）：99-100.

㊸ 罗雨林. 广州陈氏书院建筑艺术（续）[J]. 华中建筑，2001（5）：100-101.

㊹ 朱光文. 明清广府古村落文化景观初探[J]. 岭南文史，2001（3）：15-19.

㊺ 王健. 广府民系民居建筑与文化研究[D]. 广州：华南理工大学，2002.

㊻ 刘炳元. 东莞古村落保护与利用研究[J]. 小城镇建设，2001（12）：68-70.

㊼ 郑力鹏，郭祥. 广州聚龙村清末民居群保护与利用研究[J]. 华中建筑，2002（1）：42-45.

㊽ 王海娜. 广东佛山东华里古建筑群保护与利用初探[J]. 四川文物，2006（1）：64-66.

㊾ 隋启明. 广府历史文化村落典型建筑保护方法研究[D]. 广州：华南理工大学，2011.

㊿ 冯江. 明清广州府的开垦、聚族而居与宗族祠堂的衍变研究[D]. 广州：华南理工大学，2010.

51 田银生，张健，谷凯. 广府民居形态演变及其影响因素分析[J]. 古建园林技术，2012（3）：68-71.

52 汤国华. 广州近代民居构成单元的居住环境[J]. 华中建筑，1996（4）：108-112.

53 赖传青. 广府明清风水塔数理浅析[J]. 热带建筑，2007（1）：18-20.

54 曾志辉. 广府传统民居通风方法及其现代建筑应用[D]. 广州：华南理工大学，2010

(55) 据周大鸣先生的《华南的乡村生活：广东凤凰村的家族主义社会学研究》考证，葛学溥当年调查的凤凰村正是今潮州市归湖镇溪口村。

(56) （美）丹尼尔•哈里森•葛学溥．华南的乡村生活广东凤凰村的家族主义社会学研究[M]．北京：知识产权出版社，2012．1．

(57) 周大鸣．凤凰村的变迁：《华南的乡村生活》追踪研究[M]．北京：社会科学文献出版社，2006．7．

(58) 陈礼颂．一九四九前潮州宗族村落社区的研究[M]．上海：上海古籍出版社，1995．

(59) 杨正军，王建新．粤东侨乡：汕头新和村社会经济变迁[M]．广州：广东人民出版社，2008．12．

(60) 陆元鼎．广东潮汕民居[A]．《建筑师》编辑部编辑．建筑师13[C]．北京：中国建筑工业出版社，1982．

(61) 程建军．"压白"尺法初探[J]．华中建筑，1988（2）：47-59．

(62) 陆元鼎，魏彦钧．广东民居[M]．北京：中国建筑工业出版社，1990．12．

(63) 陆元鼎．广东潮州民居丈竿法[A]．陆元鼎．中国传统民居与文化中国民居学术会议论文集[C]．北京：中国建筑工业出版社，1991．2．

(64) 吴国智．广东潮州许驸马府研究[A]．陆元鼎．中国传统民居与文化中国民居学术会议论文集[C]．北京：中国建筑工业出版社，1991．2．

(65) 吴国智．潮州民居板门扇做法算例[A]．黄浩．中国传统民居与文化中国民居第四次学术会议论文集第4辑[C]．北京：中国建筑工业出版社，1996．

(66) 吴国智．潮汕民居侧样之排列构成——上厅六柱式[A]．李先逵．中国传统民居与文化（5）[C]．北京：中国建筑工业出版社，1997．

(67) 吴国智．潮州民居侧样之构成——前厅四柱式[J]．华中建筑，1997（1）：106-109．

(68) 吴国智．潮州民居侧样之排列构成：下厅九桁式[J]．古建园林技术，1998（3）：30-34．

(69) 吴国智，吴鼎航．上厅开启式柱扇侧样之构成[J]．华中建筑，2009（7）：109-112．

(70) 吴鼎航，吴国智．柱扇式五柱侧样之排列构成[J]．华中建筑，2011（2）：168-171．

(71) 吴国智，吴鼎航．上厅开启式柱扇侧样之构成[J]．华中建筑，2009（7）：109-112．

(72) 程建军．粤东福佬系厅堂建筑大木构架分析[J]．古建园林技术，2000（4）：4-10．

(73) 陆元鼎，魏彦钧．广东潮安象埔寨民居平面构成及形制雏探[J]．华南理工大学学报（自然科学版），1997（1）：33-41．

(74) 唐孝祥，郑小露．潮汕传统建筑的技术特征简析[J]．城市建筑，2007（8）：79-80．

(75) 钟鸿英．潮汕民居风采揽胜纪略[A]．陆元鼎．中国传统民居与文化中国民居学术会议论文集[C]．北京：中国建筑工业出版社，1991．2．

(76) 何建琪．传统文化与潮汕民居[A]．陆元鼎．中国传统民居与文化中国民居学术会议论文集[C]. 北京：中国建筑工业出版社，1991．2.

⑦ 曾建平. 潮汕民居的美学意蕴——以陈慈黉侨宅个案研究为例[J]. 汕头大学学报（人文社会科学版），2003（5）：103-108.

⑦ 林凯龙. 潮汕老屋：汉唐世家河洛古韵[M]. 汕头：汕头大学出版社，2004，4.

⑦ 林平. 追寻潮汕民居的足迹——浅析潮汕民居的建筑布局及其文化渊源[J]. 重庆建筑，2004（4）：21-24.

⑧ 陈榕滨，陈晓云. 风水文化对潮汕民居的影响[J]. 华中建筑，2005（5）：134-137.

⑧ 李绪洪. 潮汕建筑石雕艺术[M]. 广州：广东人民出版社，2006.

⑧ 林凯龙. "京都帝王府，潮州百姓家"——潮汕民居装饰及其启示[J]. 艺术与设计（理论），2007（10）：130-104.

⑧ 林凯龙. 凿石如木鬼斧神工——潮汕民居的石雕艺术[J]. 荣宝斋，2007（5）：234-239.

⑧ 陆琦. 广东民居[M]. 北京：中国建筑工业出版社，2008，11.

⑧ 林卫新，李建军. 探访宗祠建筑的文化唯象：以汕头市澄海区隆都镇后溪村"金氏祠堂"为例[J]. 广州建筑，2009（3）：1-5.

⑧ 蔡海松. 潮汕文化丛书潮汕民居[M]. 广州：暨南大学出版社，2012，2.

⑧ 高诊明、王乃香和陈瑜. 福建民居[M]. 北京：中国建筑工业出版社，1987.

⑧ 叶强. 湘南瑶族民居初探[J]. 华中建筑，1990（2）：60-61.

⑧ 杨慎初，湖南省文物事业管理局等. 湖南传统建筑[M]. 长沙：湖南教育出版社，1993，8.

⑨ 黄浩，邵永杰，李延荣. 浓妆淡抹总相宜——江西天井民居建筑艺术的初探[J]. 建筑学报，1993（4）：31-36.

⑨ 黄浩、邵永杰、李廷荣. 江西天井式民居简介[J]. 中国传统民居与文化第四辑，1996．7：92-102.

⑨ 黄镇梁. 江西民居中的开合式天井述评[J]. 建筑学报，1999（7）：57-60.

⑨ 李国香. 江西民居群体的区系划分[J]. 南方文物，2001（2）：100-105.

⑨ 潘莹，施瑛. 论江西传统聚落布局的模式特征[J]. 南昌大学学报（人文社会科学版），2007（3）：94-98.

⑨ 蔡凌. 侗族聚居区的传统村落与建筑[M]. 北京：中国建筑工业出版社，2007.

⑨ 戴志坚. 福建民居[M]. 北京：中国建筑工业出版社，2009，11.

⑨ 魏欣韵. 湘南民居——传统聚落研究及其保护与开发[D]. 湖南大学，2003.

⑨ 李哲、柳肃. 湖南传统民居聚落街巷空间解析[C]. 历史城市和历史建筑保护国际学术研讨会论文集，2006.

⑨ 郭谦. 湘赣民系民居建筑与文化研究[M]. 北京：中国建筑工业出版社，2005.

⑩ 陈牧川. 中国古代民居中的建筑风水文化——江西万载周家大屋考察[J]. 华东交通大学学报，2006（4）：33-35.

⑩ 黎明中；江西省政协文史委员会. 江西古村古民居[M]. 南昌：江西人民出版社，2006，1.

⑩ 伍国正，余翰武，吴越，隆万容. 传统

民居建筑的生态特性——以湖南传统民居建筑为例[J]. 建筑科学，2008（3）：129-133.

⑩③ 黄浩. 江西民居[M]. 北京：中国建筑工业出版社，2008. 11.

⑩④ 李秋香. 闽西客家古村落[M]. 北京：清华大学出版社，2008.

⑩⑤ 张索娟. The Research on the Spatial Structures of Traditional Settlementsin South Hunanand Explainthe Culture of Traditional Settlements[D.]. 中南林业科技大学，2008

⑩⑥ 郭粼，曾国光. 赣南客家传统民居初探[J]. 大众文艺，2009（24）：111-111.

⑩⑦ 李晓峰，谭刚毅. 两湖民居[M]. 北京：中国建筑工业出版社，2009，12.

⑩⑧ 陈志华，李秋香. 婺源. 北京：清华大学出版社，2010，1.

⑩⑨ 高惠冰. 古代粤北经济地位起落之探讨[J]. 华南师范大学学报（社会科学版），1991（1）.

⑩⑩ 黄志辉. 粤北少数民族的历史渊源[J]. 岭南文史，1994（4）.

⑩⑪ 谭子泽，赖井洋. 英德市江湾村民俗调查[J]. 复印报刊资料（社会学），1995（6）.

⑩⑫ 沈涌. 交融与嬗变：曲江县群星客家民俗考察[J]. 韶关大学学报（社会科学版），1996（1）.

⑩⑬ 曾汉祥，谭伟伦. 韶州府的宗教、社会与经济[M]. 国际客家学会 法国远东学院 海外华人资料研究中心，2000，1.

⑩⑭ 谭伟伦. 乐昌县的传统经济、宗族与宗教文化[M]. 国际客家学会，2002.

⑩⑮ 曾汉祥. 始兴县的传统经济、宗族与宗教文化[M]. 国际客家学会，2003.

⑩⑯ 谭伟伦，曾汉祥. 连州的传统经济、宗教与民俗[M]. 国际客家学会，2005，6.

⑩⑰ 庄初升. 粤北土话音韵研究[M]. 北京：中国社会科学出版社，2004，4.

⑩⑱ 黄晓梅. 粤北瑶族地区经济文化建设的探讨[J]. 珠江经济，2004（9）.

⑩⑲ 陈晓毅，马建钊. 粤北山区瑶族移民的文化适应[J]. 民族研究，2006（4）.

⑩⑳ 朱丽芬. 排瑶"耍歌堂"的源流及社会功能探析[J]. 四川戏剧，2008（4）.

⑫① 莫自省. 连山壮族的历史及其文化特色[J]. 清远职业技术学院学报，2010（2）.

⑫② 李筱文. 粤北瑶族地区文化旅游发展资源与潜力[J]. 清远职业技术学院学报，2011（2）.

⑫③ 赵炳林. 秩序与创新：粤北瑶族文化的现代困境与解决路径[J]. 黑龙江民族丛刊，2012（3）.

⑫④ 魏彦钧. 粤北瑶族民居与文化[C]. 陆元鼎. 中国传统民居与文化第2辑中国民居第二次学术会议论文集[C]. 北京：中国建筑工业出版社，1992，10：90-97.

⑫⑤ 司徒尚纪. 广东文化地理[M]. 广州：广东人民出版社，1993，8：140-141.

⑫⑥ 廖志. 粤北客家次区域民居与文化研究[D]. 华南理工大学硕士论文，2000.

⑫⑦ 廖晋雄. 始兴围楼[M]. 广州：广东人民出版社，2007.

⑫⑧ 廖文. 始兴古村[M]. 广州：华南理工大学出版社，2011，8.

⑫⑨ 今广东，出于叙述的方便，本小节下文

中所提到的广东均指今天广东省界的范围（即1988年海南独立设省以后所确定的广东省界范围）。

⑬⓪ 韶关市地方志编纂委员会．韶关市志（上）[M]．北京：中华书局，2001，7：115．

(131) 韶关市地方志编纂委员会．韶关市志（上）[M]．北京：中华书局，2001．7：115．

(132) 广东历史地图集编辑委员会．广东历史地图集[M]．广州：广东省地图出版社，1995：81．

(133) 司徒尚纪．广东政区体系历史·现实·改革[M]．广州：中山大学出版社，1998：3．

(134) 南岭史称“五岭”一般认为自东而西第一岭为大庾岭，第二岭为骑田岭，第三岭为萌渚岭，第四岭为都庞岭，第五岭为越城岭。（据庄初升．粤北土话音韵研究[M]．北京：中国社会科学出版社，2004，4：2．）

(135) 注：大庾岭因其居五岭之东，又称东峤。此处“岭峤”即指大庾岭。

(136) 在线《辞海》速查手册[DB/OL]．http：//www．xiexingcun．com/cihai/．

(137) 崇岳，杨耀林．客家围屋：55．

(138) 梁健，何露．韶关印象：历史与文化[M]．广州：广东人民出版社，2008，12：204．

(139) 司徒尚纪．广东文化地理[M]．广州：广东人民出版社，1993，8：23-24．

(140) 苏秉琦．石峡文化初论[A]．苏秉琦．苏秉琦考古学论述选集[C]．北京：文物出版社，1984：209-210．

(141) 葛剑雄．中国历史上的人口迁移与文化传播——以魏晋南北朝为例[A]．东南大学东方文化研究所．东方文化第2集[C]．南京：东南大学出版社，1992，5：225．

(142) 司徒尚纪．广东文化地理[M]．广州：广东人民出版社，1993．8．10．

(143) （东汉）袁康，（东汉）吴平辑录．越绝书[M]．上海：上海古籍出版社，1985．

(144) 广东历史地图集编辑委员会．广东历史地图集[M]．广州：广东省地图出版社，1995：161．

(145) （宋）余靖．浈水馆记[A]．（宋）余靖撰．武溪集[C]．北京：商务印书馆，1946，5．

(146) 司徒尚纪．广东文化地理[M]．广州：广东人民出版社，1993，8：195．

(147) 江惠生，郭书田．中国新型农民素质读本广东篇[M]．北京：人民日报出版社，2007：98．

(148) 韶关市地方志编纂委员会．韶关市志[M]．北京：中华书局，2001，7：2225．

(149) 王东甫，黄志辉．粤北少数民族发展简史[M]．广州：广东高等教育出版社，1998：11．

第三章
粤北古道及传统村落

粤北地处粤、湘、赣、桂四省（区）交界处，其北接湘、赣，西邻广西，南连珠江三角洲，作为五岭入粤的咽喉，其独特的区位，通过军事、历史移民迁徙和传统商贸在岭南历史文化发展过程中起着重要纽带作用，成为岭南文化不可或缺的重要组成部分。基于粤北的区位和文化的特殊性，古道作为历史上粤北与周边地区乃至中原之间移民迁徙、商贸往来、文化传播的主要通道，影响着粤北历史开发和社会文化的形成与发展，记载着粤北村落选址、营建、发展的点点滴滴，是客家人迁徙的生命线。因此，古道是研究和理解粤北传统村落与建筑文化的关键因素。

第一节　历史上影响粤北的人口大迁移

一、中国历史上的人口迁移

历史上汉人南迁原因主要是躲避战乱和荒灾，寻找更适合生存的环境。根据葛剑雄等人的研究，中国历史上人口迁移可分为四个阶段[①]。

第一阶段，先秦时期（公元前221年以前）。早期农业基本上都是迁移性耕作[②]，根据对中国古代气候的分析，这时期的迁移基本都是迫于生存，选择更适宜生活的环境，迁移速度缓慢。据葛剑雄等人研究，这阶段末期人口不超过3000万人[③]，但大部分居住在黄河流域。

第二阶段，秦朝至元末时期（公元前221年至公元1367年）。这时期人口迁移方式的特点是因战乱而强制性迁移和以改善生存环境的自发性迁移相结合。其中因战乱形成了中国历史上的三次人口大迁移。第一次是东汉末年的"五胡乱华"，晋室南渡，中原百姓四处逃避战乱。第二次是唐天宝末年的"安史之乱"，持续八年的战乱，大量人口争相向长江以南地区迁移。史书载："天下衣冠士庶，避地东吴，永嘉南迁，未盛于此。"④第三次是"靖康之难"，金兵大举南侵，中原人口大规模南迁。这次南迁持续有一个半世纪，其规模之大，直接导致长江流域人口首次超过黄河流域人口，中国经济和文化重心向长江流域转移，从此中国社会进入一个南盛北衰的新阶段⑤。

第三阶段，从明初至清朝太平天国起义爆发前（1368~1850年）。这期间人口迁移是一种自发的、带有开发性质的人口迁移。无论南方还是北方，此时均人满为患，到明后期达到2亿人口，18世纪达到新高峰。迫于人口压力，人们不得不从平原向欠发达山区迁移，并逐渐成为这一时期人口迁移的主流。

第四阶段，太平天国起义至新中国成立前夕（1840~1949年）。这一时期除填补空白式的移民⑥外，还有带有半殖民地半封建性质的人口迁移。一方面，帝国主义在中国开设通商口岸，兴办企业，大批农村和小城镇人口涌入上海、广州和天津等沿海开放城市，形成一股新的移民浪潮。另一方面，东南沿海地区日益增加的人口压力，促使国内人口远涉重洋，向东南亚和欧、美等国家移民当廉价劳工，并逐步发展为一股新的移民高潮。

以上为史学界关于我国历史上人口迁移较为认可的四个阶段。除此之外，值得一提的是抗战时期，日军入侵东南沿海一带，珠三角部分国民被迫往粤北逃逸。

二、影响粤北的几次大移民

在中国历史上人口迁移的四个阶段中与粤北地区相关的主要是后三个阶段。自从公元前214年，秦始皇略定岭南，设置南海、桂林和象郡开始，汉人随军从黄河、长江流域迁移至粤北并和越人杂居。此后，北人南迁就一直没有间断。关于客家先民南迁，主要有"三次"说和"五次"说等。根据罗香林先生在《客家研究导论》⑦和《客家源流考》⑧（图3-1）中的论述，在汉民族大规模南迁中形成的广东客家人可分为五次，这是目前史学界比较认同的观点。

第一次大规模南迁，起于东晋永嘉年间发生的"五胡乱华"。连年战乱导致国力衰弱，中央政权被迫迁都建康，内地"流人"便以宗族、部曲、宾客和乡里等关系结队南徙，这部分人大都从江西进入，史称"永嘉南渡"。此次调研的村落中有南雄乌迳镇新田村建村于此时期内，有关专家通过研究南雄姓氏族谱发现，在公元315年（即西晋建兴三年）新田村李氏已移居于此，比浈昌县（即今南雄市）的建制还早371年，故当地有"先有新田李，后有浈昌县"之说。同时也说明，此时期内除躲避战乱的平民百姓外，还有部分贬谪官宦举家南迁。

第二次大规模南迁，缘于唐朝"安史之乱"、南诏内侵，特别是黄巢起义，波

图3-1 《客家源流考》封面
（来源：罗香林.客家源流考[M]. 北京：中国华侨出版社，1989.）

及长江中下游和南方各省，使客家先民住地成了战祸的要冲⑨。这次南迁客家先民基本是溯赣江而上，至今赣南、闽西定居，部分经"坦坦而方五轨"的大庾岭进入粤北韶关。故唐德宗贞元十六年（公元800年）韶州刺史徐申招募"流亡民户"垦耕丢荒三万亩，并使韶州民户在短短六年内从7000户发展到18000户⑩。如南雄乌迳水城的《叶氏族谱》载：唐广明元年（公元880年），叶氏祖崇义公授山屋州都督，年老任归，途抵南雄时，闻黄巢起义军攻入都城长安，道路扰攘难归，见南雄乌迳山水环翠，乃择址卜居。又如连州的丰阳村，相传五代时期，南唐后主李煜在宋太祖赵匡胤的进逼下，派遣一支劲旅向南进发，然而不到一年，南唐小王朝即被灭亡，征南统帅只好隐居丰阳。另外，此次调研的村落中还有连州的马带村、塘头坪村和连南的油岭村等，均在此时期内建村。

第三次大迁徙是在两宋时期，起于北宋末金人南侵，宋高宗南渡、元人入侵，迫于外患，客家先民不得不开始第三次大迁徙。自宋靖康二年（1127年）高宗南渡，即位南京，继而迁都临安（今杭州），宋王朝便国势日弱，朝政日非。金灭北宋并俘宋二帝北归，史称"靖康之难"。公元1276年2月，临安陷落，恭帝"率百官拜表祥曦殿，诏谕郡县，使降大元"（《宋史》卷四十七）。1226年，陈宜中等在福州立帝（益王）。九月，元兵自明州、江西两路进退福州，宋元帅吕师夔和张荣实领兵入梅岭。这一时期南方人户已达830万户，远远超过北方的459万户。宋太平天国至神宗元丰（公元978~1078年）百年间，南雄州（辖保昌、始兴二县）户数由8368户升至20339户①。如南雄南亩镇鱼鲜村村民自认为是南宋末年文天祥抗元失败后迁居于此，村落才开始发展起来。乐昌的户昌山《李氏族谱》载：李氏户昌山始祖李伯伦为南宋贡员，官任大理寺干事卿，"见元已定鼎，义不仕元"，于是同其父亲进士李大万到此隐居。又如清远佛冈上岳村《两岳朱家族谱》记载："宋大理寺评事朱文焕护驾南来广州讨元殉难，葬于清远横石籲竹坦，元朝末年，六世朱子英从广州回到上岳置田造屋，其族人延续至今。"此次调研的村落中还有南雄的浆田村、曲江的乌龟屯、仁化的夏富村、连州的冲口村和峰园村、连山的甲科村等，均建村于此时期。

第四次大迁徙是在明末清初，起因有二：一是满洲部族的入主，清兵进至福建和广东，客家有义之士举义反清，失败后被迫散居各地，有的向粤北、粤中、粤西迁居；二是本民系内部人口的膨胀，粤北从始兴到英德形成一条客家人居住带，人口众多。如曲江白土镇河边村下三都骆氏从浙江辗转经福建到肇庆，大约在400多年前的明末清初来到三都村的现址。翁源官渡镇东三村陈氏祖上于明清时期从福建迁至此处定居。阳山隔江村清乾隆末年（约1795年），梅县杨德官兄弟迁来定居。新丰梅坑镇大岭村，清乾隆时（约250年前），朱姓族人自江西至龙门转而迁到现朱家镇河的东侧定居。此次调研的村落中还有始兴马市镇红梨村和罗坝镇燎原村长围、翁源官渡镇坪田村和江尾镇湖心坝、曲江马坝镇上伙张、仁化灵溪镇大围村、佛冈官路唇村郭围、新丰大席镇寨下村、英德老地湾、阳山莫屋村和淇潭村、佛冈楼下村和官路唇村等，均建村于此时期。

第五次大迁徙是在晚清。咸丰、同治年间洪秀全领导的太平天国运动，以客家人为基本队伍，辗转征战10余年，天京沦陷后，起义军遭剿杀，百姓纷逃。②在此期间，客家人聚居地还发生持续十二年、死伤五六十万的土客大械斗。动乱使客家人进一步南迁到海南、广西等地，有的甚至漂洋过海谋生。此次调研的村落中有翁源江尾镇长江村罗盘围、阳山竹坑村、佛冈石铺村古围等，均建村于此时期。

除了以上罗香林先生的"五次"说外，值得一提的是，抗日战争时期，日本入侵珠三角地区，迫使大量人口向粤北转移，形成广府文化对粤北传统村落民居的影响。

第二节　粤北古道与地理山水

提起粤北，人们习惯性地会想到五岭、梅关古道和珠玑巷。东西横贯的五岭，既在岭南与中原之间建立起天然屏障，同时，肇源于五岭的浈水、锦江、武水、连江等众多水系，最终合流为北江，通达广州、南海，五岭之间的陆路通道，连成粤北古道。千年来，穿行于粤北山水之间、起着连通岭南与中原纽带作用的粤北古道，通过持续的迁徙移民、南来北往的传统商贸和文化交流，成为影响粤北文化特色的重要因素。

若将粤北看作具有生命的有机体，粤北山水地理则为其骨骼，古道为经脉，传统村落及其中的生活便可视作这一有机体的丰富血肉。基于粤北地区历史文化过程的上述特殊性，以及粤北古道对传统村落和建筑文化的持久而重要的影响，古道成为粤北传统村落研究的切入点和重要主线。

一、从南岭到南海的自然地理格局

南岭的抬升，使整个广东形成由西北向东南倾斜的梯形结构，其次是平原或三角洲，最后是沿海。粤北地区处于广东最高的台阶山地，与湖南、江西两省交界，是长江水系与珠江水系的天然分界线。众多小河、溪涧发源于此，向北汇入湘、赣二水，最终汇入长江；而向南各河流支脉汇于北江，流经广阔的岭南腹地，最后进入南海。

（一）自然山水

粤北有"八山一水一分田"之称，多山地丘陵，总体地势北高南低[13]。山岭间穿插有连水、浈江、武江谷地，谷地大小河网纵横，据2001年《韶关市志》载，当时韶关市境内有大小河流共1534条[14]。其主要江河有北江、浈江、武江、翁江、连江、墨江、锦江、南水、烟岭河和青莲水等，均属珠江水系北江流域。

高山之间的河流及盆地成为连接岭南与中原的交通走廊，分布于大山广川之间，是沟通走廊两端地域的必经之路，相对于两个地域其他的交通联系，它有着运输成本最低，所用时间最短，基础设施最齐全，社会交往最便捷等绝对优势。而交通走廊源源不断带来的人流与物流,使得经过的沿线地区经济更加富庶,人员交往更加频繁。当部分人选择定居于此,必定带来不同地域文化因子,而这种种因子或是保留或是融合,往往体现在语言、生活习俗和建筑等各个方面,形成了长久的文化印迹。

(二)主要河谷盆地

自北向南三列弧形山系排列成向南突出的弧形构成粤北地貌的基本格局:北列为蔚岭、大庾岭山地,长140千米;中列为大东山、瑶岭山地,长250公里;南列为起微山、青云山山地,长270千米。粤北高山连绵,平地甚少,发源于山涧的小溪不断融合,汇成奔腾的大河撕裂了高山的阻挡,带来了天然的河谷地带,河水流向周边少许的盆地,山岭之间分布着河谷盆地(图3-2),包括韶关乐昌丘陵盆地(A)、南雄始兴盆地(B)、连江岩溶高原及盆地(C)、英德盆地(D)、瀸江丘陵平原(E)[15]等等。粤北主要盆地,特别沿古道区域的盆地,是粤北先民定居的首选,成为较早聚居开发的主要区域,崇尚农耕文明的祖辈在此繁衍生息,千百年来耕作不断。

图3-2 粤北主要盆地分布图

(来源:自绘)

二、粤北古道

秦汉以前北方人南下，一般都必须跨越五岭山区，先期到达粤北，尔后沿江顺流通过五岭间的一些天然通道渗入岭南，进入岭南地区的腹地。[16]

秦汉时期中央多次进军岭南，在大庾岭、骑田岭、都庞岭等古道沿线地区立郡县、城池、关隘。连州、乐昌、南雄、英德盆地首先得到开发，粤北成为广东开发自北向南空间推移的第一站。[17]

东汉卫飒自含洭（今英德市西）经浈阳（今英德市东及翁源县）、曲江、乳源、乐昌至今天湖南的郴州，修筑西京古道，为五岭南北的政治、经济、文化交流和北方移民的大规模南下提供了方便，西京古道成为粤北承接中原文化的第一条通道。

至唐玄宗开元四年（716年）张九龄开凿大庾岭路，经南雄下浈江而至广州，或者经南雄下赣江而至长江，将珠江水系与长江水系联系起来，成为古代五岭南北最重要的交通通道。屈大均云："梅岭自张文献开凿，山川之气乃疏通，与中州清淑相接，荡然坦途，北上者皆由之矣。"[18] 从此以后，粤北的韶州、南雄州一带，成为岭南与江淮及中原之间最重要的交通枢纽。[19] 岭南土特产和舶来品多由此北

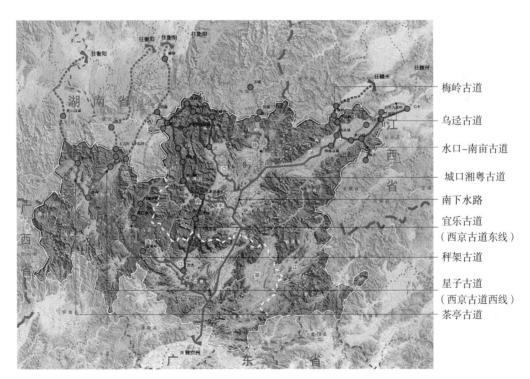

图3-3　粤北主要古道分布图

（来源：自绘）

上，从江淮南下的中原士民，或走大庾岭古道或走武水和连江，纷纷南来定居，使唐代的粤北成为全省人口最稠密地区。

宋元全国经济中心继续南移，北方移民南下增多。此时粤北成为南北交通的一个重要中转站，官民商旅云集。韶州为水陆交通枢纽，时有"广之旁边郡一十五，韶为大"[20]之说；连州为湖南入粤要道，"人物富庶，商贾阜通，常有小梁州之号"[21]，而南雄州作为南北往来水陆转运站，茶坊酒肆鳞次栉比。

明清以后，南下移民多过境而不居留粤北，粤北人口逐渐稀少，明嘉靖《广东通志》载：粤北"土旷民稀，农不力耕"[22]。"但明中叶开始，客家民系形成之后第一次大举向外扩散。其迁移途径，一是闽粤客家回迁赣南……"[23]这也包括临近的粤北始兴、曲江和翁源等地，从许多族谱中均可看出。鸦片战争后，近代海运兴起，粤北传统运输业优势骤降，大庾岭路在粤北乃至岭南交通史上的龙头地位开始被完全取代。

本文正是以粤赣、湘粤、闽粤地区古道为主线，通过对古道沿线不同地区的村落形态、建筑装饰、生活习俗以及民俗文化等因素进行对比研究，乃至从湖南的湘南地区、江西的赣南地区和闽西南地区等与粤北自古交流频繁的地区寻找相关联系，力图展现出历史上这片土地上传统村落和建筑文化的发展及演变轨迹。

第三节　粤赣地区古道及村落

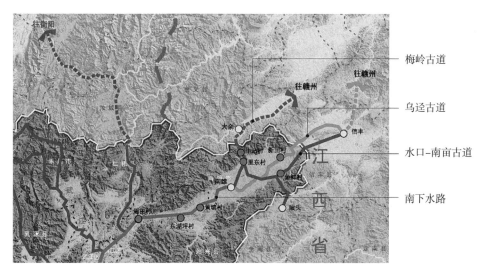

图3-4　粤赣地区主要古道分布图
（来源：自绘）

粤赣地区古道自秦以来便是沟通广东地区与江西直至中原腹地的重要通道，总体上来说，其南起广州，经北江，在今韶关市区入浈江，溯江而上至南雄盆地，并在此分成三条主线路：梅岭古道、乌迳古道、南亩—水口古道（图3-4）。其中最主要的通道为梅岭古道，即从南雄县城出发走陆路过梅关至江西大余县城；另一条繁忙的古道为乌迳古道，自南雄县城溯昌水而上在乌迳新田村转陆路，直至江西信丰城；这两条古道也是千百年来由粤入赣的最主要通道。而以南雄南亩镇与水口镇为中心的水口—南亩古道则主要起到了丰富南雄地区与其临近的赣南各县交通来往的作用，并不是沟通中原的主要通道。

南雄地区之所以会成为粤赣地区交通的关键节点，与其优越的地理条件是密不可分的。南雄市位于广东省东北角，市域内南北两面群山环绕，中部丘陵平地沿浈江伸展，形成了狭长的南雄盆地。南雄盆地北面为五岭之一的大庾岭，西北接湖南，群山峻岭，绵延不绝，并不是交通的良好选择。而东北毗邻江西赣南地区，虽有高山阻挡，但有山谷直通山下，大余、信丰县城均近在咫尺，又有章水、桃水在大余、信丰向北汇入赣江，因此货物、人员于此入中原最为便捷。并且南雄地处广州与中原地区的中间位置，又因其周边山势高耸，浈、昌二水自东北向西南横贯南雄盆地，带来了便利的水陆交通条件，使这里成为了沟通南北的重要节点，自古以来商贸繁盛，人员交流频繁。故南雄在历史上被称为"居五岭之首，为江广之冲"、"枕楚跨粤，为南北咽喉"[24]。

南雄境内主要河流为浈江，由浈、昌两水合成，浈水源于梅岭，经灵潭、湖口至水口何村与昌水汇合。昌水则源于江西省信丰县中亭坑，流经孔江、乌迳、江口、水口，至下陂山，自东北流经南雄中部的广大平原。而许多山涧小河发源于南雄南北的高山中，流入盆地汇于浈水、凌水两条主脉，在今南雄市区汇为浈江，沿着狭长的谷底流向东南，在今韶关市区并入北江。

一、乌迳古道

（一）古道概况

"乌迳古道"是人们对粤赣通道南雄市区至江西信丰九渡圩间"乌迳路"的习惯称法，因其贯通南雄东部古代商业中心——"乌迳"而得名[25]。乌迳古道横穿南雄的东北部，它是一条仅次于梅关古道，连接江西信丰抵赣江的主要干道，同时也被作为粤盐北运、赣粮交易的主要商贸之路。古道全程长30多公里，宽2~3米，路面就地取材，多为河卵石和花岗岩铺砌。明嘉靖《南雄府志》记载："乌迳路，通江西信丰，陆程二日，水程三、四日，抵赣州大河。庾岭未开，南北通衢也。"[26]

乌迳古道是古代岭南地区连接中原的最快捷、最平坦的通道之一。早在三国时期，孙权定都建业（今南京），偏安于江南，再加之中原地区战乱不断，因而从长江入赣江直达桃江渡口九渡，然后肩挑货物沿乌迳古道至新田村后下昌水、浈江，再沿北江直下而达广州是当时江南通往岭南的交通线路。唐开元四年（716年），张九龄奉诏开凿大庾岭通道后，此前经乌迳的货物多数转经梅关古道，尽管如此，也未改变此前乌迳古道商贸往来频繁的状况。五代时期，乌迳古道由于地处江南的南唐国与岭南的南汉国交往密切，又再度兴盛起来。明代嘉靖年间，乌迳称市，在乌迳设立平田巡检司。沿乌迳新田村的昌水河边有盐店、牙行等各种作坊数百间，有"日屯万担米，夜行百只船"之说[27]。清朝时，乌迳作为南雄州的第一大墟镇，粤闽赣三省往来进行商贸活动的人络绎不绝，进行贸易的商客及运输货物的人力肩挑、畜力运输等更是不计其数地穿行于乌迳古道上。直至清末，乌迳古道仍然是沟通岭南与中原、江南之间的重要桥梁，拥有不可替代的作用。

同时，乌迳古道还是粤赣地区古道中水陆联运的重要代表。其线路由南雄县城沿昌水到达乌迳镇，然后转陆路经田心村、松木塘、鹤子塘、鸭子塘、石迳圩、老背塘、犁木丘、过蕉坑，进入江西省境内，在信丰县九渡圩码头再转水运[28]。乌迳河（浈水上游）水浅多滩需以小船（每船载四五十石），沿桃江一直北上，入赣江经三四天，运程二百多里，到达赣州，顺赣江而下出九江湖口入长江，可远至闽南、江南或中原，为粤盐、赣粮、闽茶运销之路，成为在古代岭南地区入中原的重要通道之一。

（二）典型村落

新田村（图3-5）位于浈江东岸，乌迳古道从西北部穿过，是沿古道发展起来的小圩镇。新田村单姓李，据《新溪李氏三修族谱》记载，新田村原名"新溪"，始祖李耿，在晋愍帝任太常卿，建兴三年（315年）因直谏触怒龙威，左迁始兴郡曲江县令，率家属任职途中见新溪"川原秀异，自悼谪居"。可见，新田村李氏在公元315年（即西晋建兴三年）即移居于此，比浈昌县（即现在的南雄）建制还早371年，故当地有"先有新田李，后有浈昌县"之说。2010年，新田村被评选为"广东省历史文化名村"。

新田村山水环绕，三面环山，西南有"门口岭"（形似卧虎），东北有"金龙岭"（形似金龙），东南有"天昊岭"。地势东高西低，浈江支流从村东边绕村而过。村西北有"西河桥"，东北有"接龙桥"，此二桥是村落与外界交通的主要通道。村中保存较好的明清建筑达一万多平方米，牌坊、祠堂众多并保留着许多中原风格，青墙玄瓦、凤头檐角，错落有致，石、木、砖"三雕"在村中建筑均有体现。其中

图3-5　新田村
（来源：自摄）

犹以木雕为绝，图案多样，雕工细腻，反映出中原文化的特色。石窗花多用红砂岩，采用万字花纹、古钱币花纹、哪吒火轮花纹等多达70多种纹样，寓意如意、吉祥和富裕等美好祝福。

新田村当地盛产黄烟，自清初乌迳镇引种黄烟，迄今已有300多年历史。每年的9月13日是新田村的"姓氏节"，旨在缅怀先人，弘扬祖德，敬宗拜祖，激励后裔。其主要活动有：设坛祭祖、抬祖像出行游村、请戏班唱戏和各家摆酒席宴请亲戚朋友等。

二、梅岭古道

（一）古道概况

作为连接赣南与粤北之间交流的古道，大庾岭通道（梅岭古道）自古以来一直作为沟通中原和岭南的重要交通枢纽。尤其是在唐代，张九龄奉召重修梅关，加之中国政治经济中心向东南迁移后，梅岭古道的重要性更加得以体现，它包括横浦道、小梅关道和梅关古道（图3-6）。

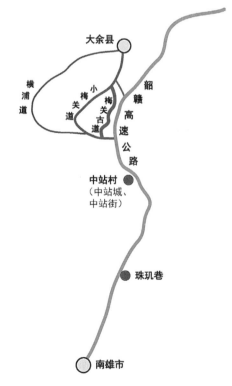

图3-6　梅岭古道
（来源：根据陈怀宇. 古代大庾岭地区道路交通研究[D]. 郑州大学，2011. 改绘）

　　大庾岭因梅鋗奉王之故，又或因其多梅，故称梅岭。位于江西省大余县西南，为赣粤两地分界岭，峰峦叠嶂，山势险峻，为五岭第一岭。是连接珠江水系和长江水系的分界线，同时也是历朝历代，中原通往两广的要冲，素有"江广襟喉"之称㉙。岭巅的梅关是古代中原通往岭南的第一座关隘㉚。梅岭古道最早由秦始皇派兵开凿即横浦道，汉晋向东移7公里改道为小梅关道，以适应当时商业贸易和人员往来；唐继续向东扩建，张九龄奉召新建的大庾岭道未从原小梅关过，而是在其偏东方的隘口上另辟新道，即是闻名中外的大梅关，新道相比于旧道，不仅路程缩短了2.5公里，且沿途建有驿站、驿馆，方便过往人们日夜通行，从此，大庾岭道完全成为南北往来的公文传递、官车、商贾以及海外贡使进京的要道。宋仁宗嘉祐八年（1063年），经赣、粤协商重修大庾岭古道，为便于商旅憩息，以砖石分砌梅岭南北路，夹道植松。并在大梅关上修建关楼一座，表曰"梅关"，此关被作为军事防御（因形势险要，堪称"天堑"）、赣粤之界和征收往来货物税收之用。

　　明代，更为注重海上贸易，郑和曾七次奉旨下西洋，我国海上航路发展达到鼎盛时期，大庾岭道沟通江南与广州，商业运输地位更加重要。明政府对大庾岭道进行了大规模的凿修，使这条几千年商道在明清时仍处于繁华及运输繁忙阶段。"犀象、珠翠、乌锦、髦白之属，日夜輦而北以供中国用，大庾之名遂满天下。"㉛明人黄汴的《一统路程记》中也有记载："自赣州府沿章江南下四百里抵达南安府大庾县横浦驿（横浦驿今在江西大余县城内），由大庾县转陆路，越梅岭（即大庾岭）约60里过梅关，进入广东境内，再行60里抵达广东南雄府保昌县凌江驿（今广东南雄县城关镇），由此再转水路，入东江（今浈水）过始兴县、平圃县，共三百里抵达韶州府曲江县芙蓉驿（曲江县治今广东韶关市，芙蓉驿在今韶关市南门外），由此沿北江南下……至广州府五羊驿、怀远驿（广州府治广东广州市）。"㉜

　　清代，广州一口通商，梅岭道是全国进出口货物的主要交通要道，盐粮仍是货物大宗。㉝第一次鸦片战争以后，清政府被迫对外开设五口通商，中外交通与贸易中心由广州转到上海，大庾岭商道逐渐失去了它在商业运输方面的优势，最终走向衰落。大庾岭地区的梅关古道起于广东南雄市区，途经黎口镇、珠玑镇（珠玑古巷）、灵潭村、中站村、钟鼓岩、梅岭（梅关、小梅关、横浦关）、新华村、石井里、梅关镇等村镇而北止于江西大余县城，全长约45公里，沿途村落、驿站众多。而从南雄市区顺浈江南下在韶关市区入北江，走水路可直达广州。往北自大余县下章水入赣江，再通往长江达至中原各地。

梅岭古道在中国交通史上有着举足轻重的地位，它是千百年来南北水陆交通的要道，以最短的陆上通道，沟通江西赣江与广东北江，使南海郡（广东省部分地区）与中原地区出现了一条水陆联运的南北间交通线，又是"海上丝绸之路"的一部分，"海外诸国，日以通商"㉞，可见，梅岭古道在历史上具有军事、商运之双重作用，促进岭南地区与中原甚至海外地区的经贸与人文等方面的交往，传播了先进技术，在中国交通史上具有的重要历史地位。

（二）典型村落

1．中站村

中站村（图3-7）位于南雄市北面10多公里处，北望梅关古镇，南面紧靠里东村，依靠梅岭地势起伏。梅关古驿道从村中穿过，现仍有保存较好的卵石铺砌古驿道一段。村落位于古代南越王所筑"中站城"（即古梅鋗城）遗址上，村中仍有城墙遗址残段。"中站城"是南雄境内最早的古城堡，据《南雄文物志》载："该城址坐北朝南，总面积3.2公顷，梅岭古道贯穿其中。始建于秦末，历代均有修建。"《直隶南雄志》载："始皇并六国，越王逾零陵往南海，越人梅鋗从至梅岭家焉，筑城浈水之上，奉王居之。"又云"中站城即古梅鋗城，有台侯故宅。"筑城浈水之上，即筑城于中站。中站城明洪武丙辰（1376年）为递运所，嘉靖三十六年（1557年）十二月十八日修城，清乾隆二年（1737年）在城内设红梅巡检司署。

中站村整体依山就势，房屋和绿化错落有致，层次丰富。村前有水塘，明清古驿道穿村而过，古道两侧有少量单层传统商铺，村落历史建筑大都为土砖砌筑，少量重要宗祠和民居采用青砖砌筑。

图3-7 中站村与中站村碑记
（来源：自摄）

a 古街门楼

b 古街风貌

图3-8 里东古街

（来源：自摄）

2. 里东古街

里东古街（图3-8）是梅关古道上的重要街（集）市，坐落在南雄市区东北15公里的珠玑镇里东村。里东村西南方向及西北方向均有山体，村内有一条河流经过。全村曾居住700多人，现有住户约300人。以卢姓为主，还有其他十几个姓氏。街上大多数为原住民，仅有三四户外来人家来自江西南康，迁至此将近20年，另外有一户来自广西。

里东古街总长约600米，宽约5米，始辟于秦，主要用于军事。到了明清，外贸日益发展，商铺、驿站林立，茶楼客店，鳞次栉比，南来北往的商贾旅人，皆由此经梅关至大余，然后乘船经赣州直通南昌、九江乃至江南一带。南可顺浈江、北江直达珠江三角洲，其自古便是江西等地入粤的重要通道，以及广东地区进京赶考的必经之路。

里东古街根据地形渐次升高，以往进入上街的台阶现已经被填成坡道，下街与新城区相连。现存传统商业街道长约178米，街道宽约5米，最宽处有7.6米。街道受民国时广府文化影响，两旁为骑楼式商业建筑，高宽比约为1∶1。据称当初建设时已有规划控制以保证沿街的形态和街巷空间感。骑楼样式各异，有传统坡屋顶式，亦有西洋样式，此外还有中西混合式，为多层。上下街各有一个出入口，上街入口有牌坊上书"里东街"，下街入口不明确，穿过原村委大楼，牌坊旁有两棵约300年的古树，农田和河流顺着古道延伸。

三、水口——南亩古道

1．古道概况

水口——南亩古道位于今南雄市水口和南亩两镇境内，是南雄境内最东线的一条古道，主要联系江西信丰和全南两地。其东与新龙、界址相接，最远可至江西信丰；其西与湖口相连，进而可至梅关道；从南亩南下，越过群山的阻隔，经中岭、长洞，可至江西全南县陂头。区域内有宝江水、南亩水穿越其境，向北汇入浈江。[35]由于其所处四通八达的水陆交通网和优良的自然条件的地理优势，早期先民选择在此聚居，并留下了活动的遗迹，如在南亩镇水口镇的部分村落，就曾出土过新石器时代的石铸、石斧等文物。不仅如此，位于水口镇西北200米处的黄竹潭遗址，更是被专家判定为汉代居住建筑遗址及唐宋居住生活遗址。[36]

水口——南亩古道成为中原与岭南的商埠要衢，亦成为赣粮粤盐的重要交易通道。另据嘉靖《南雄府志》和乾隆《南雄府志》记载，南亩在明代就被作为南雄重要关隘之一。清以后，水口墟、南亩墟已成为南雄两大重要墟市。

2．典型村落

南雄市南亩镇鱼鲜村（图3-9）是水口—南亩古道上的一个古村落。全村现有人口466户，2169人，以王姓为主，还有李姓、黄姓、温姓和叶姓等。据鱼鲜村下门王《王氏族谱》记载，鱼鲜村原名"鱼溪"，始建于南宋孝宗乾道五年（1169年），由山西迁入，现传至93世，已有840多年历史，该村在2006年获广东省首批历

图3-9　鱼鲜村

（来源：自摄）

史古村落称号。

鱼鲜村三面环山，东面有坪地山、青竹山、大湖山，南面有高嵊头，北面有老寨头等山体。村落内部格局以先祖堂为核心，以网格放射型道路网为骨架，将各房祠、家祠、池塘、古寺等连接成一个整体，并以门楼和围墙（已拆毁）组成一个相对封闭的内部空间。村中有一东西向的老街贯穿，为传统商业街，宽1.5~3米不等，红砂岩石板路面。另据下门王《王氏族谱》载，鱼溪有八景："水阁迥澜"、"跃鱼跳溪"、"神仙古井"、"镜面清池"、"花林奇迹"、"蜘蛛幻影"、"乌纱帽石"、"莲石高寨"。目前八景概貌基本保存下来。先祖堂为鱼鲜王氏宗祠，始建于南宋，为三开间两进祠堂，木结构梁架，红砂岩石柱，青砖墙体，山墙为跌级式马头墙，上厅带轩廊，入口门上有"江左名家"牌匾，祠堂前有门楼，具有中原一带民居风格。建筑内部雕刻精美，柱上有线刻、阴刻、阳刻的对联，字体丰富，有楷体、行书、隶书及篆书等。第一进正面为楷书线刻："祖宗贻不尽嘉猷案有诗书庭有礼，云裕绝无疆令□家宜考友国宜忠"，侧面为篆书阳刻。第二进侧面为楷书阴刻："诗才久重碧纱笼肯构肯堂不愧太原世胄，□□□青玉案善承善□□克□江左宗风"，第三进正面为草书阴刻，侧面为楷书阴刻："念先人手植远槐构祠宇以荐馨香自应三公瑞色，思前哲才称珠树序昭穆而行典礼永传四杰芳声"。

绿茶为鱼鲜村主要经济作物之一，产量较高，味清香。鱼鲜村有采茶剧、八音器乐演奏等。每年农历五月十八日为鱼鲜村"王裕诞"，村民请王裕像到先祖堂祭拜，而后顺序到各房祠堂祭拜，该习俗在"文革"时被迫取消，至今尚未恢复。

第四节　湘粤地区古道及村落

湘粤地区古道是连接岭南与湖南及中原腹地的交通要道，位于湖南与广东之间的骑田岭为南岭第二岭，横亘东西，成为广东与湖南的地域分界线。这一地区高山众多，而平地甚少，使湘粤两省陆路交通颇为不便，发源于南岭山脉中的众多河流成为了沟通两地的重要通道，自东向西三条主要的水路锦江、武江和连江向南注入北江，先祖早已发现利用水运，再转陆路可以越过高山的险阻出入中原。千百年来踏寻着前人的足迹形成了贯穿湘粤两省的五条主要的南北通道：城口湘粤古道、宜乐湘粤古道（西京古道东线）、秤架古道、星子古道（西京古道西线）和茶亭古道等（图3-10）。这些古道利用粤北高山间的峡谷、河流，与湖南的古道系统相联系，再利用湘江水系走水路出洞庭直至中原腹地，而向南则利用北江的航运优势直

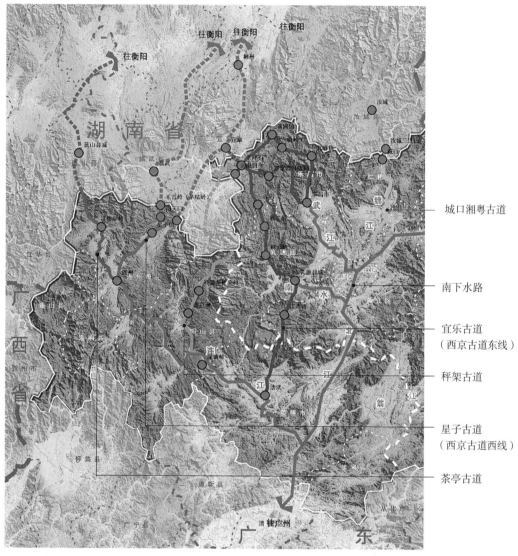

城口湘粤古道
南下水路
宜乐古道（西京古道东线）
秤架古道
星子古道（西京古道西线）
茶亭古道

图3-10　湘粤地区主要古道分布图
（来源：自绘）

达广州。

　　湘粤地区的古道与粤赣地区古道在选择线路时都遵循了一些共同的原则，即充分考察了整个地域的地形条件，利用水运在时间与运输成本上的优势，在联系南岭南北珠江水系与长江水系的最近的陆上通道转陆路，以此节省大量的时间和人力成本，可以说每一条古道都是整个地区南北交通的最佳选择，即使在交通方式突飞猛进的今天，这些通道依然被人们利用，只是转换成了更加快速便捷的交通工具，可见古道的选址和修建体现了先人无穷的智慧和洞察力。

放眼于古时全国交通路网的大格局中来看，湘粤间主要的通道有两条：一条是自广州溯北江而上到韶关，经乐昌到湖南宜章、临武，走陆路到郴州，入湘江水系，到衡阳、长沙的通道。另一条是由广州过北江，从英德上连江到连州，再由连州走陆路至湖南临武、蓝山，然后由春陵水入湘江到衡阳、长沙的通道，这也是历史上所说的西京古道的东西两线。

历史上这两条水陆联运的古道早已被开发利用，在秦始皇统一六国后，出兵攻取岭南的百越，命秦尉屠睢率50万大军南征，而主要取道湖南，通过修筑军道、开灵渠，由郴州经临武入连州通番禺（今广州）的"楚粤古道"由此成型，这也是后来西京古道的基础。汉初，重臣陆贾曾奉旨两次（约公元前240~前170年）出使南越，皆取此道。汉光武建武二年（26年），桂阳太守卫飒奉命开凿改造了郴州经宜章至粤北英德的驿道，全程约500里，经过此次大规模改造基本确定了湘粤古道，此后沿用近两千年。三国时期，刘备由澧入境，取荆州后，又取长沙、零陵、桂阳（今郴州）三郡。《元和郡县志》（唐·李吉甫撰）记载的京都南行驿路:自长安出发，由岳阳入湘境，经长沙、衡阳、郴州，至粤境韶关，全长计1790里。[37]自魏晋至宋末的千余年间，也是驿道网络的形成期，境内道路的主体工程是自北而南、由东向西修筑联结主干线的州县间支线驿道。湘粤古道是湖南现存最早、保存较完整的古道，沿途还尚存有古城、驿站、古桥和路碑等遗迹[38]。

一、城口湘粤古道

（一）古道概况

城口湘粤古道是连接韶关仁化县和湖南郴州汝城县的交通要道，为湘粤两省古道中最东边的线路，中原的物资通过这条通道可自长沙沿湘江南下，在衡阳进入湘江最大的支流未水，至汝城后转陆路于湘粤两省交界的三江口，再转为水运，经城口村下锦江、浈江，在韶关入北江，最远可达广州。而广东仁化县最北端的城口地理位置优越，交通四通八达，北可达汝城、西北可至郴州、向南入韶关、东北则可至大庾岭古道（又称梅关道），成为了该地区的交通枢纽。

城口湘粤古道（图3-11）利用了锦江和未水穿行于粤北及湘南地区众多高山之中的便利，是湘粤古道中陆路运输最短的线路。但由于锦江两岸高山绵延而平地很少的地形限制，造成该区村镇不多，经济欠发达，所以该通道并没有发展成为连接湘粤的主要通道。

早在秦汉时期，城口湘粤古道就已被开凿利用，南越国时期便以五岭为界在此筑城设防，控扼湘粤交通。今广东仁化县境内，左右分别与乐昌、南雄县为邻，北

与湖南相邻，东北与江西接壤，"独
当二面"。据《仁化县志》中卷一
所述，仁化县不仅被作为军事设险
之地，同时，也是广东与湖南、江
西的交通孔道之一。[㊟]位于锦江上
游的城口，源头出于湖南，南注入
浈水。因其水量充沛，古时可供木
船通行。另从城口逾岭处有山势较
低平便于穿越行走的山路，路程
约五里可至湖南汝城，节省人行
商旅路程。秦末汉初，赵佗割据岭
南时，为了"壮横浦"，（《岭南丛
述》卷三）就曾在城口筑城驻军并
曾多次从城口和横浦关逾岭而北，
攻打长沙王国和汉之南郡，使"县
沙苦之，南郡尤甚"（《通志》卷
一百九十八）。时至今日，嘉庆元
年仲冬吉日重修的城口北门和"古
秦城"的俘雕石碑尚存。可见，城
口道在秦末汉初亦为沟通广东与湖
南、江西的交通孔道。^㊵

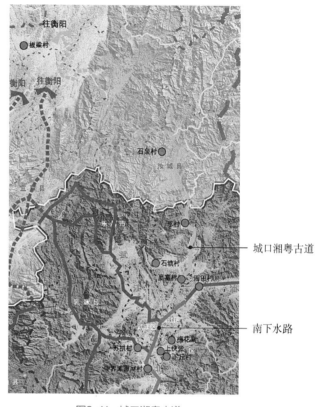

图3-11　城口湘粤古道
（来源：自绘）

（二）典型村落

1．城口恩村

恩村位（图3-12）于仁化县城口镇南部106国道侧。早在秦朝时期已建村，起
初村里主要姓氏有李、罗、张等。南宋时期蒙姓人由山东迁入后各姓陆续迁出（据
说主要前往了离恩村西南方向1千米不到的东光村），如今仅存蒙姓。古村落占地
约1.6公顷，现有200多户，人口约1000人，主要经济作物为水稻和花生。

相传，秦朝时期南方战乱，赵佗逃亡到仁化县一溪河边（恩溪），见一主妇溪
边洗衣服，匆忙上前求助。赵佗请求妇女对追赶过来的秦国士兵说他往独木桥方向
逃去了，自己则逃往西边的一片小村躲避。追兵果然过来了，妇女假装哑巴，只用
手指向独木桥。多年后赵佗成为南越王，旧地重游，为感谢小村庄，赠了许多钱
财，恩村之名便由此而来。

图3-12 恩村

（来源：自摄）

　　恩村周围群山环抱，整体坐西朝东，背山面水，西边紧依水源山、老鸭山、西峰寨、山头窝、观山岭、老虎冲和奇头龙等山峰，此为村庄龙脉；东边紧邻恩溪，与笔架山相对；南边有香炉山。村落现有两个主要出入口，北面为拱北里，南面是图南门。北门前往湘南汝城，一直向北可达京城，南门口朝向商贸发达的岭南地区，这便是城口湘粤古道。村东还保存有恩东桥和古城堡的东门码头。村落原有西门，因106国道的修建而拆除。村落水源来自水源山山泉，排水系统以世科祠中轴为界，祠堂以北的污水通过明渠直接排入恩溪，祠堂以南的则大多先排入池塘，沉淀再排入恩溪。

　　村落保留有打醮、火龙节和六月六祝丰收等民俗。打醮是农历一月十五上年照，七月十五中年照，十二月十五下年照。到隔壁村接菩萨像至福主庙拜祭，每次持续三天，世科祠前晒坪有戏曲演出。火龙节为春节到元宵期间，在各祠堂前空地演出。六月六为每年农历六月六号，各家还有预祝丰收的习俗。

　　2. 石塘村

　　石塘村（图3-13）位于韶关市北部粤、湘、赣三省交界的仁化县西部，相传因周围多鱼塘，塘中均有石笋，故名石塘。村落西北与乐昌市廊田镇交界，西南与曲江县姚村、花坪交界，北面与董塘镇江头接壤，东北面与董塘安岗、红山相依。2010年石塘村被评为"国家级历史文化名村"，2012年石塘村又入选第一批中国传统村落。

　　全村现状共670户、3203人，有李、蔡、何三个姓氏，以李姓为主，其次是蔡姓。据考，石塘村在清咸丰九年（1860年）遭太平军攻打前已是规模宏大的千家

图3-13 石塘村
（来源：自摄）

村。另据石塘村《李氏族谱》，石塘村从李氏八世祖"可求"于明洪武年间（1368年）从福建上杭胜运里丰朗乡移居于此，至今已有630余年历史。

石塘村地势西高东低，三面环山，村内街巷众多，曲折复杂，纵横交错，呈现出与周边山水自然肌理和农田田垄相似的形态特征。村中主要街巷设有闸门，村北面约2公里的小山顶上曾设有一座鹏风寨（现名大寨顶），是北面进入石塘村的必经之地，为当年抵御太平军的主要防御建筑。石塘村共建有9座祠堂，其中以十二世祖"大用"所建的"三多堂"（又称"过路祠堂"）为最早，十七世"熙春公"所建的"贻德祠堂"是村中现存规模最大、保存最完好的一座祠堂。

石塘村富有浓厚地方民俗特色，至今仍保持着传统的风俗习惯，如月姐歌、供奉观音、土地神和灶神等。其中，月姐歌是其独特的民间艺术，古时为石塘妇女在中秋节期间以石塘声（土声）演唱。在演唱前设置"月姐歌坛"，从农历七月初一或八月初一唱"接月姐"歌开始至中秋节午夜唱"送月姐"歌结束，有近三十首不同的曲调，彼此唱和。除此之外，当地还有石塘米酒、糍粑和扣肉等富有特色的饮食。其中"月姐歌"和"石塘米酒"入选省级非物质文化遗产。

二、宜乐古道（西京古道东线）

（一）古道概况

宜乐古道顾名思义是郴州宜章县通往韶关乐昌市的古道，这一段古道也是古时连接湘粤两地的两条主要通道之一。宜乐古道于秦朝开拓，东汉卫飒改造。明末清初，清政府施行海禁时，大量挑盐的脚夫和避税偷运私盐者，沿着古道翻山越岭，穿行于这条崎岖的古道上，古道上曾出现过"万担盐箩上山冈"的盛况和"粤盐遍湖南，肩挑贩夫益至数十万人"之说[41]。而说起宜乐古道就不得不谈其与西京古道的关系，据《后汉书》记载，东汉建武二年（公元26年），桂阳太守卫飒奉命开凿从今广东英德市浛洸经乳源县至湖南宜章、临武进而达长安的道路，即西京古道。

在粤北乐昌、乳源境内西京古道与宜乐古道西线重合，利用这条古道，岭南进京贡品和从国外进口的商品以及岭南的物产皆可直达长安，而中原的丝绸一部分也通过这条通道源源不断地送往广州，再运往世界各地。西京古道曾经是"上通三楚，下达百粤"的必经之路。

宜乐古道（图3-14）并不是一条单向的交通线路，它以老坪石为中心，大致可分成三条线路。其中宜章—老坪石—乳源县城的西线，即西京古道的粤北一段，这条线路由湖南的宜章县走水路过乐昌县的武阳司在老坪石转陆

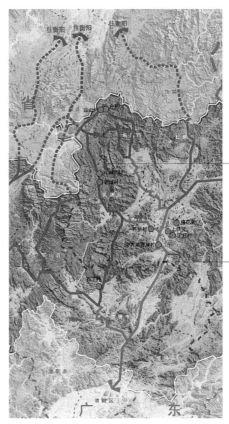

图3-14　宜乐古道
（来源：自绘）

路，过梅花、云岩，进入今乳源县境内，翻过猴子岭，过浮子背、大桥村下梯云岭至乳源县城，再经过乳源乳城镇（侯公渡）、韶关武江区江湾镇、乳源大布镇、英德石牯塘，最终到达英德洸洸，从这里可走水路经连江下北江直达广州。现今乳源县境内仍保存有猴子岭段、梯云岭段古道及凉亭和碑文等，是这段历史的最好见证。据《猴子岭石亭叙碑》记载："自县城逾腊岭过风门五十里许而上梯云山，又四十里许而至通济桥村。其前望壁立直上，崎岖最难行者，则信所呼猴子岭也。是岭也，上通三楚，下达百粤，必由之路。"[42]此段古道，仅1m多宽，路面以石块、条石铺砌而成，拾级而上，犹如盘蛇。

第二条线路为宜章—老坪石—乐昌市区中线，这条线路主要利用了武水的水路运输，从乐昌市坪石镇沿武江九泷十八滩西岸，经罗家渡韩泷祠（周憬庙），到达乐昌市泷口，顺武江后在韶关市区入北江，这是当时乐昌市的主要水上交通运输线。水运一般是古代交通运输的最佳选择，纵观粤北各条古道，均在条件许可的情

况下充分利用了河流，但是这条经武水的线路却并没有宜乐古道西线那么重要，这无疑与武水水路过于险恶有关。根据记载，武水古名"虎溪"，后改称武水（《读史方舆纪要》卷一百二）。源出于桂阳王禽山，自西向东横贯临武、宜章县，折而东南入广东乐昌县，至韶关会于北江[43]。武水惊湍飞注，水势险恶至极，其中有六处最为凶险。因此，即使此水路贯通湖南与广东，秦末汉初赵佗亦在乐昌筑城防守，但是最终选择从此水路驾舟而行者仍是寥寥无几（《南越笔记》卷四）。后来，汉桂阳太守周昕，"始疏凿之"（《南越笔记》卷三），武水才成为沟通湖南南部与广东北部的水路[44]。之后又经过元、明两代多次疏整，武水水路才日渐变为坦途。

　　老坪石作为沟通东西南北的枢纽，加之武水过于险恶，所以另有一条东向通道，走陆路，至乐昌市区或去临近的湖南。现今可考线路为：从老坪石过金鸡岭，往东北方向通往庆云镇、黄圃镇到达湖南省的宜章县和汝城县；往东南方向经户昌山村、蔚岭关、九峰镇、北乡镇到达乐昌市[45]。

（二）典型村落

1. 户昌山村

　　据《乐昌文物志》载，宜乐古道从春秋时期开道，至少也有2300年的历史，光滑的青石板路、排列成行的古松，像一幅幅古道山水画，令人遐想，耐人寻味。禅宗六祖慧能、红巾军、闯王军、北伐军从这里经过的传说，更为该道增添了无限的神秘。户昌山村（图3-15）就位于宜乐千年古道旁，占地约两公顷，位于乐昌市庆云镇东北部，与黄圃镇毗邻。

图3-15　户昌山村

（来源：自摄）

据史料记载：村落始建于南宋末年，李姓始祖大万、伯伦父子二人，从北方（湖南郴州秀才乡）弃官迁移至此，至今有780多年历史。沿郴乐古道来到黄圃新屋场（今新元村），后定名为户昌山村。据户昌山《李氏族谱》载：李氏户昌山始祖李伯伦为南宋贡员，官任大理寺干事卿，"见元已定鼎，义不仕元"，于是同其父恩进士李大万到此隐居，"结茅庐而托于斯"。有一天大万公牧牛割草，扎草完毕，不见耕牛去向，沿迹一路寻找到此地（户昌山）才找到耕牛。见此地山环水抱，叠嶂青峦，大万公笑逐颜开，乃欣然曰："此山地可以建村创业长吾子孙也"。大万公赶牛回家，向子妻阐述寻牛发现山地的经过。三人遂开始准备迁移：首先在老屋田搭架，暂时安居，并计划打窑烧砖瓦，过了一些时间，喜逢贵人路过借宿，慈善的大万公一家欣然答应，杀鸡款待，晚上让客人睡高床，自己歇地板。恰逢此客人为风水名师，见主人热情款待，临走前，把建村方位向主人一一指点，所指点的位置就是现今的户昌山古村，因主人希望此村从他这一户人家起开支散叶，从此富贵昌盛，故取村名"长富"，号"户昌"，后正式定名为"户昌山"。

户昌山村占地2公顷，最多时达100多户人家，现有86户，人口500余人，村子的主要经济来源是种植茶叶，户昌山村坐落在群山围绕的环境之中，山环水抱，青峦叠嶂，风景优美，村前的宜乐古道更为户昌山村平添了几分古意。村落民风古朴，文化底蕴深厚，其建筑依山就势而建，木雕精美，整体保存完好。

2. 老屋村

老屋村（图3-16）是乳源县大桥镇的中心村，位于大桥镇北侧。村落占地约5.33公顷，主要姓氏为许姓，另有其他姓氏7个，村落约100户，500人左右。许姓立基于明宣德年间（1426~1435年），距今约560多年。大桥墟因其旁边有西京古道的通济桥，村民称之为大桥而得名。清代有一首咏大桥八景诗云："溪江横带晓云霞，曲折绕村数百家。水秀山清称盛地，卜居斯土福迩遐"。

图3-16 老屋村

（来源：自摄）

老屋村三面环山一面临水，北侧为高椋仙山，西侧为狮岭，南侧为尖山与牛岭，东临大桥河。村落格局总体朝向东南，背靠狮峰，面向大桥河。据村民讲述，村落选址与风水有关，狮峰顶部形似网顶，村中遍布许多天然的石块，形似网子，整个村落宛如坐落在仙人撒网的地形上，预示村落网到大鱼，象征富贵，全村建筑围绕风水塘和高阳堂环形而建。

村中还保留着传统曲艺客家山歌和舞狮习俗，其表演场地主要集中在祠堂前面。另外，还保留着颇具当地特色的绣花鞋和毛绒绣等传统手工艺。

三、星子古道（西京古道西线）

（一）古道概况

星子古道位于广东省连州市境内，自秦朝开始就是连通岭南与湖南的交通要地。连州位于广东省西北角，地处粤、湘、桂三省交界处，地理位置特殊，其北面与湖南省郴州、永州以骑田岭、九嶷山相隔。境内虽高山众多，但也有不少狭长的平地通向湖南，而连江发源于九嶷山，自西北向东南横穿连州市域，最后经过阳山在英德汇入北江。早在秦时，秦军略取南越时，其一军就专守"九嶷之塞"（《汉书·严助传》）。秦在岭南置郡县后，也在湟水上连置三关，"湟丛、阳山、湟口，皆有秦关，名曰三关"（《岭南丛述》卷三）。秦末汉初，赵佗割据岭南，就传檄至此绝"新道"，聚兵自守（《汉书·西南夷传》）。后来汉武帝派安国少季出使南越，路博德军伐南越，均是"出桂阳，下湟水"，取自连县一道入岭南的[46]。由此可见，星子古道自秦开为新道以来，一直为五岭南北的交通要道。

东汉章帝建初八年（83年），大司农郑弘奏事请开"零陵桂阳峤道。于是夷通，至今遂为常路"。零陵、桂阳峤道，非从零陵郡治泉陵到桂阳郡治郴县，而应从零陵郡治泉陵到桂阳郡属县桂阳县，是穿越五岭山脉的交通要道[47]。

零陵、桂阳峤道，东南通湟水，西北通湘江。交趾七郡之贡品，取道番禺溯北江、湟水至岭，再改由陆路走零陵、桂阳峤道直至湘江，比"皆从东冶（今福州市），汛海而至，风波艰阻，沉溺相系"（《后汉书郑泓传》）要安全些，比溯西江而上，走漓江，过灵渠，入湘江，亦称便捷[48]。由此可见，自零陵、桂阳峤道开通后，星子古道既沟通五岭南北交通，同时也是沟通中原的最便捷通道。

现今连州境内与湖南郴州相通的古道有两条，一条由湖南临武南下，越过湘粤边界的毛吉岭、下南天门（即现存顺头岭古道）后直至星子镇，此即秦时所创"荆楚走廊"的一段，亦是汉代"西京古道"的重要一段，沿线山洲、黎水、东村岗等古村落见证了古道当年的繁华。另一条从湖南宜章南下，越过凤头岭达星子，也是

湘粤古道的一支。两条古道在星子汇合后直达连州，再经陆路或走连江水道远达徐闻、番禺等地。

（二）典型村落

山洲村（图3-17）位于连州市大路边镇境内，村庄占地面积约20公顷，始建于明以前（据村民口述）。村落坐西向东，依山而建，层级而上，内部有七条主巷道，多为青石板铺砌，明沟排水。村落原有围墙，现村南的围墙仍有遗存，村东北为"山洲何家"门楼，门前有池塘；村南为迎龙门，村西有炮楼一座。迎龙门高两层，拱形门洞，楼内有明隆庆四年（1570年）的"拱门楼记"、明万历元年（1573年）的"捐款碑记"、清乾隆二十三年（1758年）的"载植后龙□□碑"共三通。村内建筑多为青砖砌筑，人字山墙硬山顶，上为阴阳板瓦面，正脊板瓦叠置，直棂窗，窗檐上部用砖叠置或灰塑花纹，造型独特，屋檐下撑栱多为鱼龙造型。村落现存明清时期门楼3座、祠堂2座、民居20多栋。另外，有建于清同治年间的"玉泉"古井。

四、茶亭古道

（一）古道概况

茶亭古道是连州境内另一条重要的交通要道，因其通过茶亭村，而被称为茶亭古道。虽不如星子古道为沟通中原与岭南的必经之路的地位，但它却是连州与湖南永州间最便捷的通道，而且沿路可通往湖南的道县、江华（均是古时重镇及湘桂古道间的重要节点），利用茶亭古道上的湘桂古道可进入广西境内，可见茶亭古道也是古时粤北地区进入西南地区的重要通道。

茶亭古道（图3-18）从西北向东南将湖南蓝山县城与连州市区联系起来，沿途地形多样，高山与平地相间，山间有数个规模不大并由数条小河相联系的盆地，而且这些小河最终在连州市区汇入连江。其地理环境的优势，使这里成为先人生活定居的理想之地，也是连州人口最稠密，古村落最多的地区，其中丰阳、东陂在明清时便成为商业重镇。从连州市丰阳镇越过九嶷山便是湖南蓝山县城，两地相距不过40公里，向北行可通永州。向南经过东陂镇、茶亭村、丰阳镇最后到连州市区，与西京古道相连。时至今日，古道沿线朱岗、夏湟、沙坊、白家城等古村落仍能为

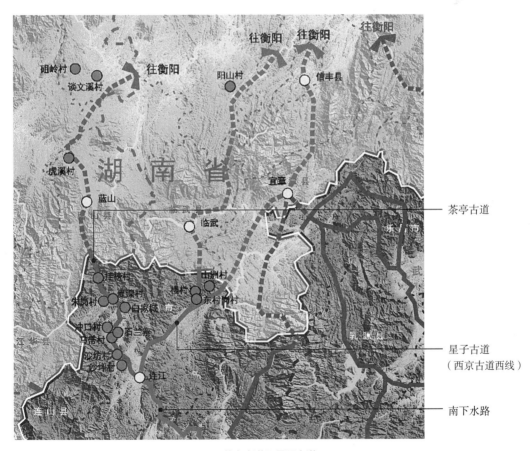

图3-18　茶亭古道和星子古道
（来源：自绘）

图3-19　白家
城村

（来源：自摄）

我们展现这条千年古道昔日的繁盛。

（二）典型村落

1．白家城

白家城位于广东省连州市东陂镇卫民村。明成化三年（1467年）李氏祖先自
阳山县水井乡迁此，村民姓李，自认为李白之后人，又因曾筑城池防抢劫，故称白
家城。村落建在山麓脚下，前有池塘，背山面水，池塘之外是开阔的田野，风景优
美。现有门楼2座，祠堂1座，炮楼2座，民居110多栋。民居多为青砖砌筑，硬山
顶，四角飞檐，上为阴阳板瓦面，正脊板瓦叠置，直棂窗。巷道铺青石板，利用地
势高差明沟排水。

舞火猫是村中独特的民间艺术。九月九当天，村里各家各户都要请回已出嫁的
老少姑娘好好款待一番，并将村中首位姑祖婆刻成神像，意为从婆家接回娘家供
奉，并举行舞火猫活动。

2．石兰寨

石兰寨（图3-20）位于连州市西岸镇石兰寨古村，村中有黄、杜、骆三个姓
氏。村落依山傍水，坐东向西，村后有一称为"岳荣岭"的石山，相传当年民族英
雄岳飞凭借这里险要的地势，修筑堡垒，安营扎寨，一举剿灭了为害多年的盗匪曹
成，因此才把这座山称为岳荣岭，或叫作岳王岭。石兰寨就坐落在岳荣岭山脚下，

图3-20　石兰寨

（来源：自摄）

村落整体呈弯月形，由东向西长约1.5公里，最宽处约500米。全村共有祠堂1座、门楼4座、民居100多栋。

门楼多为硬山顶，四角飞檐，圆拱门，门额石上记载着石兰寨居民的来源，炫耀先祖的史迹。如积元首著门楼是清咸丰九年（1859年）为纪念石兰寨黄氏的开山祖黄积元而建，门楼上悬挂的木匾，书"咸丰九年（1859年）旨赏顶戴蓝翎、六品即补把总黄国俊恭承"，是为纪念石兰寨黄氏的第九代孙黄国俊参加湘军抗击太平军，荣获"旨赏顶戴蓝翎"，并被提升为"六品即补把总"。而兰桂里门楼是清朝嘉庆二十年（1817年），为村寨首个进士而建。

3. 沙坊村

沙坊村（图3-21）位于广东省连州市连州镇内。始祖石公文德生于唐代天祐元年（904年），于五代十国时期，为避中原战火南流入粤，居于湟川（今连州）平合乡。沙坊村所在之地经大、小龙河冲刷，西北边形成肥沃泥土，为土方，而东南边存积细沙，为沙方。先人石文德综观此地，后有长远山脉，前面矮岭成片，右有婆顶山看门，成连珠之势，丁山林立，大、小龙河轻淌而过，属久居盛发之地，遂开基卜居于此，定名"沙坊村"。

村落坐西南向东北，位于一缓坡地带，东高西低，巷道顺应地形，台阶层级，多铺青石板，明沟排水。传统建筑多为青砖砌筑，硬山顶，上为阴阳板瓦面，正脊

图3-21 沙坊村

（来源：自摄）

板瓦叠置，直棂窗。平面三开间，中间为堂屋，两侧为卧房，大门正对堂屋或开在卧房一侧，门上嵌雕饰精美的木制门梁，门额饰一对雕花木门簪。村内现存儒林毓秀门楼、儒林锡里门楼、儒林坊门楼、儒林盛里、石氏宗祠、东岳庙及民居100余栋。五代楚部石公祠及东岳庙位于村东部，现已改为现代建筑形式。

浴佛节是沙坊村民间活动，它包括游神祈福、浴佛两部分。当地盛产沙坊粉，是用山泉水和大米纯手工制作而成，因靠太阳和自然通风晒干，做出来的米粉久煮不糊，口感上佳，据说已有数百年历史。

五、秤架古道

秤架古道位于广东省阳山县境内，是沟通湘粤两省的另一条通道，向北连接湖南宜章，向南达广州。据专家考证推断，最早可能修凿于秦末，最迟也不会晚于西汉中期。最开始秤架古道作为军事道路之用，随着社会稳固，经济发展，最终成为商道。

秤架古道南起连江南岸的阳山县青莲镇深塘村，从这里往南可走水路至英德入北江最终到达广州，而向北溯青莲水而上，中经犁头镇马落桥，岭背镇蒲芦洲，进入幽深峡谷地带，两岸山势陡峭，落差极大，唯有青莲水有稍许平地，途经秤架乡杜菜村、圆丰村，距圆丰村二里的盐坪是明清珠三角盐船北行的终点。过江坪村，可入湖南宜章县境。其在阳山境内路段长约100千米，宽50~95厘米不等，是一条名副其实的羊肠小道。古道沿线的青莲河峡谷地带出土过新石器晚期的石钺、战国时期的青铜矛和汉代墓葬等许多重要文物。

第五节　"反迁客家区"的村落

湘粤古道和粤赣古道沿浈江、连江和武江向南延伸交汇，这些地方原本由土著和先期到达的"老客家"在耕作条件好的水系沿线平原定居开村，土客相互融合。而明中叶后大规模移民，一是因清兵进至福建和广东，客家有义之士举义反清，失败后被迫散居各地，有的向粤北、粤中、粤西迁居；二是本民系内部人口的膨胀，粤北从始兴到英德形成一条客家人居住带，人口众多。大规模的人口到来，激化了当地各种社会矛盾，外来客容易受到攻击。时下学术界常以"反迁客家"来表述这次的大移民潮，虽然还有牵强之处，但至少揭示了一个非常重要的史实，那就是这次人口众多、地域广阔的移民浪潮，很大程度上将宋元或更早时期粤北地区的经济生活和人文活动等"原生状"覆盖掉了，这从我们调研的村落和建筑就很好地反映了当时动荡的社会环境和福建、梅州以及赣南对粤北民居的影响。此时所形成的古道为了表述方便本文称之为"闽粤古道"，与湘粤古道和粤赣古道相比闽粤古道在时间上要晚得多。这时期村落建设一是受迁移地福建土楼和梅州客家围楼和江西土围影响，二是为了适应恶劣的生存条件，确保自身安全，在建设上带有强烈的防御色彩，如翁源、始兴和曲江的围楼围屋等就明显体现出更强的防御功能。

需特别说明的是，抗战时期日本侵略沿海广州等地，珠三角大批移民逃亡粤北山区，因此，清末民初的许多村落同时又受广府文化和外来文化的影响，如在许多建筑外墙装饰和内部装修图案和工艺材料上就显示这种影响。

一、始兴县村落

黄塘村

黄塘村（图3-22）位于始兴县东北部的马市镇区以南1公里，村口在浈江河畔，北侧与虎家岭以及太北岭隔岸相望，南侧有良田广阔，金刚河面宽阔，上游通往江西，下游达韶关市区汇入北江。1540年左右，赖氏祖先23世文玉公从始兴罗围迁居于此。因地势较低，雨季时节浑黄的洪水常漫入村里，使村子俨如一口黄色的池塘，所以取名为黄塘村。目前全村有近100户人家，270多人，皆姓赖，其中

图3-22　始兴
县黄塘村

（来源：自摄）

下关约70户，上关近30户。

黄塘村整体形状受到河道影响呈船形布局，大致呈东西走向，两头尖中间大，村民称为上关和下关。其中，下关的赖姓古建筑群包括祠堂、书院、官厅、围楼、练武场以及若干个大厅，建筑主要为砖木结构。村落沿浈江有四个古码头，据说这些码头古时可停留容量4万斤（今约20吨）的木船。码头旁边有口古井，用条石直立着砌成的，井水清澈，现村民仍在使用。另外，村落沿浈江河畔种有九株大榕树，既作为风水树又可固定河堤。

赖氏先人曾经控制了马市镇地皮、生猪、布匹和盐巴等生意。嘉庆年间，黄塘村赖氏后人赖日兆，曾担任清朝官员，告老还乡后，在黄塘村购田置产的同时，还资助不少乡亲往马子坳墟（今马市镇）经商创业。一时间，马子坳墟涌出了大量商铺，人们称之为"新墟"，至今黄塘村赖氏仍流传着赖日兆创建马子墟的说法。

二、翁源县村落

湖心坝

湖心坝（图3-23）位于翁源县江尾镇南塘村，村西有九仙嶂，村东仁川水（又称江尾河）绕村南去，于村南端的石灰潭汇入翁江，水陆交通便利，明清时期是翁北地区的重要商埠，商船穿梭如织，商贸繁荣，历史上素有"江尾粮仓"

之称。

　　湖心坝始建于明朝正统年间（1436~1449年），沈氏始祖仲三公从福建上杭汀州迁移到此辟基建造，占地面积约6公顷，建有古围楼（屋）59座，现存32座，原居住500余户，2100多人，规模宏大，堪称粤北客家第一村。

　　明正统年间（1436~1449年），沈氏三兄弟迁居翁源，其后由老二永初开基于湖心坝建村。明天顺年间（1457~1464年），兴建现存年代最早的"长安围"。明正德年间（1506~1521年）至嘉靖年间（1522~1566年），兴建下老楼、隆兴围、隆旺围等。清康熙（1662~1722年）至乾隆（1736~1795年）年间，兴建蛮王楼、锅耳楼、建爵楼、伯婆楼、奋千楼、外翰第、流耕堂等。清朝后期，陆续兴建修本楼、懋德楼、三善楼、乐善楼、鲤麻楼、大夫第、燕翼楼、修德楼等。清朝末年至民国初期，兴建沈氏宗祠和仁川学社。

a　湖心坝长安围

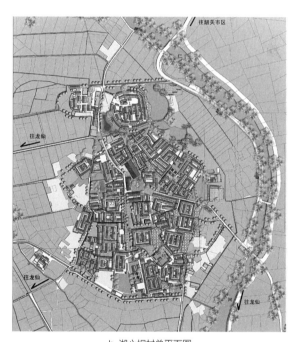

b　湖心坝村总平面图
图3-23　湖心坝
（来源：a自摄，b自绘）

　　湖心坝客家围楼群呈网状布置，部分围楼使用镬耳山墙。村内以鹅卵石拼砌的街巷连接几十座错落有致的围楼。每座围楼内均打有一口水井，井筒平面为圆形或方形，普遍采用整块石板砌成。排水沟渠多采用红条石砌边，排水非常顺畅。

三、新丰县村落

大岭村

　　大岭村（图3-24）位于新丰县城西南部梅坑镇内。清乾隆年间（约250年前），朱姓族人从江西至龙门转而迁到今朱家镇河的东岸，最初定居石门山脚，于山腰建贵公祠（朱家总祠），后逐渐发展成朱姓聚居的村落，继而建造围屋，故镇名称朱家镇。由于石门山脚平地面积有限，约200年前朱氏后人在河同侧上游约1.5公里外再建聚落，修仕昌公祠，造围楼。潘姓八十八世祖伯澜公，于明朝成化年间，由广东兴宁县迁居韶州府属翁源南埔杨岸坝。族人于1770年前后迁至今朱家镇河西岸，建懋公祠，与朱姓围楼隔岸相望。潘姓一分支后人于1930年后在河上游1公里外的东岸，再建双凤祠，后在其附近依次建成儒林第、新华第、怀庆堂、崇敬堂，形成另一聚落点。时至今日，大岭村鲜有外姓人迁入，朱、潘两姓分河而居，和睦相处，其中朱姓人口1200余人，潘姓人口1100余人。

图3-24　大岭村
（来源：自摄）

　　大岭村四面环山，朱家镇河从村中穿流而过，村落朱、潘两姓建筑沿河道两岸呈分散组团布置。村中三个主要出入口均位于河东岸的潘姓聚居点一侧，紧临105国道，村内重要历史建筑均离河岸50米以外，这保证了村落用水的同时，建筑也不易遭受水灾。同时，村内围楼有古井多处，保证遭外敌入侵时，围楼内有足够的生活及消防用水。另外，大岭村潘氏儒林第有镬耳山墙角楼和龙船脊，这显示民国时期该村民居受广府民居的影响。

四、曲江区村落

（一）苏拱村

　　苏拱村（图3-25）位于韶关市曲江区白土镇龙归河西岸，与武江区龙归镇、

图3-25　苏拱村
（来源：自摄）

西联镇相邻。村前龙归河汇入北江，是古代对外主要水上通道，现遗存"天子楼"码头基本完好。历史上苏拱村以农耕和林木为主，产品通过龙归河运输到外地贩卖，较为富庶。现在则以农耕、农产品加工和林木业加工为主，并建有水电站。

苏拱村原名"沙皮村"，相传因宋朝苏东坡来访时刘姓官吏拱手相迎而得名。村中现有冯、刘两大姓氏，据老者介绍，其祖先从江西樟树大码头迁入龙归大村，再由龙归大村迁至苏拱。另据邻村上乡村刘屋《刘氏族谱》记载："上乡刘氏宋朝咸淳年间从江西广信府贵溪县樟树村鸡市巷大码头迁居广东韶州府玉田都。"由此可知，苏拱村刘氏至迟在宋元时期已到此落脚开基。

苏拱村正对猫公山，后依靠山，村前龙归河畔设有"天子楼码头"，同时沿河种多棵古榕树和樟树。因村民认为村落格局属鼠，栽种象征老鹰的榕树，挡住对面的猫公山，以前还曾在村前建有围墙，均出于风水考虑。村落分冯、刘两组团，沿龙归河并列排开，两姓氏有各自的祠堂和门楼，彼此间以带状空地和树木隔开，自成体系。组团内部建筑基本与河流垂直呈纵向行列式布置，布局规整有序。刘氏组团以老厅（"一乐堂"）、祠堂和新厅为核心，设有三座门楼：老厅门楼、新大门和苏拱门楼（俗称"天子门楼"）。冯氏组团规模稍大，以老厅、联厅、各房门厅和小书房等为核心组织周边民居，设有四门：邱氏门楼、冯氏上门、中门和下门。

（二）曹角湾

曹角湾村（图3-26）位于曲江区小坑镇镇区东北约9公里的丘陵盆地中。曹角湾村所在的曹下大队现有80多户，常住人口约300多人，水稻和花生是该村主要农作物。

据村民介绍，其祖辈从韶关河西迁至大塘苏村居住，至第4世兄弟分居，邓

图3-26　曹角
湾村

（来源：自摄）

应朝迁往韶关长乐头村，邓应元迁往枫湾鳌田，邓应会迁往马坝树家山定居。其中，曹角湾村始祖邓应元在枫湾鳌田只住了一代人，葬地一穴（现已遗失），遂于明朝嘉靖五年（1525年）迁到曲江小坑空洞子，繁衍三代后，又于明朝嘉靖年间（1566年）由第七世祖邓万通从空洞子迁到小坑上洞曹角湾居住至今，近450年历史。1978年10月29日维修大塘祖地（该祖地葬有四代人）时曾出土明朝弘治年间碑石一块。现每年三村人（四世祖三房：邓应朝、邓应元和邓应会的后人）仍拜祭祖祠、祖牌和"金盆养鳅"、"野猪塘"祖地各一穴。

曹角湾地处瑶岭雪山嶂山地区，四面环山，规模较小。村落整体坐东北朝西南，背靠"定峰山"，面向大片农田和"背夫山"，沿山麓呈带状布置，村前小河缓缓流淌。古村主要历史建筑"邓氏宗祠"、"上、下书院"、"新楼"（围楼）和碉楼在山脚地势稍高处依山就势而建。入村道路由田垄扩建而成，曲折蜿蜒，呈现出"山—水—田—村"的典型粤北山地农耕村落风貌。

五、浈江区村落

湾头村

湾头村（图3-27）位于韶关市浈江区十里亭镇，距韶关市中心约15公里。村域土地面积约1333公顷，现有村民300余户，约1700人，现以种植花木和发展生态

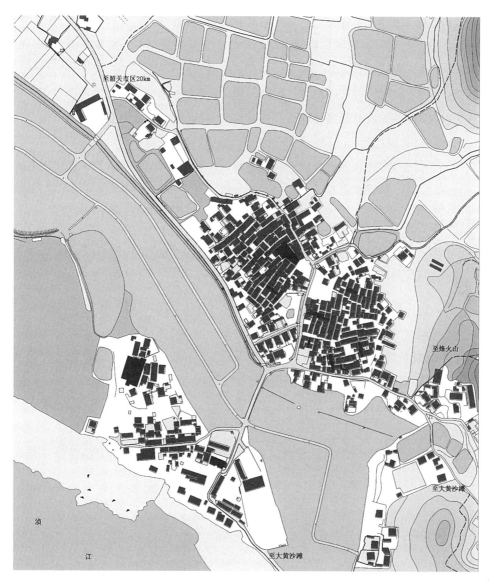

图3-27　湾头村

（来源：自绘）

农业为主。

　　湾头卢屋村始祖卢氏，由江西吉安府吉水县迁居至此，建村或说已有千年。湾头位于浈江与锦江交汇的下游，又紧邻武江与北江交汇区，多条古道南下都需经过此处，这使湾头村一度成为浈江航道中的重要节点，历史上南来北往的商人众多，以致卢屋村姓氏繁多，有卢、姜、石、钟、李等姓氏。村内高第街有"千家户"之称，可见其当年的繁盛。相传旧时骑马或者坐轿的官员经过此村均必须下马下轿步行经过，以表示敬意。

村落背山面水，西临浈江，东北面烽火山（也称旗山），为村子的风水山，形似一面飘扬的旗帜，南面是皇罗山（也称鼓山）。"旗鼓相当"寓意不言自明。村内建筑多为行列式建设，均面向旗山而建。巷道多为东西向，宽窄多在1米~2米之间，外围被公路和入村道所围合，整体形似一只卧狗，高第街就正好位于狗腹的位置。村内同姓聚族而居，各自建有宗祠，且每个不同姓氏的聚居地都有各自大门入口，所以村中称之为"一户一大门"。内部巷道较窄，几栋建筑之间有小院落，起到良好的小气候调节作用，即便在炎热的夏天，村内仍感觉凉爽。湾头村排水系统多为暗沟排水，各暗沟最终汇入村中间红砂岩砌筑的明渠。水流至村口时又在外围绕村一段用于灌溉后排入浈江，村人称此排水形式为"肥水不流外人田"。同时，湾头建设充分结合水系环境，形成"九井十八桥"的特色景观。

六、英德市村落

（一）上洞邵屋

大湾镇位于英德市西北部，距市区60公里。水路交通极为方便，北江支流连江与波罗河在此交汇，连江贯穿全境，溯江而上可到连州，南下可达广州。始建制于明洪武二年（1369年），连江从阳山县向东流入大湾境内，在衣滩之下成一大转弯，故称大湾。数百年前，就有南海、清远、阳山、连州、佛冈等地的移民到大湾镇安居谋生。

上洞邵屋（图3-28）就位于大湾镇，村域面积4.8平方公里，始建制于明洪武

图3-28　上洞邵屋

（来源：自摄）

二年（1369年），坐西朝东，前有晒坪和半月形池塘，屋后有古樟树群掩映。

围屋整体三路八排一围，平面大体呈长方形，有东、北两个门楼，四个角均设有碉楼，成"四点金"格局。祠堂位于围屋中部偏后，两侧有堂屋。值得一提的是，围内建筑排列并不规整，巷道宽窄差异较大，三路建筑多是错开，使巷道成丁字形相交，这在客家围屋中比较少见。围内建筑有两百余间房，原住有八百多人，多为悬山顶，青砖墙基，泥砖墙身；巷道多用麻石铺地，明沟排水，围屋西南角有古井一口。东门为正门，三开间，灰塑博古脊，四步门廊、凹斗门式门面，大门青砖砌拱状，上有彩绘，檩下檐壁有彩绘，木门框，门前青石台阶。北门楼四步门廊、凹斗门式门面，木门框，门前有半月形池塘。

（二）石下村

石下村（图3-29）位于英德市石牯塘镇，村域面积13.6平方公里，以巫姓为主。村落坐北朝南，村落背靠狮头山，沿山脚顺地势分两组团而建，整体成虾形。村落右前方是一条从八宝山延伸而来的山脉，分别由五指山、无名山、门口山等组成。左后方是另一条从八宝山延伸来的山脉，分别由秧地磅山、羊坡山、马山、雷劈山等组成。两条小山脉以"丫"形分别向南面和东南面延伸，狮子山和石下村便坐落其中，周围是一片开阔的田野，在雄奇壮观的八宝山映衬下，组成了一幅大山、小山、古屋、围楼、池塘、园林、竹林、古树等自然景观与人文景观融于一体的田园山水风情画。

村内现存两座围屋，另有上公楼、大杰楼、祠堂、书房等建筑。村内民居多为

图3-29　石下村

（来源：自摄）

悬山屋顶，青砖或鹅卵石夯土墙基、泥砖墙身；围内巷道为鹅卵石铺地，明沟排水。建筑布置多样，村巷道青石板铺地。狮头山南面围屋，坐北朝南，前有半月形池塘，三路四排一围布局，现保存有巫氏大房、二房宗祠。狮头山东南围屋，坐西北朝东南，前有半月形池塘，三路四排一围布局，现存巫贵四宗祠，正对东南面半月形池塘，两进一天井布局。

第六节　少数民族地区村落

今广东省内的少数民族，大部分都聚居在连山壮族自治县、连南瑶族自治县及乳源瑶族自治县，尚有少部分散居在连州、阳山、曲江、英德和南雄等地。粤北的瑶族从大类别上分为两种，过山瑶和排瑶。他们本来是来自不同山地的，却融合在了一起形成了聚落。从生活习惯和生产方式上来说，瑶族与汉族有着很大的差别。建筑平面较为简单，材料简朴，在装饰上有民族的特色。

一、韶关乳源瑶寨

必背，原叫"鳖背"，为乳源瑶族自治县瑶族聚居的村镇。它是世界"过山瑶"的发祥地，必背的六千多瑶胞，是瑶族的一个分支。据称在隋唐时期从湖南等地迁入，明代以后，因为灾荒和战乱，必背瑶胞又大批向广西、云南等地迁徙，后再流散到东南亚，并辗转迁移到欧美各国。村镇位于乳源县城西北54公里的大瑶山腹地，东靠桂头镇，西临大桥镇，南邻东坪镇和游溪镇，北邻乐昌市的长来镇和河南镇，镇驻地必背口，前有一条杨溪河，自西向东流经横溪、半坑、王茶、必背和桂坑五个村。

必背的过山瑶，传统上过着"食尽一山则他徙"的游垦农业生活，现虽已走向定居，但其村落往往采用小规模散布各邻近山头的方式形成共同的防御体系，少的三几户一村，多的也不过十户八户，几十户一村则不多见。瑶寨房间大都依山就势沿等高线呈线性排列，多以杉皮杉木建造，也有的是以土砖青瓦建造。瑶寨房屋有的为单层，也有的采用"上居下牧"的两层结构，上层住人，下层为牛栏或猪栏。必背镇的半岭村（图3-30）就坐落在必背镇东北方的半岭山腰，大部分村民以务农和林业为主，主要经济树木是沙树。寨中主要姓氏是邓、赵两姓，其中赵姓有三户。

图3-30 半岭村

（来源：自摄）

二、清远连州、连山、连南瑶寨

（一）挂榜村

挂榜村（图3-31）位于广东省连州市西北部九嶷山脉的三水乡，村域面积15平方公里。村民以瑶族为主，有43户、约250人，姓氏有程、高、赵、盘、李等。村落地形主要为山地，东与瑶安瑶族乡相连，南接丰阳镇，西与湖南省的蓝山县交

图3-31 挂榜村

（来源：自摄）

界，北与湖南省的蓝山县、临武县接壤，古时连接湘粤的茶亭古道穿过其境。

村寨坐落于半山腰上，周围群山环绕，建筑沿等高线层层排列，有溪水从山上流入村寨，村旁梯田环绕，村寨正对山坳，视野开阔，远山叠翠，风景极为优美。寨内现有门楼一座、民居20余栋。民居平面多采用一字形，三或五开间，每幢房屋相隔不一，视地形和实际情况而定。建筑为泥砖砌筑，直棂窗悬山顶，上为阴阳板瓦面，正脊板瓦叠置。

（二）南岗古寨

南岗古寨又名行祥排（图3-32），位于连南瑶族自治县南岗镇，海拔高803米，现状保留有368幢明清时期的房屋及寨门、寨墙、石板道、粮仓和瑶王墓等古迹。

古寨依山而建，坐西向东，房屋层叠，错落有致。民居采用青砖墙体、木梁构架、灰瓦硬山顶，是现存规模最大、保存最好的瑶排，被誉为"中国瑶族第一寨"。南岗古寨至今仍保留着传统民俗活动，如"开耕节"、"开唱节"、"尝新节"、"耍歌堂"等，村中保存有"歌坛坪"等民俗活动的特殊场所，在山地建筑空间处理、建筑造型、装饰和色彩上，具有浓郁的民族特色，反映出独特的排瑶建筑文化。

2002年，文化部授予南岗古寨"中国民族民间艺术之乡"称号，2006年"耍歌堂"被列入我国第一批国家级非物质文化遗产，被授予"中国历史文化名村"称号，也是第五批广东省文物保护单位。

图3-32 南岗古寨
（来源：http://www.tdzyw.com/2012/1127/25042.html）

[注释]

① 葛剑雄，曹树基，吴松弟．简明中国移民史[M]．福州：福建人民出版社，1993，12：449-504．

② 迁移性耕作，指一块土地经过多次耕种之后，土壤的肥力逐渐衰减，以致作物难以在其上生长，人们就转而利用另一块土地，这种耕种方式被称为迁移性耕作。

③ 葛剑雄，曹树基，吴松弟．简明中国移民史[M]．福州：福建人民出版社，1993，12：501．

④　摘自李白《为宋中丞请都金陵表》.

⑤　佟新. 人口社会学[M]. 北京：北京大学
　　出版社，2000：120.

⑥　根据葛剑雄，曹树基，吴松弟著的《简
　　明中国移民史》第89-90页。填补空白
　　式的移民，即无论内地还是边疆，平原
　　还是山区，只要还存在人口相对稀少的
　　地方，周围的移民就会迅速地加以填补。
　　所谓空白，并不一定是无人区或处女地，
　　而是泛指任何能够安置移民的地区。

⑦　罗香林. 客家研究导论[M]. 兴宁希山书
　　藏，1933. 11.

⑧　罗香林. 客家源流考[M]. 北京：中国华
　　侨出版社，1989.

⑨　丘桓兴. 客家人与客家文化[M]. 北京：
　　商务印书馆，1998，12：10.

⑩　梁健，何露. 韶关印象：历史与文化[M].
　　广州：广东人民出版社，2008，12：206.

⑪　梁健，何露. 韶关印象：历史与文化[M].
　　广州：广东人民出版社，2008，12：206.

⑫　梁健，何露. 韶关印象：历史与文化[M].
　　广州：广东人民出版社，2008，12：208.

⑬　韶关市地方志编纂委员会. 韶关市志[M].
　　北京：中华书局，2001，7：238.

⑭　韶关市地方志编纂委员会. 韶关市志[M].
　　北京：中华书局，2001，7：261.

⑮　据韶关市地方志编纂委员会. 韶关市志
　　[M]. 北京：中华书局，2001，7：244.
　　粤北地区基本上可分出11个地貌区：西
　　部山地区、连江岩溶高原及盆地区、大
　　东山、天井山山地区、乐（昌）乳（源）
　　岩溶高原区、北部山地区、南雄始兴盆地
　　区、瑶岭雪山嶂山地区、翁江丘陵平原
　　区、韶关乐昌丘陵盆地平原区、英德盆地

区、英德南部丘陵低山区.

⑯　庄初升. 粤北土话音韵研究[M]. 北京：
　　中国社会科学出版社，2004，4：2.

⑰　广东历史地图集编辑委员会. 广东历史
　　地图集[M]. 广州：广东省地图出版社，
　　1995：161.

⑱　（清）屈大均. 清代史料笔记丛刊　广东
　　新语[M]. 北京：中华书局，1985，4：
　　67.

⑲　庄初升. 粤北土话音韵研究[M]. 北京：
　　中国社会科学出版社，2004，4：3.

⑳　（宋）余靖撰. 广东丛书　武溪集[M]. 北
　　京：商务印书馆，1946，5.

㉑　（宋）王象之撰. 舆地纪胜[M]. 北京：
　　中华书局，1992. 10. 引陈若冲《连山
　　县记》

㉒　（清）阮元修等. 广东通志[M]. 上海：
　　上海古籍出版社，1990，3.

㉓　吴庆洲. 中国客家建筑文化　上. 武汉：
　　湖北教育出版社，2008，5：6.

㉔　百度百科. 南雄[EB/OL]. http://baike.
　　baidu.com/view/77210.htm

㉕　赖井洋. 千年乌迳古道：韶关古道概述
　　之二[J]. 韶关学院学报，2012，(11)：
　　32-37.

㉖　广东省地方史志办公室. 明嘉靖南雄府
　　志[M]. 广东历代方志集成. 广州：岭南
　　美术出版社，2007.

㉗　赖井洋. 千年乌迳古道：韶关古道概述
　　之二[J]. 韶关学院学报，2012，(11)：
　　32-37.

㉘　王海. 明清粤赣通道与两省毗邻山地
　　互动发展研究[D]. 暨南大学，2008：
　　10-13.

㉙　同治版《南安府志·卷十九·艺文二》.

㉚　胡水凤.大庾岭古道在中国交通史上的地位[J].宜春师专学报,1998(6):36-40.

㉛　王临亨.《粤剑篇》卷四.

㉜　(明)黄汴:《一统路程图记》卷七,《江南水路》,第二条:大江上水,由洞庭湖路至云贵;第十条:湖口县由江西城至广东水路;(明)程春宇《士商类要》卷一,第三十六条:芜湖由江西樟树至广东路。杨正泰:《明代驿站考》,上海:上海古籍出版社:113-121.

㉝　王元林.唐开元后的梅岭道与中外商贸交流[J].暨南学报:哲学社会科学版,2004,(1).

㉞　同治版《南安府志·卷十八·艺文一》.

㉟　孟昭锋.华南古道志之十水口:南亩古道[J].开放时代,2009(10).

㊱　同上.

㊲　蒋响元.湖南古驿道[J].湖南交通科技,2011,(2):216-218.

㊳　蒋响元.湖南古驿道[J].湖南交通科技,2011,(2):216-218.

㊴　余天炽.秦汉时期岭南和岭北的交通举要[J].中国地理,1984,(8):88-91.

㊵　余天炽.秦汉时期岭南和岭北的交通举要[J].中国地理,1984,(8).

㊶　骑鹤人.宜乐古道——千年足迹[J].黄金时代,2008,(1):40-41.

㊷　斯军.华南古道志之五:猴子岭西京古道[J].开放时代,2009(5).

㊸　余天炽.秦汉时期岭南和岭北的交通举要[J].中国地理,1984(8):62-64.

㊹　余天炽.秦汉时期岭南和岭北的交通举要[J].中国地理,1984(8):62-64.

㊺　王瑞.华南古道志之六:宜乐西京古道[J].开放时代,2009(6):1,161.

㊻　余天炽.秦汉时期岭南和岭北的交通举要[J].中国地理,1984(8):62-64.

㊼　余天炽.秦汉时期岭南和岭北的交通举要[J].中国地理,1984(8):62-64.

㊽　余天炽.秦汉时期岭南和岭北的交通举要[J].中国地理,1984(8):62-64.

第四章
粤北传统村落形态及特色

村落是一种物质空间载体，其形态是人们对空间进行利用和改造的结果①。村落形态是村落物质空间形式与结构的逻辑关系所呈现的结果，村落形态有外部形态和内部形态之分，分别由自然地理要素和人文要素所决定。粤北地区的传统村落形态也受其周边的山、水、田、林等环境要素影响和传统风水观念、风俗习惯和社会状况决定。因其民系多是中原汉人，所处的又都是山水地理环境，村落在形态上呈现出许多相似的共性。同时，因汉人源流不同、到达时间不同、各时期社会环境不同，加之微观的地理环境以及当地土著和少数民族的文化差异等等，村落又呈现出丰富的个性。

第一节　粤北传统村落的共性特色

村落是人类聚集、生产、生活和繁衍的最初形式。作为传统村落的大尺度背景，自然山水同时也是村落整体景观形态的有机组成部分，并且在选址、空间布局、建筑形制等方面均深深影响着村落空间形态的生成与发展。从山水地形对村落形态的影响来看，大致可以分为以下两类：一类是受风水思想影响，并以此为基础提出的选址布局依据，另一类则是依照周围的地势地貌、因地制宜的建村布局。

一、选址因地制宜

风水起源于远古先民的原始崇拜与卜筮，即起源于巫术，是科学与迷信的混合体。风水经汉、魏晋的发展，到唐代出现新气象②。《地理五诀》曰："山地属阴，平洋属阳，高起为阴，平坦为阳，阴阳各分、看法不同。山地贵坐实朝空，平泽要坐空朝满。"③即世界万物都蕴含着阴阳两种相反又能相互转换而存在的气。"风水"学把这种模式概括为"背靠山脉为屏，左右砂石（次要山峦）秀色可餐，前置案山（主山，似朝廷龙案）呼应相随，天心十道穴位均衡，正面临水环抱多情，南向而立富贵大吉。"④正如《老子》所谓："万物负阴而抱阳，冲气以为和"⑤。客家人由中原汉人迁徙而来，汉文化的背景在村落中无处不在，如风水在村落选址和房屋建造上就扮演着重要而特殊的角色。也正如吴庆洲先生多年研究后指出："研究中国传统建筑文化，不能回避风水。研究中国客家建筑文化，风水更应给予特别关注。"⑥粤北地区的客家村落也不例外，风水观盛行，选址要请风水先生看地脉寻龙，搞清来龙去脉，"龙要雄、脉要长，子孙后代万事昌"，还要观水口，建水口塔等，风水先生通常就是民间的建筑大师⑦。村落选址多依山面水，负阴抱阳，村前有池塘、村后有山林，本身构成了一个小的人工生态系统。同时，村落建设也依山而建因地制宜，体现与自然的和谐统一。

（一）背山面水、负阴抱阳

唐宋之后，中国风水理论分为"理气派"和"形势派"两大派别。"理气派"认为，山是大地的骨架，村落负阴抱阳是"理气派"选址的主要指导思想和理论之一。在"形势派"的风水思想中十分注重"喝形"，即通过对村落基址连同对基址周边的山水形态的观察，凭直觉将它的形态用某种动物（如凤、狮、龟等）象征。在粤北传统村落普查中，符合"背山面水、负阴抱阳"的村落并不少，如乳源县大桥镇老屋村（图4-1）、始兴县罗坝镇燎原村等。村落四周环山，前有案山，后有靠山，其东北方向有龙脉，左山即蚊帐山。村中有自东北而南的小河：从龙脉山旁流下，是影响村落风水的主要水体，另有东南走向的水流。

始兴红黎村（图4-2）赖氏斯士自强兄弟俩，自幼互相友爱，当父上京都诠选而卒，孝事霜母备至，雍正癸丑年（1733年），母即奉旨旌表建坊入祠。那时方际国初，山贼余气，尚乘间窃发，斯士与弟议，一守故庐，一奉母避乱于凿僻之处，

图4-1 乳源县大桥镇老屋村族谱形胜图
（来源：自摄）

图4-2 始兴县红黎村赖氏族谱形胜图
（来源：自摄）

母株守冲衢，惊悸舟也。于是择地而居，距十里许有旧名邓安坪，松竹苍翠、花卉缤纷，且僻静，可称乐土。于是披荆斩棘，筑围裹室，奉母而居。人谓此地，水绕山环，后必大其门闾，斯士因名为大安坪。

仁化县夏富村李氏族谱记载"李子乙、讳元始、号一轮，夏富李氏始基祖。其先为江右吉水人，南宋时由乡贡官于粤之苍梧，致归舟泊夏富，见其地背襟石，障面带大江、文星映左、武曲临右，山川形胜，极所罕见，故卜居焉。果数传清以拔贡任命馀姚，仲芳以岁贡司廷平铎、迄今富贵人丁，尚平鼎盛，洵山川之钟灵也。"新丰潭石村温氏族谱记载"温氏一百五十八世祖千四郎公生五子，长子万一郎四子万四郎两兄弟又同迁广东翁城与新丰县。回龙来石小地名黄沙钲，建有温氏宗祠纪念先祖，龙形为扑地虎，是明朝时江西地理名师钱国安写有龙章诗，我祖兄弟依诗寻龙，历尽艰辛才寻到这里，果见扑地虎逼真，前头出三公，后主复釜金星如席帽，更有缠身腰带佩文武，寻得此地乃福运隆，两兄弟决意迁居这里。"从族谱的形胜图上看可知，村落布局受四面环山的影响，建筑依山而建紧凑布局，前有农田和从龙脉山流下的东南向河流，更是为村落的"前有流水、后有山脉"提供了风水选址的阐释。这正符合"风水"学中一般强调山与水相结合，以山为阴，以水为阳，村落基址后面为主山脉，左右均有次山脉，前面有流水，基址刚好位于山水环抱的中央位置，形成背山面水的基本格局。

喝形象征的做法实际上只是起到一种象征意义，同时借助它确定人与自然的一种关系，由此确定村落位置。此外，还会根据地形地势的需要，在村落的三方吉位（东、东南、南）筑造如文笔塔、崇文阁等建筑物，既调整地形，又象征着人们的一种美好的愿望。如南雄的乌迳镇新田村（图4-3）三面环山：西南有"门口岭"（形似卧虎），东北有山名"金龙岭"（形似金龙），东南有山名"天昊岭"；另有一面被浈江环绕，地势东高西低。建村的选址背山面水，是人口兴旺之地。

（二）宜耕而居、交通便捷

正如前面阐述，粤北古道是粤北客家人迁徙之道，也是择地而居、生存和发展之道。多数村落选址均在古道边或靠近古道，便于物资的交流，符合通过水路或

图4-3　南雄县乌迳镇新田村
（来源：新田李氏族谱）

者陆路发展起来的传统商贸型村落，同时，又有大片田地适宜耕作，满足生活需求，符合"靠田吃田"、"靠山吃山"的以农林经济为主的农耕村落，这是粤北传统社会的主要生活形态和生计方式。如鱼鲜村、新田村、中站村、户昌山、应山村、石塘村和朱岗村等。朱岗村（图4-4）处在湘粤古道边上，外面有一条长约1公里、宽约2米的古街。街道路面用鹅卵石铺成线形、花朵形、旋转形等图案，两旁店铺林立，过去商贾、剑客川流不息，伙铺店家，花街柳巷，应有尽有，因而有"五行街"之称。

（三）依山而建、紧凑集约

英国经济学家马歇尔认为："土地是指大自然为了帮助人类，在陆地、海上、空气、光和热各方面赠予的物质和力量。"[8]粤北素有"八山一水一分田"之称，地理环境严酷，先民向来对土地怀有崇拜之意，每个村庄都可见供奉土地爷的神位。表现在建村之初的村落选址上，一般都尽可能利用荒坡地进行建设，同时也必须注重合理利用地形走势依山沿河而建，村落布局紧凑，天井尺度小、用房的进深大，有的还建设二至三层等，集约建设以便高效节约出农田，保证生存需求和农耕经济的繁荣，如乐昌户昌山、始兴红梨屋等。

二、聚族而居、内向防御

中原汉民多是因躲避战乱和自然灾害而选择南迁的，路途的艰辛今人难以想象，不仅要跋山涉水，还要躲避各种猛兽与地方悍匪，辗转迂回，最后才到达粤北。他们往往固守原有家族的宗法礼制，大都聚族而居，体现"流徙不弱、历久弥深的重根意识"[9][10]，使得后代念念不忘祖先筚路蓝缕，纷纷在开基之地修建本姓氏的祠堂，并以富丽堂皇的装饰彰显族人的财富、地位和权力，祠堂中往往还悬挂着族规家训等，激励、鞭策和警戒后人。并通过"规矩"的一些集体活动和家训，增加族人的凝聚力和宗法制度的约束力，成为弘扬宗法礼制的主要场所和物质载体。宗族制度的核心保证了村落建设的稳定性，它起到了聚落整合、总体环境和谐合理的作用。在此基础上，以血缘关系为纽带的村落往往倾向于更大的封闭性、稳定性和对传统的延续性。如后人为纪念唐朝宰相张九龄，在始兴县隘子镇律水旗岗山麓修建文献公祠，与石头塘张氏祖祠隔律水相望，每年的二月十四日文献公诞辰要在这里举行"祭相"礼仪（图4-5）。祠堂神龛书有对联"祭祖宗三炷清香必诚必敬、教子孙二行正业宜读宜耕。"（图4-6）可见，"聚族而居"是宗族制度下对村落形态最主要的影响，不仅如此，在宗族繁盛以后，分房分支使得宗族在整体的基础上又分生出更多更小的群体，村落形态也随之发展演变。每个村落无论大小至少都有一个祠堂，有的甚至有数个祠堂和十多个大厅用于祭拜祖宗，如南雄的新田村、鱼鲜村和仁化的恩村、石塘村等，并形成由宗祠为核心到分祠和各家大厅的"树形"体系。修建祠堂向来都是村中大事，集巨资并用当时最好的技术和工艺建造，体现对祖宗的拜敬。如据曲江曹角湾邓氏族谱："宗祠约有400年历史，经多次维修，现保存完好。现将部分重修记录整理如下：乾隆四十七年（1782年），拆大厅祠堂，重建大祠堂，主持人为邓扳祖（茂吉），邓庚灵（国养），邓载灵（国栋），邓子文等请人组建，形成现有模式。宗祠在新中国成立后也曾维修两次：第一次是1954年，由邓作晶牵头，并请曾善明地师择日重修，有'重修祖祠堂简介'记录如下：'祖德流芳千古在，宗功远庆万代传，追思木本水源，吾辈承宗接祖有限，星移物换，废兴更迭。以经沧桑，柱标腐烂，天面漏水，中栏板无存，因此到新中国成立后的1954年，经全村会议商讨，决定推举邓作晶为牵头，每家出钱出力，请曾善明先生

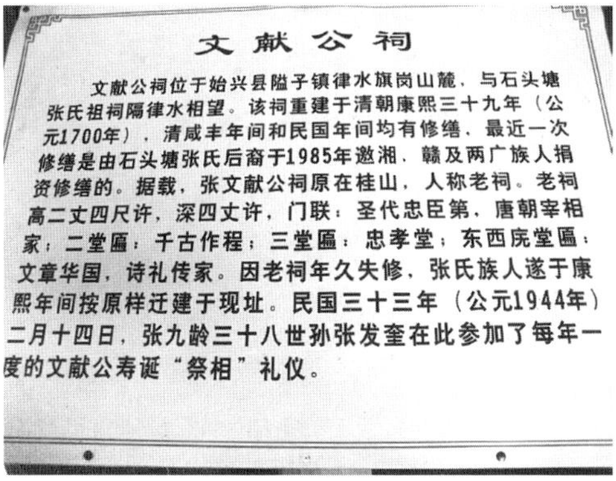

图4-5　文献公祠简介
（来源：自摄）

图4-6　张氏祖祠神龛对联
（来源：自摄）

扶庚选日课。造神龛，换柱头，上行梁，修门户，做中栏板，花格横门等而下之。日课记录如后：曾善明先生择日课，1954年11月20日，甲辰日甲子时，即（甲午岁，丙子月，甲辰日，甲子时）。当年堂构维新祖德宗功兴俊烈。此日规模焕彩地灵人杰起龙文。'（观音祖牌于'文革'期间被废除）第二次维修在1994年，由邓如高选日课（甲戌岁，丙寅月，甲子日，甲子时）进行观音上座，并举行了观音福藏，全村老幼参加。1994年11月12日（甲戌岁，丙子月，甲戌日，甲子时）举行祖牌上座，由邓兆嘉捧祖牌并'等水盅'。后经全村商定，每隔三年的年三十晚，于年饭后全村老少参加'等水盅'仪式，谁人捧水盅，则由队委提前通知以作准备。"

　　自古以来，战争和自然灾害等都会给人民生活带来问题，使社会治安秩序不稳定，社会动荡不安。粤北因其独特的山地丘陵与河网交错的复杂地形，一方面作为军事要地战火不断；二是这种地形也造成气候多变，造成水灾、旱灾、地震、滑坡、崩塌、泥石流、冻灾和风雹等自然灾害频发；三是作为中转地有大量无法约束的移民和流民等，导致人为因素等社会小乱不断的动荡局面，因此村落建筑呈现出对外封闭、重防御形态，以凝聚力量共同防御外敌和抗击自然灾害。每个村落都有各自的防御体系，对外有门楼、村围、护村河、碉楼和围楼等，对内又开放、合和互助、和谐共处。如曲江曹角湾的围楼有石楼和新楼两座防御性碉楼建筑："'石楼'（图4-7）为防御性碉楼，'子德公'所建，费金万两，清朝嘉庆元年（1796年）动工，1803年竣工，距今200多年。据说，建房主要石材均为河石，每年洪水期后便请人拾河石，从门前河运到大迳口，前后共花7年时间。道光三年（1823年）增建一层半环廊。石楼内部惜于1982年被拆除，现仅存外墙。'新楼'（图4-8）为邓炳馨所建，同治九年（1870年）建成，为

图4-7　曹角湾石楼
（来源：自摄）

图4-8　曹角湾新楼
（来源：自摄）

青砖砌筑的三层长方形围楼，保存完好。设前后两门，门楼造型考究独特；建筑外墙封闭，防御性强；内部窗花、栏杆和屏风雕饰较精美。"

三、儒家礼制、耕读传家

（一）修身齐家

伴随着中原汉人迁入，带来了儒家文化、宗法礼制和农耕文化等丰富多彩的先进文化，在中国文化的深层观念中，儒家文化是由于儒家产生以后，在从古到今的漫长历史进程中，尤其是在两千多年的封建社会所实行"罢黜百家，独尊儒术"后，独占大一统思想地位后而形成的[①]。

《易传》立人之道的仁与义，正是儒家政治伦理学说的中心内容，而政治伦理的实现则是依靠"礼仪"来实现。儒家学说把礼看作是人们一切行为的最高的指导思想，极力主张等级观念，重视"三纲五常"的社会道德及宗法伦理观念的作用。汉代以后，历代统治者都把"三礼"作为基础，从而形成以"礼"为中心的儒家思想，作为"修身、齐家、治国、平天下"的规矩准绳。这种礼仪制度反映到衣食住行及社会各个方面，上至朝廷王臣，下至农家庶民，成了贯穿约束古代中国人行为的一条主线[②]。

在许多祠堂和家宅的门口都有对联表达祖辈或族人对后辈的教育和希冀，是民间百姓遵从儒家修身齐家思想的体现。如翁源县湖心坝古村的四方楼（又名"修本楼"）中就书有对联"修德修信修文未知何流修到、本心本信本德如何出于本知"（图4-9），这就是很典型的实例。可以说"礼"已广泛深入人心，是做人做事的准绳。同时，"礼"还是规范各种人际关系的社会制度，其核心内容是世袭制度和等级制度。如宗法制度就是以血缘关系为基础，标榜尊崇祖先，维系亲情，在宗族内部区分尊卑长幼，并规定继承秩序以及不同地位的宗族成员享有不同的权利和义务的法则。这体现在许多村落的乡规民约和义会组织中，如翁源湖

图4-9 四方楼对联
（来源：自摄）

心坝村就有13个义会组织，如谷会（钱会）、月会、接官会、观音会、关爷会、耕种会、横淡会和祭孤会等等，都是村民互助、祭拜和庆典等的组织。又如，宗祠常常位于村落的中心或中轴线上，就把视觉的中心与观念上的中心结合在一起，加强了尚中的含义，认为位中就意味着公正，中正不倚，以中为大的尊祖体现。

（二）耕田读书

粤北许多村落民居都有"耕读传家"的匾额。"耕田"可以事稼穑、丰五谷、养家糊口、以立性命，"读书"可以知诗书、达礼义、修身养性、以立高德，所以，"耕读传家"既学做人，又学谋生。这里所说的"读"，当然是读圣贤书，是学点"礼义廉耻"的做人道理。耕读传家思想是儒家伦理思想的重要组成部分，因为在古人看来，做人第一，道德至上。在耕作之余，读《四书五经》，潜移默化地接受着礼教的熏陶和圣哲先贤的教化。

这集中体现在许多村落都建有书院，如曹角湾总人口300多人，就有上书院和下书院两个书院，在上书院的横眉梁上还雕刻着唐刘禹锡的《陋室铭》中"谈笑有鸿儒、往来无白丁"的名句，（图4-10）可见在偏远的小山村也同样少不了美好的志趣和情怀。又如湖心坝村沈氏族人虽以经商做盐业生意发达，但也不忘子孙教育，崇尚学而优则仕，体现了客家人耕读传家的追求和理想，其大部分围楼的命名

图4-10　曹角湾上书院雕刻

（来源：自摄）

中，都有"第"、"轩"、"堂"、"斋"等字样，这些都是考取功名、领有封诰的官宦之家，或作书房、私塾之所。据其族谱记载，明天启年间（1621~1627年）族人沈宗孔夺魁中举后，族中即兴建了富文轩、乐英轩等私塾，清初又兴办了学道斋、求是斋等私塾。民国初年还建造了规模宏大的仁川学社，学童学子逾百人。又如乐昌户昌山村据史料记载始建于宋朝末年，李姓始祖大万、伯伦父子二人，从北方（湖南郴州秀才乡）弃官迁移南方，至今有780多年历史，该村人口鼎盛时多达100多户，而村内就设有龙门第、华峰和凤起三个书院，晒坪立有十余对功名石。据村民介绍，旧时凡村里有考取监生以上功名者便树立一对功名石以资表彰纪念，原共有四十余对，因"文革"被毁大半，不少用于铺设路面。功名石高低不等，约1米左右。上刻年号、考取功名者姓名、字号、考试名次等，是户昌山历史上对教育的重视和村中人才辈出的见证。

第二节　粤北传统村落形态的个性特色

　　村落形态的形成是个动态演变的过程，往往是经历一两百年甚至数百年时间不断发展层累的结果。在这一过程中，诸多因素会对村落形态产生影响。从现场调研和粤北历史文化发展过程分析看，文化流源、自然地形地貌条件、传统生计方式、民族类别、姓氏和宗族房支构成、重大历史事件和个人观念等方面，都对粤北传统村落的生活习俗、居住形态、空间格局、民居形制、材料与建造技术、装饰艺术等方面产生重要作用，是影响村落形态特色的主要因素。

　　一方面，相似的地理气候条件、外部社会环境（动荡的社会促使防御性的加强等）、生活习俗与传统生计方式、民系与建造技术，使得特定区域传统村落形态具有一定程度的共性。另一方面，对于不同传统村落而言，其形态特点是在上述因素共同作用下孕育而成，针对具体村落，由于上述影响因素的强弱程度和相互影响作用的方式具有诸多差异，从而展现出丰富的类型和其多变形态。也就是说，不同因素影响的主次关系不同又导致村落个性的差异。

　　以下根据粤北传统村落的形态影响要素进行分类，通过比照调研的传统村落形态特点，寻找粤北传统村落类型与形态的关系，作为后续村落形态构成分析的基础。

一、不同自然地貌的传统村落

　　粤北地区复杂多样的山林水系地貌在根本上也制约了当地村落的形态与布局。

图4-11　曲江区曹角湾村总平面图

（来源：自绘）

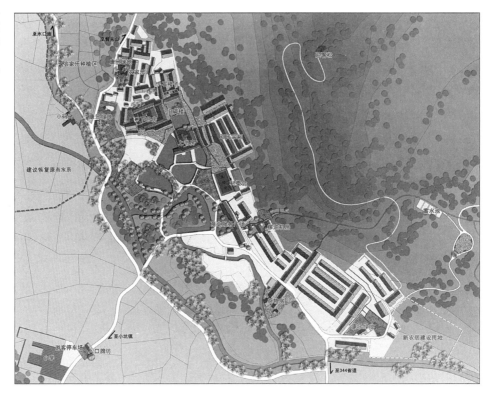

这些不同的自然环境要素促使各村必须因地制宜规划建设，从而营造出各具特色的自然村落，主要可归为如下三类。

（一）沿河展开的带状村落

一方面丘陵山脚较为平坦，适合村落建设；另一方面河岸又占水源和交通之便利，因此，山脚河岸往往是村落首选地，这在调研的村落中占据大部分，村落沿河岸和山脚等高线带状展开。如韶关小坑镇曹角湾村（图4-11），该村地处丘陵盆地，四面环山。村落整体坐东北朝西南，背靠"定峰山"，面向大片农田和远山"背夫山"，并有小河流经。村落选址位于山脚，选点地势较为平坦，建筑依据山势呈带状布局，呈现出"山、林、村、水、田"的粤北农耕村落典型的景观风貌。

（二）集中发展的平原村落

粤北境域山峦起伏，南岭山脉横贯北部，三列弧形山系及其间的两列河谷盆地构成区域地貌的基本格局，山岭之间分布着大量的河谷平原，包括南雄盆地、仁化董塘盆地、韶关盆地和翁源盆地等，沿古道区域的盆地集聚了大批粤北先民在此安村定居，形成了许多河谷平原村落，点缀在广大的田野中，因地势较为平坦，田园

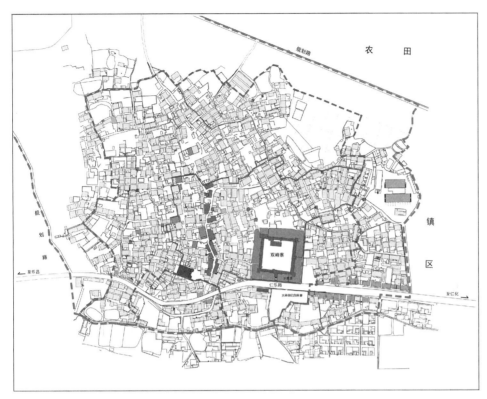

图4-12　仁化县石塘村总平面图

（来源：自绘）

广阔，适宜于大规模开发建设，村落规模也往往较大。周边山间水流则被精心组织成穿过村落流向农田和河道的水系，在带给村落湿润宜居的生活环境的同时，带走村落的生活污水，并提供农耕用水。有的村兴盛时多达3000多人，有千家村之称，如仁化县石塘村就位于仁化董塘盆地，是典型集中发展的平原村落（图4-12）。

（三）依山而建的跌级村落

粤北传统村落受山地影响大，往往因地形限制，村落规模较小。由于山势差级较大，故建筑布局多顺山势而建，从远处看可感受到因山势层级的跌落而造成的错落景致。如乐昌市黄埔镇的应山村，总体呈楔形，前窄后宽，整体坐南朝北，背靠凤凰山，周围地势开阔，形如下山猛虎；村落东面为高耸的白富岭与香炉寨，西面为巍峨的西领头；正面遥对巫凸岭。村建筑呈行列式布局，各列民居依山就势逐级升高，其巷道长短宽窄不等，空间曲折多变，给人幽深莫测之感。又如乳源县必背瑶寨（图4-13）。该村位于半岭山山腰，选址利于抵御洪灾，坐东北向西南，整体呈阶梯级布局，通过曲折的山路连通上下，多为土砖建筑，村建筑由于受山体影响并且出于防洪防灾的考虑，多为一层或两层。

图4-13　乳源
县必背镇半岭村
总平面图

（来源：自绘）

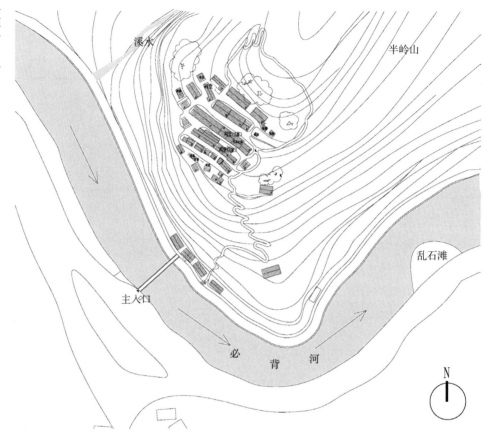

二、不同文化源流和历史时期对传统村落形态的影响

　　村落形成基础源于人类的聚居，不同文化流源、社会状况和时代背景对村落形态都产生了直接影响。粤北传统村落历史上受南迁汉人中原文化影响广泛，同时由于地缘关系，湘赣、广府、闽南文化对该地区的影响均有体现。从调研归纳分析看，早期湘粤、粤赣古道沿线村落，多以宗祠为核心集中布局，整体形态多较自由而非围合对称格局，如粤赣古道的鱼鲜村、新田村、湾头等，湘粤古道的恩村、石塘村、丰阳村、大路边村等。而明清以后的村落，受福建、梅州和赣南反迁客家影响，加之社会动乱，村落建设重防御，形成了以祠堂为中心或祠堂居于中轴的对称围合布局形态，多为圆形或方形。如翁源的东三村、英德的麻步村和始兴的燎原村等等。当然，个别村落因地形关系，也有不完全对称的围合式布局，如翁源的湖心坝等，但都体现了强烈的防御功能和宗族观念。

三、不同生计业态村落

就自然环境的各构成要素来说，生计方式本质上是生态、地貌、地质和气候综合的产物。也即在特定意义上，人们生计方式的形成很大程度上都依赖于该地区所处的自然环境与社会环境，特定自然环境是当地人民繁衍生息的基础。

基于粤北地区环境形态、气候物产和地理区位等，村落的主要生计方式可以归结为两种：一是以农耕经济为主的村落；还有一类是通过水路或者陆路发展起来的传统商贸型村落。

（一）以农耕经济为主的传统村落

丘陵间有限的农田对于先民的生存发展来说尤为宝贵，对传统村落和建筑的选址以及村落与环境的整体格局特征的形成具有重要影响，村落多选址于山脚，民居多依山而建，其他平缓用地大都作为农耕田地，民居和农田之间通常顺应地势设置若干晒坪，作为晒谷等公共农作用地，村落呈现农耕景观形态，这些盆地素有"粤北粮仓"之称，在始兴盆地民间还流传"南山木、北山竹，平原遍地是金谷"的俗语。以始兴马市镇的黄塘古村为例（图4-14），其"山、水、田和村"体现出传统村落在特定地理条件下与传统农业生产和生活的紧密联系。

（二）传统商贸型村落

农耕为粤北传统社会的主要生活形态和生计方式，但临近主要历史水陆交通要道部分的村落，是由于商品交易而形成的，则反映出商贸经济和外来文化在村落生活形态和社会组织方式等方面的巨大影

图4-14　黄塘村
（来源：自绘）

响，并在村落空间格局、建筑类型和形态等方面呈现出明显的差异和特色，如韶关里东街村落和清远南天门村等，就因商贸特色而呈明显的线性发展的形态。以珠玑镇里东村为例，村内的里东古街是梅关古道上的重要过境通道，因这区位优势使得其成为当地较为繁华的街市。街总长约600米，宽约5米。古道始辟于秦，主要用于军事；到了明清，外贸日益发展，商铺、驿站林立，茶楼客店，鳞次栉比，南来北往的商贾旅人，由此经梅关至大余，然后乘船经赣州直通南昌、九江乃至江南一带，南可顺浈江、北江直达珠江三角洲，同时它也是广东学子进京赶考的必经之路。里东上下街由北至西南，根据地形渐次升高，两旁为骑楼式商业建筑，高宽比约为1：1。据称当初建设时已有规划控制以保证沿街的形态和街巷空间感。骑楼样式各异，有传统坡屋顶式，亦有西洋样式，此外还有中西混合式。

四、重大事件和军事工事影响的村落

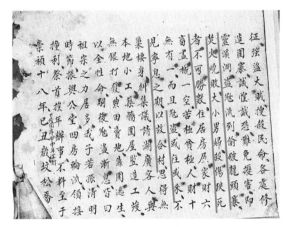

a 大围村《黄氏族谱》

b 大围村鸟瞰图

图4-15 大围村
（来源：自摄）

在粤北传统村落的普查中，有些村落形态的演变与重要历史事件和当时的社会环境有着密切的联系，历史事件的发生，促使了村落向符合当时、当地、有利于保护宗族和村民人生财产安全方向上演进。如灵溪镇的大围村，村落原本没有围墙，乾隆三十六年因匪夷猖獗，为了抵御山贼和强盗的入侵才砌筑了以花岗石为材料的厚重围墙（见大围村《黄氏族谱》）（图4-15），将原来较为开放的村落包围起来，并设置多重城门，形成封闭的村落防御体系。

又如仁化县的石塘村，据族谱记载，该村从李氏八世祖"可求"开基至清咸丰九年（1860年）农历六月遭到太平天国攻打时，村落已发展成为从

图4-16　石塘村双峰寨

（来源：自摄）

北部山脚一直延伸到高门槛以南区域的、规模庞大的千家村。村北面约2公里的小山顶上曾设有一座鹏风寨（现名大寨顶），是北面进入石塘村的必经之地，为当年抵御太平军的主要防御建筑。鹏风寨之战最终以石塘村的失败而告终，石塘村被烧毁房屋几百间，人口死亡三分之一，特别是北部山脚的成片房屋被毁。石塘村的这次惨痛教训，促使村民合力建造了规模巨大的坚固防御建筑双峰寨（该建筑2006年9月被国务院列为国家重点文物保护单位）（图4-16），其南部残存区域经过一百余年的繁衍后，形成了现状中村落居于农田中央的村寨结合形态。

　　另外，如前面所述，粤北为古代岭南与岭北经济、文化、政治和军事交往的重要通道之一，历来为兵家必争之地。当时屯兵屯粮的"兵寨、兵营、兵卫所"等，后来大都演变成为村庄或集镇。从现在的村名如始兴的屯冈、千家营、罗所[⑬]以及清远的朱岗村等就可反映出来。这些村落往往都保留了原有的城墙、城壕或寨堡等，村落的防御形态明显。如乌迳水城位于乌迳圩东南约1公里处，据该村《叶氏族谱》载，早在南汉时，七星树下叶雨时事南汉，为千夫长，即驻兵于今水城地方，四周筑土埂，称营前，为水城之雏形，后历代加固，由土埂变为砖墙。连州市丰阳镇朱岗村又名朱岗堡，雄踞通往永州、蓝山的古道要冲。明洪武二年（1369年）设巡检司，始扎兵，因而得名朱岗，意为红色山岭上的哨岗，现有门楼2座，祠堂1座，民居20多栋，古建筑为青砖砌筑，硬山顶，上为阴阳板瓦面，正脊板瓦叠置，直棂窗；巷道为青石板或鹅卵石铺设。

五、美好意象营建的村落

村落形态往往也反映了村民依据社会背景和自然环境向往美好生活、抵御各种灾害的愿景诉求。很多村落根据地形特点和风水模式，无景造景、移花接木、想象臆造，从而形中立意，通过这些形象来构成境界以陶冶情操，并转化为无形的力量激励子孙后代开拓进取。也正如吴庆洲先生所说客家民居建造的五类意向，在村落形态的建造中也得以反映⑭。这里根据粤北村落的特点进行意象归纳，主要有追求周易模式的哲学意向、追求天人合一的宇宙同构意向、宣扬儒家礼制的文化意向和祈福纳吉的象形意向等。

（一）追求周易哲学模式的完美意象

八卦源于中国古代基本的宇宙观，《易传》记录"易有太极，是生两仪。两仪生四象，四象生八卦。"有的村落更是以八卦的宇宙图示进行建设，体现了天人同构，天地为大宇宙，人体为小宇宙，人与宇宙的和谐统一，象征人居天地间，一年四季都平安的意向。

如翁源县葸岭村的八卦围（图4-17），就是以八卦宇宙图式建设，整体空间格局独特，每一组房屋都与卦象有所对应，从外到内，房屋由高到低，屋形奇特，颇具特色。八卦围周边地势平坦，其东方有流水曰青龙，西方有大路名白虎，南方有水塘曰朱雀，北方有丘陵名玄武。按当地说法，这四样齐备的地方，叫作四神相应之地。据说，这里的人名字亦多用"龙"、"虎"。围中主要街巷均用鹅卵石铺砌，纵横交错，宽阔之处可容5人并肩而行，狭窄之处只能容成人侧身贴墙方可通过，正是这些多不胜数的小径构成了"迷魂阵"。八卦围外墙高6米，用石灰、沙、石砌成，巍峨坚固，房屋大都是黄土泥砖，坚固如铁，数百年不倒。砌筑工艺上的牢固与"八卦"象形的结合正凸显高度的防御意识，可以说，这是客家传统建造工艺和地方传统建筑文化在地形地貌的影响下

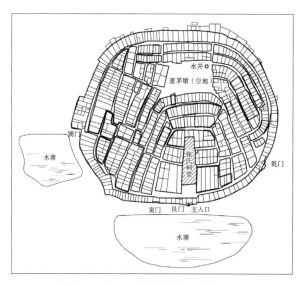

图4-17　翁源县葸岭村八卦围总平面图
（来源：翁源县建设局）

图4-18　长江村罗盘围全景图
（来源：自摄）

相互融合的完美体现。

又如翁源县长江村的罗盘围（图4-18）是按罗盘方位建造的，罗盘学名为罗经，创自轩辕黄帝时代，后经过历代前贤，按易经及河洛原理，参以日月五星七政及天象星宿运行原则，再察地球上山川河流，平原波浪起伏形态，加以修正改良制造而成。简单说来，罗盘形制的村落布局也与古代风水学息息相关，罗盘围就是一个以罗盘为参照布局的村落，围屋按罗盘方位建造，祠宇结构与蒉岭八卦围有异曲同工之处，亦有独具匠心之妙，尤其在堪舆风水方面更有精妙的道理。祠立辰山戌向兼巽乾，图式按罗盘形规划，画天地人三层。祖堂外一层，分乾坤艮巽甲庚丙壬乙辛丁癸十二巷；第二层分子丑寅卯辰巳午未申酉戌亥十二巷；第三层开左右两门对朝，再开坎艮震离坤兑六小门合之完成八卦。第三层开八卦之门，有利于纳各卦年运瑞气。如三、五、七运辰山旺，山旺向则才丁兴旺，人才辈出。但若某一卦某年运不吉，如二黑、五黄同到向，或犯反伏吟或其他游年凶星到向即可封闭，待轮转吉星到向又把门打开。

再如连州市星子镇的黄村，约建于宋代末期。村落巷道纵横交错，与水井构成"太极八卦图"布局。其中，正北面的一条主横巷为乾卦中的"—"符号，顺着北巷还有三条横向的短巷组成了"三"字符号为乾卦。正南面也有六条短巷组成了"三三"符号为坤卦。南、北方向的村巷是村里的主要巷道，这两条主巷定下了全村的乾坤之位。"八卦"图的正中央是一口大水井，代表道教中的"阴阳鱼"。

（二）追求天人合一的宇宙同构意象

星象形态的布局脱离不开古代风水学的说法，体现了道家向往神仙仙境的象征表达。先祖将村落形态按照天体星象进行排列组合，正合"天罡引二十八宿，黄道十二宫环绕"这一说法。由于七斗星在北方，主要由七颗亮星组成一个勺子形状，就像古代人盛酒的器皿"斗"，故称北斗，也叫北斗七星（图4-19）。北斗七星分别是天枢星、天璇星、天玑星、天权星、玉衡星、开阳星和瑶光星。北斗也为寰宇之中，代表永恒永世。

如清远连州保安镇的卿罡村，因建在山冈上，村民盼望出大官（卿），故名卿岗（图4-20）。清道光年间（1821~1850年），村人觉"岗"字不雅，"岗"与"罡"同音，罡正是北斗七星的斗柄，遂改卿罡。卿罡村始建于明代永乐年间（约1403~1409年），村庄布局是以北斗星座为布局。站在高处看，东、西、南、北四座门楼就驻在"天枢"、"天璇"、"天玑"、"天权"四颗星的位置，村子西面那绵长

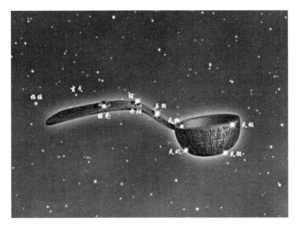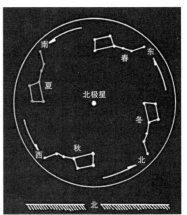

图4-19　北斗七星图

（来源：http://baike.soso.com/h84278.htm）

① 熏风门楼及村围　⑥ 唐氏宗祠
② 天枢门楼　⑦ 龙泉井
③ 挹庚门楼　⑧ 惜字塔
④ 永安门楼　⑨ 黄氏古屋　⑫ 迎龙门楼
⑤ 水井　⑩ 镇龙村唐氏门楼　⑬ 紫气门楼

图4-20　连州市卿罡村总平面图

（来源：连州市博物馆提供）

的大青山就是北斗七星的长柄。走进卿
罡村，一座门楼宛如一个星座，一条青
石板巷道好似一条行星轨道，让你觉得
自己就像是宇宙中运行的一颗行星。

又如乌迳水城，据该村《叶氏族谱》
载，唐广明元年（880年），叶氏祖崇义
公授山屋州都督，年老任归，途抵南雄
时，闻黄巢起义军攻入都城长安，道路
扰攘难归，见南雄乌迳山水环翠，乃择
址卜居。因住宅后有古松7株，其布列

图4-21　乌迳水城门楼
（来源：自摄）

若北斗七星，遂称所居为七星树下。正统四年（1439年）绅民呈请抚按批准于营前
筑土城以防寇，嘉靖年间土城内建起书舍，嘉靖二十八年，叶族计议，为加强防卫，
把土城改为砖城，且加筑护城河，知府周南为之题额"七星世镇"（图4-21）。

（三）宣扬儒家礼制的文化意象

儒家文化的一大特色就是重视教育，宣言科举功名，光宗耀祖，报效国家。
"耕读传家"、"学而优则仕"，是以往客家人的思想和行动的准则，是客家人对中
原汉族文化传承的重要标志。这不仅体现在书院建设和楹联中，村落的形态格局
往往也深刻反映出这种文化的印迹和独
具匠心，如翁源县的一心村和乳源大桥
镇柯树下村是粤北地区典型的文房四宝
意向型村落。顾名思义，文房四宝即古
时书写所用的笔墨纸砚。如何将笔墨纸
砚融入村内的布局，这确实是一个值得
考量的问题。如一心村前的砚池不仅起
到风水塘的作用，还是村民平时的公共
交往场所。当村民使用砚池时，从水中
的倒影便可领会到"文房四宝"的寓意
了：塔尖倒影在水中，寓意笔，水池寓
意墨砚盘，田园寓意为纸，还有笔架山、
笔架石等，生动形象。如此巧妙的布
局，的确令人印象深刻，叹为观止（图
4-22）。

图4-22　翁源县一心村文房四宝意向
（来源：自摄）

图4-23 始兴
县廖屋村

（来源：自摄）

（四）追求祈福纳吉的仿生象物意象

1. 仿生意象

有的以乌龟形建村，如始兴廖屋村又名石头城（图4-23），据传该村建在山嘴并与背后的青山构成形如久旱见水急速爬行的乌龟。城堡是建在万年老龟的头上，面朝白墨两河交汇处，意为雄龟遇水抬头游，暗示长寿、富贵、康宁、好德、善终五福俱全。还有的村庄以螃蟹形建村，有驱邪镇煞作用，仿生喻义为一只巨蟹守护后面的村落和前面的千亩良田。

2. 象物意象

以船为形态布局的村落，往往是建在河边、低洼地或沙坝地，以便节省良田用于耕作。以船为形寓为"一帆风顺"之意。始兴县马市镇的黄塘村、隘子镇的满堂大围都是以船形作为意向进行村落布局的。黄塘村（图4-24a）整体形状受到浈江河道的影响呈船形布局，大致呈东西走向，两头尖中间大，按照居民的现有习惯分成上关和下关。村口位于浈江畔，北侧与虎家岭以及太北岭隔岸相望，南侧有良田广阔，金刚河面宽阔，上游通往江西，下游接入韶关；隘子镇的大围村（图4-24b），由上围、中心围和下新围三座独立的围屋围楼组合成庞大的建筑群体，在河滩沙坝地上，像一艘巨轮迎风航行。船形的布局形式多受到村落周边水系的影响，在水流冲刷的平原之地，以顺水势的方向集约进行建筑的布局，实为先祖的大智慧。

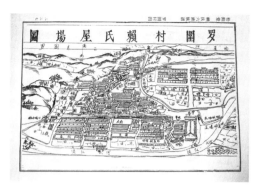
a 黄塘村赖氏屋场图

b 满堂大围鸟瞰图

图4-24　象物意象村落
（来源：a 赖氏族谱，b 自摄）

（五）巧借山水环境的造景意象

很多村落布局除满足生产生活外，还巧借周边山水环境进行景观营造，寄托美好情怀，增强自豪感。乐昌户昌山选址于宜乐古道旁的一处山岭，靠山为"狮山"，一直环绕到左侧，左前方是"虎山"，右侧是"象山"。村落就顺着由狮山和象山所半围合的缓长坡地依山就势而建（图4-25）。村落民居大体由三个组团组成，其中

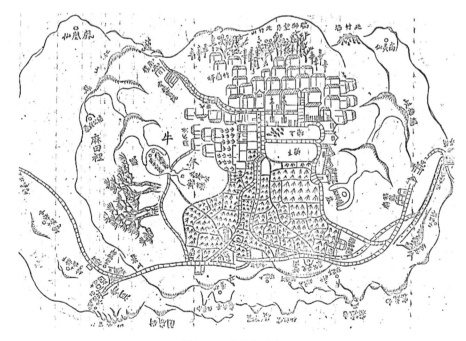

图4-25　户昌山形胜图
（来源：户昌山李氏族谱）

村落中部民居整体坐西向东，两侧山坡上的民居则分别为坐北朝南和坐南朝北，村中79岁的老教师李德求认为这种格局叫作"三元不败"，正是这一格局保证了村庄能够长久繁茂。

户昌山在选址时考虑到青龙（狮山）低而白虎（象山）高，因而在村前挖一口约0.14公顷大小的池塘，池塘外沿为弧形，且塘中间筑一条塘堤，外形似一把弓箭，射住白虎，以改善风水。一些老人认为天然水库以及深谷水渠是其村庄的龙脉所在，也正是依仗着这一优美的自然环境保证了户昌山李氏家族多年的昌盛。村落建筑沿着等高线呈逐步升高的横列式排列，村中小巷四通八达，其中，中部组团有一条东西向主要巷道，其入口处宽有4米余，村民称其为"大巷里"。进村见一墙上端书写"松风水月"四字，书法刚劲有力，文笔端正，为"松潭浴日景色新（松潭浴日）"、"风清明月观仙境（白虎仙）"、"水聚群星隐若现（门口塘）"、"月下花前忆唐明（唐明皇夜游月宫图）"四景的缩写。户昌山八景（据族谱记载）

一景：醒狮望月

诗曰：坤为坐镇景清幽，宛肖狮形豁远眸。

　　　恰有东山明月上，俨然伏地滚金球。

户昌山后有狮形山脉，自云祖峰蜿蜒自此数十里，山脉雄伟、灵秀，为户昌山村后山主山脉，犹雄狮醒时仰望明月像。

二景：松潭浴日

诗曰：松荫掩映表如黛，潭影渊涵碧似油。

　　　上有铜钲高挂处，波光摇动影动浮。

有潭位于村东平头山下，此潭是村中居民食水和周边田地灌溉的重要保障。每遇晴日多古松婆娑垂荫，由此而得名。

三景：梅蹊樵唱

诗曰：志在高山遁叶肥，笑他望渴计全非。

　　　肩回域朴斜阳里，一曲狂歌下翠微。

村北有蹊，名为杨梅蹊，古时有樵夫上山砍柴，哼唱小曲，敲击砍材器具，小曲声在山谷回荡，甚是好听。

四景：江山揽胜

诗曰：取义名山惜不周，却将江字冠山头。

　　　南方具有离明象，得水成名火自流。

村后有山，巍然高大，山脉自后龙分支峦障层叠而邱，山塅优美，若有一呼，众山皆响，此景美不胜收。

五景：南华晓钟

诗曰：南华峰顶瓶仙檀，秀列村东状大观。

　　　　曙色初开天咫尺，蒲牢敲向云天端。

村东有一南华古庙，高屹而立，古时颇具灵气，香火很旺，每天清晨古庙钟声响起，颇具韵味。

六景：炉峰烟霭

诗曰：垒石为城认旧踪，晴初雨后翠烟浓。

　　　　博山一片沉香火，知是谁分到此峰。

村东绵亘数十里处有一峰，高千仞，庄严端好为一方，甚是挺拔，南华古庙香炉熏烟飘至峰上，峰顶烟霭弥漫，如仙境般。

七景：蔚岭积雪

诗曰：层峦叠嶂势纵横，石筑亭边瑞色生。

　　　　争羡雪花堆积处，行人如在玉山行。

蔚岭位于村东庆云镇与两江镇交界处，海拔1400余米，地势险要，为古时重要军事关隘，地高风冽，冬初即雪，俨若玉树银山，景色迷人，堪称奇观。

八景：龙颈瀑布

诗曰：势芳蟠龙上下同，何人穿破碧玲珑。

　　　　悬崖更有飞泉挂，万顷银涛落涧中。

龙颈居炉峰之麓，两面山壁峭中贯一河，源发下黄山等处流出虚头江，划然两载，自东抵西，怪石丛垒，有壁高数十丈，宽数百步，有飞泉下泄，甚是壮观。

韶关市浈江区十里亭镇湾头村，西临浈江，背山面水。西南面浈江穿流而过，村子也是缘此繁荣起来。东北面是村中风水山——烽火山（也称旗山），形似一面飘扬的旗帜，是丹霞山脉的延伸；南面是皇罗山（也称鼓山）。"旗鼓相当"寓意此地好风水，可以人才辈出人杰地灵。同时，还巧妙利用丰富的水系营造村落九井十八桥的景致。

又如鱼鲜村，据《王氏族谱》载，"村内鱼形有九，俨若生成，昔人多凿塘池以育之，故里名鱼溪。"此为鱼鲜八景之"跃鱼调溪"。而"村东四面池塘，中微高耸平广，形如蜘蛛渡水，昔人筑老城于此。"这就成了"蜘蛛幻影"之景。还有"水阁廻澜"，因村西大塘口四山环拱，而中间断开，村人嫌八字水分起会，所以栽树挽回狂澜。这既是弥补不利风水，又巧妙地利用自然山体和树木塑造景观（图4-26）。

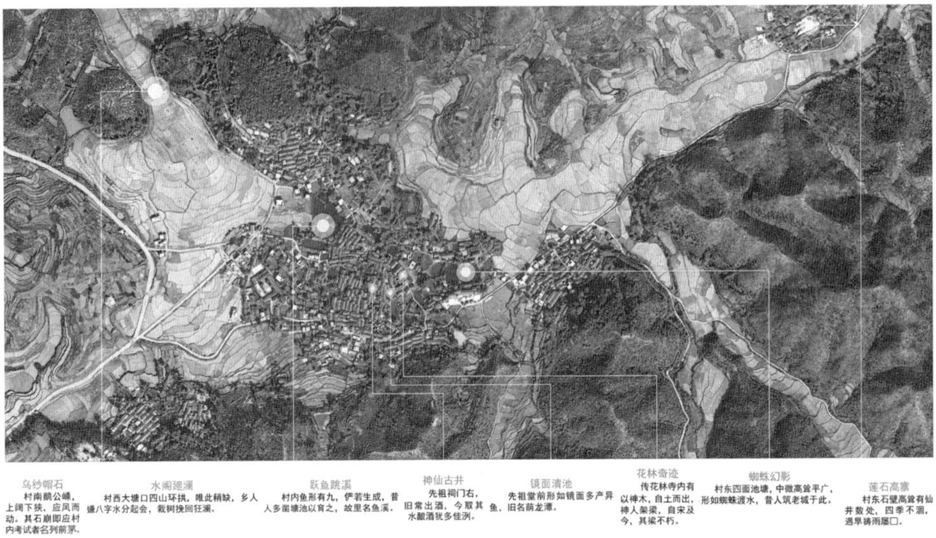
乌纱帽石
村南鹩公嶂，上阔下狭，应风而动。其石崩即应村内考试者名列前茅。
水阁廻澜
村西大塘口四山环拱，唯此稍缺，乡人嫌八字水分起会，栽树挽回狂澜。
跃鱼跳溪
村内鱼形有九，俨若生成，昔人多凿塘池以育之，故里名鱼溪。
神仙古井
先祖祠门右，旧常出酒，今取其水酿酒犹多佳洌。
镜面清池
先祖堂前形如镜面多产异鱼，旧名荫龙潭。
花林奇迹
传花林寺内有以神木，自土而出，神人架梁，自宋及今，其梁不朽。
蜘蛛幻影
村东四面池塘，中微高耸平广，形如蜘蛛渡水，昔人筑老城于此。
莲石高寨
村东石壁高耸有仙井数处，四季不涸，遇旱祷雨屡□。

图4-26 鱼鲜村八景

（来源：自绘）

[注释]

① 薛林平．悬空古村[M]．北京：中国建筑工业出版社，2011．3：50．

② 吴庆洲．中国客家建筑文化（上）[M]．武汉：湖北教育出版社，2008，5：32．

③ （清）赵玉材．绘图地理五诀[M]．北京：世界知识出版社，2010，3．

④ 张艳玲．“负阴而抱阳，冲气以为和”的古建筑空间[J]．华中建筑，2009，(12)：92-94．

⑤ （春秋）老子．老子[M]．中国社会科学出版社，2003．

⑥ 吴庆洲．中国客家建筑文化（上）[M]．武汉：湖北教育出版社，2008，5：32．

⑦ 廖文．客家研究文丛 始兴古村[M]．广州：华南理工大学出版社，2011，8：48-49．

⑧ （英）马歇尔．经济学原理[M]．北京：商务印书馆，1991：157．

⑨ 陈泽泓．珠玑文化的意识特点[A]．广东炎黄文化研究会．岭峤春秋 珠玑巷与广府文化[C]．广州：广东人民出版社，1998，1：34．

⑩ 姜水兴．“珠现巷与广府文化”研究述评[A]．广东炎黄文化研究会．岭峤春秋 珠玑巷与广府文化[C]．广州：广东人民出版社，1998，1：319．

⑪ 吴丹．儒家文化对英语学习的利与弊[J]．新课程研究：高等教育，2011（4）：188-190．

⑫ 程建军．燮理阴阳 中国传统建筑与周易哲学[M]．北京：中国电影出版社，2005，9：119-120．

⑬ 廖文．客家研究文丛 始兴古村[M]．广州：华南理工大学出版社，2011，8：2．

⑭ 吴庆洲．中国客家建筑文化 上[M]．武汉：湖北教育出版社，2008，5：12．

第五章
粤北传统村落空间构成及建筑特色

传统村落的内部与外部是一个完整的空间整体，二者不能割裂开来，所以，村落的公共空间系统在很大程度上影响了村落的布局形态，并且进一步影响了村民的生活习性。反过来，村落因地制宜的布局也作用着村落的公共空间，使之有着自身特色。段进先生认为："空间形态是各空间要素通过结构关系形成整体后，所呈现的形式和意义。"[①]这说明空间形态包含两层含义：一是空间要素，是指人们用肉眼可以看得到的实实在在的形体，这是有形的客观存在的空间形态；二是空间要素构成整体后所呈现的形式和意义，包括构筑方式、生活方式、文化观念所形成的空间特色和所涵的意义，也包括人们对空间的认知和心理感觉，这就形成了主观的无形的空间形态[②]。

第一节 村落公共空间

一、村落公共空间形态及构成要素特色

根据国内学者较为成熟的研究认为，村落公共空间是由点状空间、线状空间以及片状空间构成的完整的体系。它可分为两种形式：一是实体形态，如建筑大小、体量、造型等；二是虚体形态，如建筑产生的外部空间感受，高大与小巧、宏伟与渺小、封闭与开放等。外部形态是由外门窗、墙体、屋面、屋檐、台阶以及周边环境等要素的造型和组织形式所呈现的结构关系。因自然环境和人文背景不同，粤北村落的空间构成要素各具特色，形态各异。

（一）点状空间

点状空间是人们活动的集散、交流和休闲的场所，通常具有领域感和标识性，有的还具有划分内外的作用。就传统村落而言，点状空间根据重要性又可划分为核

心节点空间如祠堂及周边空间，和一般节点空间如为门楼（牌坊）、古井、码头、古树、古桥等周围空间。

1. 宗祠核心空间

宗祠是村落的公共活动中心，更是宗族制度的形象代表，这一祭祀建筑在粤北传统村落中有着无可比拟的重要性，体现出族权空间的核心地位。宗祠的建筑形制、体量的大小均体现出其身为村落最大公共场所的重要性，同时也是村民眼中的宗族中心。与此相关的，如祭祀、红白喜事、宗族内部决策等重大事件多在宗祠内举行，几乎是各种公共活动的场所。但宗祠并不是孤立的，也不是唯一的，它多与屋前的风水塘、晒坪或是旁边的大厅、书院等其他建筑空间一起，共同构成新城公共生活的核心空间。以南亩镇鱼鲜村为例（图5-1），整个村落以先祖堂及堂前风水塘为中心向外发展，风水塘外一圈建筑面向风水堂，樟树下村的建筑基本沿山势而建，但建筑群整体仍朝向东南。从村落空间形态的整体性进行分析，宗祠可以看作是节点中的核心，与风水塘和晒坪等空地有机组合，还形成了公共景观的视觉中心。

2. 牌坊（门楼）

牌坊，老百姓俗称"门楼"或"牌楼"，名称的起源于古代的里坊门。牌坊原本是村入口或地界的标示，以标明地名为主。随着社会的演变，牌坊成为了

图5-2　苏拱村天字门楼　　　　　　　　图5-3　鱼鲜村世盛堂牌坊
（来源：自摄）　　　　　　　　　　　（来源：自摄）

不可小觑的界碑，如白土镇的苏拱村，天字门楼（图5-2）造型雄伟坚固，位于村古入口处，不只是明确村界，也为村景增添了独特的元素。珠玑镇的里东村、马市镇红梨村、白土镇中界村谭屋的入口牌坊等均具有同样的功能。后来，牌楼又具有纪念意义，往往将牌坊放在祠堂等建筑门外，既作为表彰人物或纪念重大事迹，又作为建筑空间序列展开的标志，明确划分了"内"与"外"的空间差别。如南亩镇鱼鲜村的牌坊大多与祠堂等建筑相连，作为祠堂入口空间的过渡，附属于祠堂，以歌颂祖德为主。鱼鲜村世盛堂前牌坊（图5-3）整体以红砂石砌筑，雕刻精美多样，有浮雕及透雕。牌匾刻"古晋名家"为纪念鱼鲜村王氏家族的功德及辉煌。村中先祖堂前牌坊为青砖砌筑，也同样是以宣扬功德为由而建。

3．古码头

粤北地区水系发达，许多村落建于水上交通要道边，村落码头也成为公共空间的重要组成部分，如白土镇苏拱村的天子码头位于村口天字门楼旁，是人们交往的重要空间场所，又如马市镇的黄塘村，古码头多与河岸旁的古榕树相伴，村民以古榕的位置记录码头的位置，这既是水路交通的重要节点，也是村中公共交往空间的主要区域。

4. 古井（水井）

古井从古至今都是村民日常活动的重要节点空间。村妇洗衣洗菜、汲水聊天，在操持农务的同时闲话家常，孩童围绕嬉笑打闹，这便是充满了温馨情趣的农村生活场景。在粤北地区，村落水井不仅数量多，还作为村落景观元素被赋予了美好的意象，如一统乾坤、子孙井等等，如浈江区湾头村的"九井十八桥"就反映了村落公共景观特色，而仁化石塘村的古井多达42个，可谓星罗棋布，特色鲜明。

图5-4　村落古井
（来源：自摄）

5. 戏台节点

传统村落里的戏台不仅传承中国古典的戏曲文化，同时也是村落世俗生

图5-5　马带村戏台
（来源：自摄）

活的写照。从粤北村落普查中，戏台目前只发现三个：一个在始兴马市镇区，另一个在里东村的里东古街，还有一个是连州马带村戏台（图5-5）。从戏台形制的发展演变来看，戏曲最初起源于酬神活动，通常在迎神赛社的节日里进行，所以戏台常和寺庙宗祠等联系紧密。如里东古街上的戏台，与宗祠相结合，形成"山门戏台"，提高了表演台的高度。可见，戏台作为空间形态的元素并不是孤立存在的，它往往依附于宗祠和商业等公共活动，一同形成村落的公共活动中心。

6. 古树

古树作为村落公共空间的一个节点元素，其巨大的树冠给人们提供了日常交往、聊天纳凉的好场所，容易引发人们的归属感和安全感。南亩镇鱼鲜村内花林寺旁的古树不仅为人们提供遮阴挡雨的空间，也是寺庙旁不可多得的绿色点缀；白土镇苏拱村（图5-6）岸边的古树延续着"古树—码头"的生活方式，成为村民们乐于聚集交流的空间。

图5-6　苏拱村古樟
（来源：自摄）

（二）线状空间

线状空间主要指街巷、围墙（护濠）、水渠、河岸等，是村落的骨架，往往也是交通体系，有的也是村民交流的重要场所。粤北地区的传统村落受到地形地貌的影响，大多街巷非东西南北的垂直通畅，通常曲直蜿蜒、依照等高线或岸线延伸。从功能上说，这些街巷还具有主导风向和分隔里坊便于安防的作用。

1．街巷空间

街巷除了组织交通，同时还起到组织通风、景观廊道和交流的作用。受地形和用地紧张的影响，粤北传统村落街巷较为狭窄，因地形变化而呈现曲直蜿蜒形态。道路铺装就地取材，多为麻石和鹅卵石，如乐昌市的户昌山村，村落由于山势的限制而呈集约式的组团布局，街巷正好是划分及连通各个组团的重要通廊（图5-7）。从村落的规模来看，较小型的村落，街巷通畅是村民

图5-7　户昌山村街巷
（来源：自摄）

们聊天、相互交换信息的场所；较大型的村落，街巷则兼顾着更大范围的公共性，可能是当铺、商号云集之地，也可能是处于某一主道上的其中一段，担负着过境的作用。

2．围墙（护濠）

为了防御劫匪，粤北许多村落都建有围墙（村围），一方面是隔绝内外的界面，另一方面也给人以坚固安全和内向封闭的感受。以乌迳水城为例（图5-8），水城规划相当严谨，并且轴线明确。村落三面均被昌水河环抱，该城用青砖砌成，墙高5米，厚2.25米，只设一门，向西稍偏南，高2.34米，宽1.46米，厚1.37米，门外架一石桥，为唯一对外通道。从其结构看，明显是为防盗寇而筑。从村落的平面形制上看，乌迳水城不仅用青砖砌筑围墙，同时还以昌水河作为其护城河，使村落具有双重的防御系统。

3．水渠

粤北山区村落水渠大致分为灌溉渠和排水渠两种，灌溉渠多为农田使用，如浈江区十里亭湾头村，西南面浈江穿流过，水源丰富，村子也是缘此繁荣起来。村外侧入村道旁为红砂石砌筑的明渠，水系至村口时又在外围绕村一段用于灌溉后排入浈江，村人称此排水形式为"肥水不流外人田"。

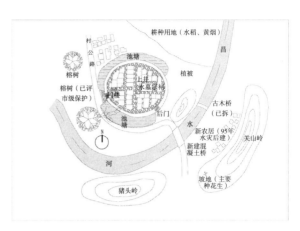

图5-8　水城
（来源：自绘）

图5-9　浈江区湾头村排水系统
（来源：自摄）

湾头村内原有"九井十八桥"之说，入村道旁的红砂石水渠至今保持完好，水源来自旗山的山沟水。村内排水系统常位于街巷两边，多为明渠，暗渠较少。一是排山泉水，往往成为村落线性生活空间景观，如应山村（图5-9）等；二是排生活污水和雨水，如城口恩村，村落水源来自西面水系，以水源山山泉为主，排水系统以世科祠中轴为界，祠堂以北的排水或通过地面径流或明渠直接排入恩溪，祠堂以南的则大多通过池塘经过沉淀再排入恩溪。水渠的设计与村落街巷的延伸发展一致，成为村落线性空间的组成部分。

（三）片状空间

片状空间是比节点公共空间要大的开敞空间，主要指晒坪、水塘和风水林等空间。

1. 晒坪

对于以农耕为主的传统村落，晒坪是重要的生产场地。同时，粤北传统村落的大门坪与池塘相连，是大门口横向展开的广场，均为长方形，长度一般与第1栋屋的面阔相当，在50~80米之间，宽度8~15米不等，用河卵石平铺一层或泥质地面。有的村落还认为池塘和晒坪代表"天圆地方"。农事的收割季节，大门坪可放上竹笪成为晒谷场，大门坪也是节日舞龙、舞狮、闹花灯及其他喜庆活动的娱乐场所，也是村中做红白事时的必经之地。平时村民不得在大门坪摆放各种杂物，以示大门坪的庄重和村庄面貌的整洁，否则会受到族规的严格处罚[③]，如城口恩村（图5-10），村落中央世科祠前有一由风水塘及晒坪构成的开敞空间，面向恩溪，除了用作晒坪还是村内举行重要活动的场所。

图5-10 恩村世科祠外晒坪
（来源：自摄）

2. 池塘

池塘与晒坪同属于村落形态中的片状空间，一定程度上对村落建筑的布局有影响。池塘的方位与风水学有着紧密的联系，同时也是村内重要建筑如宗祠、书院等的开门方向。在粤北传统村落中，池塘的开凿十分普遍，一是建房用的砖取自于就近的泥土，二是形成的池塘也正合风水选择的观念。从"风水塘"这一名字便可窥知。在中国古代的风水学观念中，聚落选址是以依山傍水或背山面水为最佳。而对于村中的重要建筑来说，池塘也即"风水塘"的开凿无疑关系到整个村落"风气"的聚散。如乐昌市庆云镇的户昌山村（图5-11），在村前就有一大口风水塘，与宗

图5-11　户昌山村前水塘
（来源：自摄）

祠门正对，象征着"风气"的聚散；又如白土镇的苏拱村，冯氏宗祠和刘氏宗祠门前都有各自正对的风水塘。

二、村落公共空间体系及模式特色

（一）村落公共空间体系

粤北村落公共空间是由以上点、线、片等各种要素组成整体系统而形成，其受各自地形条件、民系源流、姓氏数量和生产生活方式等影响而呈现出不同的内部空间形态，封闭与开放、自由与规整等不同的现象多元并存，可以说是千姿百态，丰富多样。这些点、线、片状空间体系经过串联、并联、放射及其不同组合模式而形成，且这些空间体系几乎都围绕宗祠核心空间展开，这个核心空间往往既是几何中心，更是族人内心的圣地，充分体现了村落布局的族权空间至上的儒家伦理思想。

1．按祠堂等级

从调研看祠堂等级与村落源流和规模有关，大致可分为三类（表5-1）：

一级单核村落：这些多为规模较小的村落，全村只有一个祠堂的单核村落，如始兴白围场村和曲江马坝叶屋村等，另外，在湘粤古道的星子古道、茶亭古道和宜乐古道等沿线村落也多为一个祠堂，如乐昌黄圃镇应山村和连州市黄村等。

二是全村有多个祠堂的两级主次核心村落，形成核心宗祠和分祠的两个等级空间体系，如仁化恩村和连州市沙坊村等。

三是全村有多个祠堂、大厅（或家祠）的三级的主次核心村落，形成核心宗祠、分祠和大厅的三个等级空间体系。

值得一提的是，以上主要为单姓村落的归类，单一姓氏聚居的传统村落是指一个家族在当地占绝对主导优势的村落，这种类型的村落一般是由开基父辈在此定居，并由父辈的族人开枝散叶发展而成。村落中体现了宗族权利的高度唯一性，所以在村落形态上也体现出高度的整体性。实际上也有许多村落是双姓或多姓村落，其宗族空间体系也可据此类推，这些村落存在着两个乃至多个姓氏或宗族，拥有领导地位的族氏一般是经济实力相对较强的群体，这类型的群体有着明显的向心性如浈江湾头村；若村内几个宗族群体的实力相当，在村落形态上则体现为均衡发展的状态，并成为有多个核心的空间体系，如连州市山州村、曲江苏拱村等。

村落祠堂等级类型表　　　　　　　　表5-1

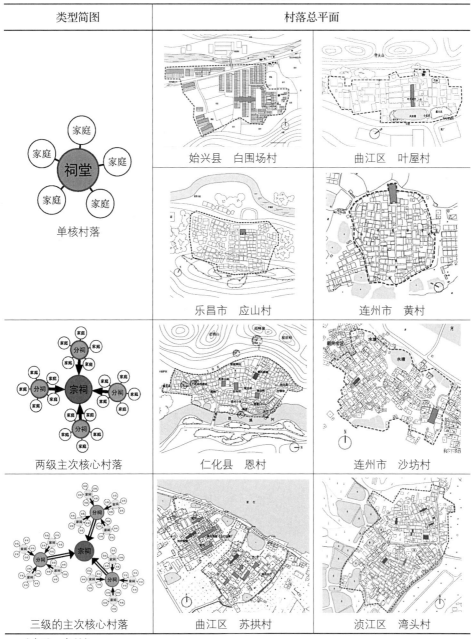

类型简图	村落总平面	
单核村落	始兴县　白围场村	曲江区　叶屋村
	乐昌市　应山村	连州市　黄村
两级主次核心村落	仁化县　恩村	连州市　沙坊村
三级的主次核心村落	曲江区　苏拱村	浈江区　湾头村

（来源：自制）

2．按空间结构

空间结构是按空间形态要素根据人们的生产生活活动而形成的村落开放空间体系，还与村落的大小、宗族和信仰等活动密切相关，所以，空间结构体系往往与祠堂等级体系一致，只是空间节点除了祠堂以外，还有村落的风水塘、晒坪、出入口、大树下、码头以及宫庙等空间。一级空间体系主要以宗祠及相连的晒坪和风水塘等组成的主体核心空间；二级空间体系主要指由分祠及其周边的开敞空间，公共活动较多或宫庙等组成的次核心空间；三级空间体系主要指空间尺度较小的次要开敞空间，如井边、码头、牌坊和村口等。

（二）村落公共空间模式

村落公共空间模式与地理形态和防御模式有关，还与宗族结构特别是祠堂所在的位置关联密切，祠堂所在位置大致可归为如下三种类型。

1．祠堂位置

一是祠堂居中型，即村落以祠堂为核心进行布局和发展，如南雄新田村、仁化恩村和石塘村等；二是祠堂居于村前排中间，如乐昌应山村、连州的白家城村和黄村等；三是祠堂位于村落的中轴线上，且与民居连为一体的祠宅合一类型，如曲江马坝上伙张、下丘村和叶屋村等（表5-2）。其中第一类多见于粤赣古道和城口湘粤古道沿线的村落，分布于粤北的东北部；第二类多见于湘粤古道的宜乐古道、秤架古道、星子古道和茶亭古道等沿线村落；第三类多见于反迁客家地区的始兴、翁源、曲江和英德等地。

村落祠堂位置类型表　　　　　　　　　　　　　表5-2

类型	典型村落平面图		
祠堂居中型	南雄市　新田村	仁化县　恩村	南雄市　鱼鲜村

续表

类型	典型村落平面图		
祠堂居村 前排中间型	 乐昌市　应山村	 连州市　白家城村	 连州市　黄村
祠堂居村中轴 线上的祠宅合 一型	 曲江区　上伙张村	 曲江区马坝镇　下丘村	 始兴县　红梨屋

（来源：自制）

2．空间组合模式

在这些要素中，祠堂和风水池塘对村落内部形态的影响最大。正如前面所述，祠堂是每个村落的核心，重要活动都在此举行，是宗族祭祀、节日庆典的主要场所，宣传宗族观念和等级制度，是中国几千年礼制思想的主要载体，村落的建筑往往以其为中心进行组织布置。而池塘往往作为风水观念的体现，其面积较大，且一旦确定位置，一般不允许改动，对村落内部其他建设还起限定和引领作用。为此，以祠堂和池塘为核心出发点来研究，便于从纷繁的现象中进行梳理，找出其内在关联和系统性。空间节点正是通过线性的街巷空间组合而形成空间骨架体系，大致可分为如下五种模式：放射式、网络式、棋盘式、组团式和复合式等（表5-3）。

一是放射式村落，即以祠堂为核心放射状巷道联系各节点空间，如乌迳水城、新丰回龙镇楼下村等，为祠堂居中放射型布局。

二是网络式村落，多以祠堂居前，由巷道连接各节点空间，如户昌山、应山村和连州黄村等。

三是棋盘式村落，祠堂居中轴线上，街巷空间按横平竖直呈棋盘式排列，如英德、曲江等地的围屋村落。

四是组团式村落，祠堂位于村口，有多个围屋组合而成的组团式空间，如翁源湖心坝村历史上曾有56个围屋组合而成，又如新丰大岭村分别由朱、潘二姓各自的围楼沿河两岸组成。

五是复合式村落，一般规模大的村落，是由宗祠、多个分祠为核心，通过多条街巷形成点、线、面结合，既有放射又有网络再串联等形成的综合模式，如南雄新田村、仁化石塘村、恩村和连州的山洲村等。

村落空间组合模式表   表5-3

类型简图	村落总平面图	
 放射式	 南雄县　水城村	 新丰县　楼下村
 网络式	 乐昌县　户昌山村	 连州市　黄村
 棋盘式	 英德市　九牧楼	 曲江区　上伙张村
 组团式	 翁源县　湖心坝	 新丰县　大岭村

续表

类型简图	村落总平面图	
 复合式	 南雄市　新田村	 连州市　沙坊村

（来源：自制）

三、空间的防御特色

为了能够在动荡的社会和有限的山地环境中更好生存，村落具有较强的防御性，因此，注重防御是粤北村落的共性特色，但由于区域地理、时代背景和文化源流的不同，其防御方式和空间模式也不相同，从而形成了多样化的防御特色。有的还在村落的重要位置，如主要出入口或制高点等地设置3~4层炮楼或碉楼，外墙设射击孔，顶层四角设置外挑的防御塔楼，既是匪患发生时的防御制高点，也是村民的临时避难所。就空间防御特色来讲，粤北传统村落大致可分为围合封闭式、街坊式、村寨式等类型。

（一）围合封闭式

由独立的村围墙体或房屋将村落围成封闭的整体，一般设2~6个门作为对外的出入口。

按围合方式：一种是城墙式如仁化大围村、新丰回龙镇楼下村等。其共同特点是以圆形城墙环绕整个村落，设城门进出，村内空间格局采用联排式布局，街巷平直，设四门。南雄乌迳镇水城仅设一门出入，并设有护城壕以加强防御。另一种是由房屋连续排列围合的房围式如翁源思茅岭八卦围等。另外，还有利用水濠进一步加强村落防御。南雄的乌迳水城相当具有代表性，乌迳地处粤赣边陲，古来商贸比较繁荣，但频遭盗寇抢掠，故绅民极重防御盗寇。把土城改为砖城，且加筑护城河。由古文献可知，水系对于乌迳水城的防御系统而言至关重要。又如新丰县回龙镇潭楼下、楼上村，楼下村围楼约几百年历史，据了解，明末时期村民搬入围内居住，据村民介绍，祖上先建围墙，后在围内建房，中间欧氏宗祠先建，而后围绕其建房，围楼周边水系基本完备，围楼曾几度遭受水淹，对围楼有一定程度破损，据了解，围墙上原有走道，供村民在上面使用枪眼守卫村子，沿大围建有两圈房屋，两圈之间本为清晰可见的街巷，现已破损，原最外圈房屋离围墙约1.5米，中间为走马巷。楼下村大围现有两门，南门"恒山楼"，西面为老门，据了解最开始只有一个门，祖上告诫后人，围仅设一门，每六十年在四向方位上另开一个门，而每开设新门则将原有大门封堵，现在的南门是新门，西面老门本正对宗祠大门，后因故封门而在旁另开一门。

图5-12　翁源祝三围
（来源：自摄）

按围合形状：一种是圆围，受福建、梅州影响较多；一种是方围，受赣南地区影响较大，又称四点金，如翁源祝三围（图5-12）、九牧围等。

（二）围屋围楼式

这是始兴典型村落形态，围屋多为单层，是人们日常生活起居场所；围楼一般3~5层，主要用于紧急躲避匪患之需，如始兴白围、廖围等。

（三）村寨结合式

这是大型村落为避匪患战乱的一种模式，与上面围屋围楼式在使用方式上较为一致，村落房屋为平常生活之用，而寨堡也是躲避匪患战乱之所，可以说是平战结合的特色村落空间模式。如始兴太平镇东湖坪村，村中以乱石砌筑的永成堂围楼高大雄伟，坚固而易于防御，并成为村落的视觉中心。村落周边农田等历史生态环境和整体风貌保持较为完好。由村中历史资料及现场调研可知，村落以永成堂为视觉中心，并结合周边民居形成防御体系。另仁化石塘村，村内各坊设有闸门15处，其中防御性门楼7处，分别为社官门、接龙门、凤鸣门、大园门、长巷门、早禾田后门、蔡屋前门。防御性较强的有大园坊的大园门、早禾田坊的早禾田后门、礼园坊的社官门，夹层为防御阁楼，设炮眼（图5-13），同时，还建有供紧急时使用的规模宏大的双峰寨。

a 大园门　　　　b 早禾田后门　　　　c 社官门

图5-13　石塘村坊门
（来源：自摄）

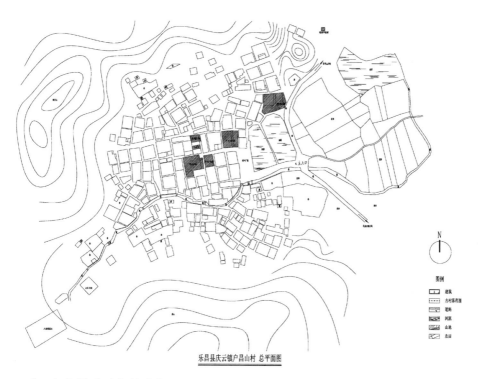

乐昌县庆云镇户昌山村 总平面图

图5-14 户昌山村总平面图

（来源：自绘）

（四）街坊式（街巷式）

村内街巷多为自由的网络布局，这样的巷弄结构有利于村落形成较为稳定的街坊、邻里关系。并由村门、巷门、坊门和房门等组成街坊式（街巷式）防御空间模式，如仁化石塘、户昌山、恩村等。石塘村从防御体系上看，也是街坊式典型体系，石塘村现存炮楼6处、炮楼遗址1处，此外，防御性门楼有7处。石塘村由十二坊（俗称阁）组成，包括：高门槛、门前巷、火冲、蔡屋、楼下、塘下、何屋（新屋）、竹园背、早禾田、大园、礼园、梨树下等，如乐昌市的户昌山村（图5-14），村落由于山势的限制而呈集约的街巷组团布局，建筑沿着等高线呈逐步升高的横列式排列，村中小巷四通八达，其中，中部组团有一条东西向主要巷道，其入口处宽有4米余，村民称其为"大巷里"。街巷正好是划分及联通各个街坊的重要通廊，也是防御单元，设有巷门。

第二节 村落建筑

粤北地区山高水长，文化的多义及融合促进了建筑文化丰富多彩，体现出文化多元、类型多样、适应性强的特点，也正如吴庆洲先生所指出的"客家建筑类型丰富多样、特色异彩纷呈、哲理内涵博大精深"。[④]

一、居住建筑

因粤北地区毗邻江西、湖南以及珠三角地区，民居建筑文化和形制受到湖南、江西南部、江西北部和广府等文化不同程度的影响，同时还受中原移民文化影响而呈现出不同的特点。总的来说，按居住空间与公共空间的功能来划分，有祠宅合一、祠宅分离这两种类型。祠宅分离的平面布局方式有"三连间"（"一明两暗"型）、三合天井型和四合庭院型。这些方式在韶关西北部以及清远北部较为常见。祠宅合一的平面布局方式有围屋、围楼和一条龙，这些形式的民居在粤北韶关市东南部的始兴、翁源、新丰地区较为常见。

（一）祠宅分离的民居

1."一明两暗"型

这种平面布局的民居在湖南、江西和粤北古道沿线的南雄、仁化和连州等地较为常见，其民居为祠宅分离，居住功能较单纯。

清远连州东坡镇卫民村白家城民居（图5-15、图5-16），多为传统形式，中间为堂屋，两侧是卧室，建筑通常高二至三层。现以保存较完好的

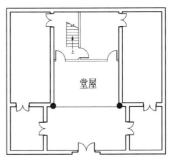

图5-15 白家城某民居平面图
（来源：自绘）

图5-16 白家城民居

（来源：自摄）

a 入口　　　　　　　　　　b 室内厅堂

c 门墩　　　　　　　　　　d 山墙

民居为例，建筑为砖木结构，人字硬山墙，垂脊尾部起翘，翘角上有灰塑卷草花纹，开三间，通面宽约11.1米，进深约9.9米，大门略微凹进墙面，木门框，上有一对木门簪，石门枕上雕麒麟，门上有一门罩，上开矩形窗，檐壁彩绘山水画及诗文。堂屋前部有一前厅，两层通高，空间更显通透，后部有一木隔断，开左右门，左侧设楼梯上二层，右侧隔成一间房。堂屋上有阁楼，利用高差分为两部分，正对前厅侧并不封闭，利于二楼采光通风，堂屋左右各有两间卧房。

图5-17　石兰寨黄氏民居平面图
（来源：自绘）

2．井院型

这种布局均以中轴对称、矩形堂屋为核心，堂屋居中，两侧为卧室，大院落按横向或纵向增加天井，这种布局常见于湖南、江西和粤北古道沿线的南雄、仁化和连州等地，通常有三合天井型和四合庭院型。

清远市连州西岸镇的石兰寨黄氏民居为三合天井型布局式民宅（图5-17、图5-18）。寨内民居现大多废弃，或是坍圮，其中以一黄宅为例，建筑及内部装饰保存较为完整，建筑为砖木结构，人字山墙硬山顶，通面宽约11.0米，进深约10.9米，开三间，中间为堂屋，面宽约5.8米，两侧各有卧房两间，面宽约2.6米；入口并不居中，而是厢房一侧开门，形成一个过厅，再开侧面进入堂屋，堂屋

a 入口

b 天井院

c 厅堂

d 采光井

图5-18　石兰寨黄氏民居
（来源：自摄）

前部有一小天井，进深约3.2米，用于采光通风，天井处两侧开门，进入前部卧房；堂屋后部设木屏风，上嵌神龛，供奉祖先牌位，屏风上挂一木匾书"云路发轫"，屏风后留一空间，侧墙开门进入后侧卧房。

连州市瑶安乡大营村某宅为四合庭院型布局（图5-19、图5-20）。民居形式多样，建筑高二至三层，平面布局形式有传统的四合中庭型，也有一字形布局等。文中以某四合中庭型民居为例，此民居平面为两进一天井布局，通面宽约11.3米，进深约20.3米，建筑为砖木结构，硬山顶，高两层，大门凹斗门式门面，轩式檐廊，檐壁有精美彩绘，趟栊门，上有两直棂窗，左右两间房朝外开窗，上砌拱形窗罩，大门正前方墙面上灰塑龙凤福字图案，构思巧妙；下厅面宽约4.7米，进深约5.3米，后有木屏风，左右两间房朝

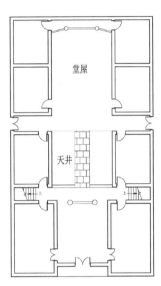

图5-19　大营村某宅平面图
（来源：自绘）

a 入口

b 庭院

c 厅堂

d 庭院与入口

图5-20　大营村某宅
（来源：自摄）

厅内开门，厅后设有一廊，左右均有木楼梯上二层阁楼，阁楼用寻杖栏杆围合，但并不贯通，厅上二层用木板和矩形窗隔出一间房。上厅面宽约5.2米，进深约7.8米，山墙承檩，空间很高，厅前有矩形木窗、格扇、门罩装饰，型制美观，镂空门罩雕花鸟图案，栩栩如生；厅后两根圆木柱，置木板，上厅两侧各有卧房两间，朝厅内开前后门。

3. 其他形式

湘南宅第在结构与材料的使用方面上，常采用抬梁式木构架，清水砖

墙，布瓦屋面，硬山搁檩，山面为跌落式马头山墙[⑤]。据调研发现，靠近湘南地区的仁化、乐昌、乳源北部地区，受茶亭古道、星子古道、秤架古道等影响，又因南水自西北向东南由湖南流经韶关乳源等地，武江自北向南由湖南流经韶关乐昌等地，故村庄内民居的形制也受到湖南民居的影响，建筑的结构、材料与细节都明显可见湘南的特征，部分民居在保存了当地民居特点的同时，外墙被施以马头墙的形式也随处可见（图5-16d山墙）。由于民族、民系等文化的不同与文化间的交流融合，以及不同历史时期的修缮与改建，粤北民居还出现其他变形与复合体，从而使粤北传统民居形式更为丰富多样。

（1）粤北汉族变形民居

乐昌市庆云镇户昌山村"大屋里"民居

a 内部梁架

b "苦甘共尝" 牌匾

图5-21 户昌山村"大屋里"民居

（来源：自摄）

（图5-21、图5-22），在村中李氏祠堂右侧，是李氏先人来此后修建的第一栋建筑，

图5-22 户昌山村"大屋里"民居平面图

（来源：自绘）

用作居住之所。随着李氏宗族人口的迅速扩大，"大屋里"成为宗族的祠堂。"大屋里"内部梁架粗大，开间宽敞，木构架保存基本完好，根据李德求老人回忆，"大屋里"原是一栋大厅，前有一个小天井，在经过后世几次维修后，在天井增加了梁架和屋顶，外围修了泥砖墙，因此整体成了一个单体建筑。民居内有一块牌匾，上书"苦甘共尝"，具体年代不可考。

村中先人从湖南迁徙到此，村庄建筑保留有明显湖南建筑的风格，如建筑屋角都有一组高屋脊，当地人称为"百龙爪"；住宅入户门上都有带两条戗脊的挑檐滴水；入户门上有硕大门簪，雕刻着阴阳鱼或者八卦图像，当地称为"龙眼"；当地常见窗口上部滴水以叠砖雕成卷草的式样比较独特。此外，村内每户人家大门上面都建有横楣梁，梁上或雕龙或刻凤或置各类吉祥物，每户都很重视横楣梁的建造，据说古时"匠师包建的住房，师傅一进门专管横楣梁，其他匠人分工包干"。

曲江十里亭镇湾头台大屋，又称"卢崇善故居"，建于民国，矩形平面，三层，主体占地100多平方米，包括其父亲所建主楼以及卢崇善后加的附楼。建筑为砖墙加木结构屋顶，装饰简洁，现已空置。

始兴县东湖坪村"一贯书香"民居（图5-23、图5-24），始建于清乾隆年间，位于东湖坪民俗文化村西北、永成堂围楼南侧，是一幢两进住宅，包含一

a 室内灰雕牌匾

b 室内空间

c 天井巷道

d 天井

图5-23 "一贯书香"民居
（来源：自摄）

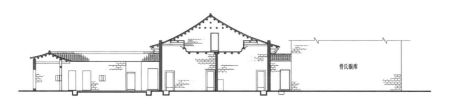

始兴县东湖坪一贯书香民居 1-1剖面图

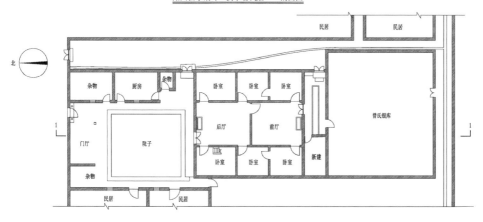

图5-24 "一贯
书香"民居平面
图、剖面图

（来源：自绘）

个置有杂物间、厨房间的庭院，住宅南北向布置。"一贯书香"民居约建于清乾隆年间，保存十分完整，建筑主体为两层结构，主要的住居空间在一层，从侧房内可上至二层和阁楼，一般用作储存粮食或杂物。其两厅四房式结构正是东湖坪民居的典型空间特色。始兴东湖坪民居特点可概括为一句话：光厅暗房花私厅。"光厅"即村中众人的大厅，宽敞而明亮；"花私厅"即各家人的客厅，是用来接待客人的地方；"暗房"即指卧室。始兴客家民居的这一特点，体现出公共性和私密性分明的特点。

　　"一贯书香"民居结构合理，用料讲究，建造精细，墙基用红砂岩石条、河卵石、石灰糯米浆粘合，墙身主体用青砖砌筑，十分坚固，建筑装饰颇有韵味，红砂石的透雕窗棂做工典雅细致，厅房的各个出入口都有灰雕牌匾，其中主入口写着："安贞吉"、房间写着"时涵"、"气静"、"积德"、"神清"、"行仁"、"挂秀"、"兰荣"等，后门上方是"凝祥"。

　　在客厅的檐壁上塑有或绘上各种生动的人物、山水、花鸟等形态各异、栩栩如生的图案，是粤北始兴独有的一种艺术—天门阿公，为始兴客家文化中的一朵亮丽奇葩。每一幅"天门阿公"都突现出一个鲜明的主题，寄寓着一种深刻的含义，大致可分为神话、传说、教育、祈福、避邪等类型。这些流行民间的"天门阿公"，据说与出生于始兴的盛唐名相张九龄甚有渊源，让人们走进生活，走进神话，走进寓言，走进宇宙意识，集建筑、雕塑、工艺、绘画于一体，反映了客家独特的文化艺术。

a 民居外观

b 吊脚楼

c 悬挑阳台

d 上山梯级

图5-25　乳源县必背镇半岭村
（来源：自摄）

大厅的天门阿公上塑有"一贯书香"四字，它在告诉人们曾氏家族是书香门第世家，鼓励曾氏后裔要承前启后，勤奋读书，预示人才辈出。图中雕塑的人物比例协调适中，形态自然生动，整体构图简练，布局合理。天花板下浮雕一副对联，上联是"心存裕后莫如勤俭传家"下联是"志欲光前本是诗书教子"。这幅天门阿公构图繁复，上层是精巧辉煌的宫殿和春风得意的大小官员，下层是憨态可人的招财和进宝两童子，其中间夹着一个大铜钱，图中设计的图案布局远中近、上中下、左中右层次分明，各具特色。天花板两侧的对联是"三省家风总存忠恕，一生事业那得安闲"，体现曾氏家族耕读传家的思想。

院子地面铺砌光滑的鹅卵石地花，相传东湖坪的风俗是媳妇过门后头七天要站在院子中的地花中间吃饭，面向后厅的公公婆婆，反省如何孝敬老人、相夫教子。同时，院子也用于生产，如酿酒时烤酒等。"一贯书香"民居曾经分给5户人家居住，目前就只有孤寡老人郭宋乔常住，她是房子主人曾家的童养媳，还未正式成亲的丈夫在战争中死去，83岁的老阿婆就一直孤独地守着这个老房子，附近的村民经常过来照看她。

（2）粤北瑶族民居

据历史记载，"瑶本盘瓠之种，产于湖广溪洞间，即古长沙、黔中、五溪之蛮是也。其后，生息繁衍，南接二广，右引巴蜀，绵亘数千里"[6]。可见瑶族人最初居住在湖南，后来才迁延至广东、广西。据调研发现，现有的广东瑶族村落主要分布于乳源、连南和连山等地，其建筑都与湘西少数民族民居相似。湘西民居中，吊脚楼极具民族特色，多为半悬空的干阑式建筑。粤北韶关乳源县必背镇半岭村为瑶族村落（图5-25），村内民居为典型瑶族建筑风格，在坡度较大的山岭地带，民居常采用独特的吊脚楼形式。

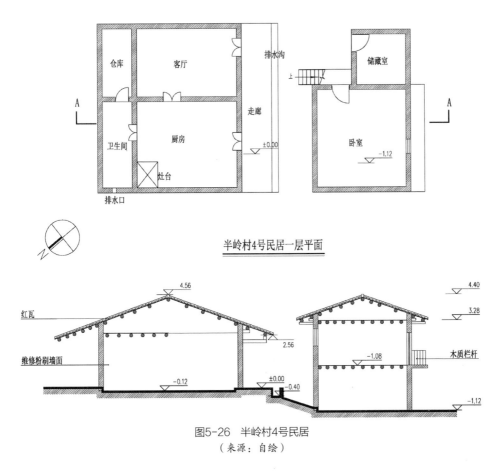

半岭村4号民居一层平面

图5-26　半岭村4号民居
（来源：自绘）

村落主要建筑多为土砖墙承重结构，规模约110~150平方米不等，灰瓦悬山式屋顶，装饰较少。部分采用独特的吊脚楼，一层蓄养家畜，二层作为居住使用。民居通常分两部分，北侧为厨房餐厅和客厅等公共空间，南侧为两层吊脚楼建筑，首层猪圈，二层卧室，通常设有简易阳台供晾衣之用，屋旁常建有附属谷仓，房屋前后为村落小道和排水明沟，供排泄雨水和日常生活污水等，保存较好的典型民居有半岭村4号民居和7号民居（图5-26）等。

（二）祠宅合一的民居

客家民系的聚落建筑，有适用于长期日常生活生产居住的大围屋，也有防御性极强的短暂型避难小围楼，还有两者相结合的建筑群体，从而形成具有客家防御特色的住宅居住方式。

粤北的围楼与围屋主要分布在韶关新丰、翁源、始兴的南部、清远英德等反迁客家区。这些地区有大量祠宅合一的围楼与围屋。其建筑风格和建造技术受福建、梅州特别是江西围楼密集的"三南"地区影响较为明显，多为方形围屋。

现存赣南客家围屋绝大部分散落在江西南部，也就是习惯称之为赣南的地方，而且较多集中在龙南、全南、定南、安远、寻乌几个县内。粤北靠近赣南地区一带的村庄，其民居的形制也与赣南客家民居相似。赣南民居特点：围屋具有防御色彩，四角设堡的方围很多，少量圆围、环围、村围。赣南方形围屋有三种基本类型：口字围、国字围和套围。而在粤北地区，经统计分析发现方形围屋也基本属于这几种类型。

1. 口字围

口字围是周边只有一圈封闭围屋的方围，四角设落地的方堡，也有的只在对称两角设堡或在墙角挑出45°的斜堡，中间为一天井或内院，围屋的开间多为统一标准尺寸，这种围屋大多规模较小，等级较低[⑦]。

始兴县罗坝镇白围，就是典型的口字围（图5-27、图5-28）。据村内陈老伯介绍，白围建成于乾隆庚申年（1740年），原为6层，在一年内建成后因为没有掌握

图5-27 始兴白围
（来源：自摄）

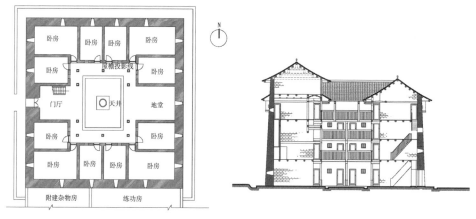

图5-28 始兴县白围
（来源：自绘）

好木材收缩和地基沉降，新楼居然一夜之间垮塌了。重建时重点打造围楼基础，基础深挖达3.6米，并在围楼的四角埋下4只银缸，并用糯米、桐油和黄塘勾兑石灰作为青砖墙的黏结剂。

白围坐东向西，依山傍水。南面是靠背山、北面为竹山、东面农田包围、西面民宅包围、远处是一个山谷。老人有歌诀云："背山有竹，南山有木，东面有田，西边有屋，不愁吃、不愁穿，世代都有富"。围楼占一亩多地，建筑面积约2500平方米，高四层，其中西面主楼局部高五层，由门堂、地堂、祖堂和会客厅组成，祖堂供奉着历代祖公的神位灵牌。由于先人曾在苏州等地为官，因此围楼建筑用了苏州地方建筑的一些式样。围楼整体向上略收呈台状，射击孔、瞭望口均布周匝，四层炮台外挑，射程开阔，大有一夫当关万夫莫开之势。

围楼东侧屋面中部比两侧稍高，凸显出围楼坐东向西的建筑轴线。西侧屋面略高出南北两侧，屋顶形态丰富，主屋脊线略微翘起，饰以鳌龙，颇具建筑艺术感染力。主墙为夹心墙，以精选的河卵石起基，条石囲角，底层墙厚2米，以防盗贼挖墙或打洞入围，中间填满河沙、木炭。三楼至顶，采用表面精心打磨过的条形青砖垒砌，使墙体光滑，难以攀爬。

入口大门有木牌匾高书隶体"兰台首选"，阳文雕刻，雄浑遒劲，折过方形院子，硕大卵石加石灰夯筑、垒砌而成的围门，厚实稳重。门楣上悬石匾"亘古鸿猷"四字，周围灰雕城郭图案，古朴厚重。围前一块方形院子后包围着几进陈氏后人平日栖息的院宅，显得别有天地。穿过门洞，走过一片荫翳的门厅，进入天井，对面即是地堂。地堂是用于暂存待出殡的逝者遗体。由于围主大半生在外征战，出生入死。出于对生命的敬畏，及对逝者的尊重，建围时增设了地堂。

围楼作为战时的避难所，储备着粮食，天井中间还有一口天然水井，可以做饭，生活器具一应俱全。站在天井仰头环视，木柱、横梁交错，回廊相扣。门堂、地堂、祖堂、会客厅和房间，都朝天井回廊走马，上下连通。

白围内共44间房，其中首层两厅十二间；二层有十二间房一个祖堂一个梯厅，二楼的祖堂与三楼通高，大厅梁枋穿插，可以想象建成时的盛景，中堂设有雕刻龙纹和卷草的神龛，雕刻精美，外形呈牌坊状，供奉祖先神灵。靠墙放着一张齐胸高的雕花供桌，周边设置几张制作古朴的扶手椅，逢年过节，红白喜事，陈氏家人都于此祭祀、朝拜与议事。祖堂设在二楼，陈老伯解释到也是考虑到周边山高、中间低洼，让祖堂高高浮起，取得好风水；三层十二间房一个梯厅；四楼以厅堂为主，各面墙壁间画着"寿"字图案和梅花图纹，暗示人生经历磨砺必得福、寿、禄之全。厅堂用以育儿、读书、习字为主，间或迎宾会友，家人娱乐之用，并有炮台窗眼八个，八台炮连成一体可防止群盗侵犯；五楼单独悬空，装潢精巧，属檀香木质小阁楼，有奇龙扇架（奇框架），传说甚至是作为藏宝阁。围楼冬暖夏凉，分家而住、互不干扰，通常在里面住上一个月没有问题。新中国成立前后，白围曾经作为白围小学教学场所。

2. 国字围

国字围是在封闭的一圈围屋中设一祖屋（祖厅），因祖屋多是王字形平面，所以围子的平面宛如一个国字[⑧]。

翁源县官渡镇坪田村祝三楼（图5-29、图5-30）是典型的国字围，围屋大门暎山丁向，内部以祠堂为中心，以堂屋和横屋纵横围合而成。围内房屋以一层为

图5-29　坪田村祝三楼
（来源：自摄）

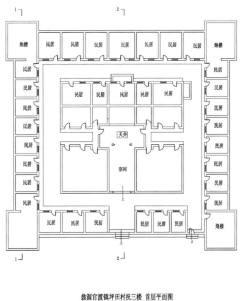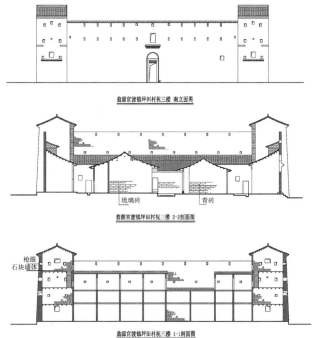

图5-30　坪田村祝三楼
（来源：自绘）

主，仅周边外墙处设二层廻廊作防御之用。廻廊现已部分坍塌，族谱记载，坪田村杨氏祖上在明朝从福建迁来，至今已有约四百多年历史。杨氏八世祖三兄弟联合兴建坪田祝三围（杨氏至今已有22世），建筑外墙主体以卵石加石灰砌筑，卵石用料上小下大，角部则以青砖砌筑，并局部辅以红砂岩石板条，墙体开小窗和葫芦状射击孔，均以红砂岩条石作窗框，建筑整体坚固、厚重而封闭。同时，四角建有防御角楼，以增加防御能力。

英德县（今英德市）横石水镇江古山村的九牧楼建于清代，坐西北向东南，有房屋八十余间。平面呈长方形，三排一围"国"字形布局，通面宽47.83米，进深55.8米，建筑占地面积2468.9平方米。三进祠堂居中，左右各有堂屋三间，大门正对门楼，堂屋外层有一圈厢房包围，构成封闭性围屋。围屋设有一座门楼和四座碉楼，是一座"四点金"围屋。建筑悬山顶，鹅卵石夯筑墙基，泥砖墙身。巷道鹅卵石铺地，明沟排水。大门青砖砌拱状门面，花岗石方形门框，趟栊门，门额上阴刻"九牧楼"。碉楼高三层，11.6米，硬山顶，花岗石方形门框。围墙和碉楼的墙体设有红砂石一字型、葫芦形枪眼和红砂石窗口，窗内嵌铁枝，墙体牢固结实。祠堂坐西北朝东南，建筑整体为砖木结构，为近年重修。单开间三进两天井布局，大门凹斗门式门面，木门框。下厅屋架山墙承檩，中厅抬梁式梁架，有朱漆水泥柱六根，后设屏风，上厅屋架山墙承檩。天井汇水池青砖铺地，红砂石板包边。

a 赣南围屋外观

b 寨下村角部炮楼

3. 田字围

新丰大席镇寨下村四角楼（图5-31）位于村落西侧，其空间格局借鉴传统客家围屋形制，是典型的"田字形"四点金围屋，无论用料还是建筑外观都与赣南围屋相似（图5-31a、b）。整体建筑保存相对完整，围屋内祠堂（图5-32）近几年重新维修过。

c 水塘、农田与远山

图5-31　新丰大席镇寨下村四角楼
（来源：a《江西民居》，b、c自摄）

图5-32 新丰县寨下四角楼平面图、剖面图

（来源：自绘）

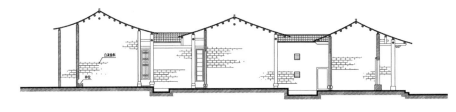

新丰县寨下村四角楼祠堂 1-1剖面图

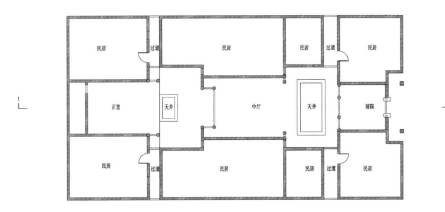

4. 套围

套围是在外围内套建一至两圈封闭或非封闭的内围，其中心院几乎都建有祖堂。这种形式的围屋往往规模大，兼有生活、祭祀和防御功能，如翁源湖心坝的修本楼（又名四方楼）其平面呈"回"字形，建筑面积约1800平方米，其中央部分的"凹"字缺口处即为公祠区。该围楼四角皆起三层碉楼，四周以高达8米围墙连接碉楼。正面围墙留有屋面出水口，每垄瓦间皆设有一葫芦形出水口，侧面则设拱形出水口，排列规整、精致，设计和工艺独特，高墙壁垒，让人叹为观止。

清远市英德市横石水镇江古山村双桂楼（图5-33），也是典型的套围。围屋建于清代，坐东向西，前有半月形池塘，平面呈方形，面宽62.68米，进深53.85米，建筑占地面积3375.3平方米。围屋由内外两围构成，其中靠围墙外侧一圈建筑进深较小，主要为畜棚及杂物间。内侧东、南、北三面另有一圈厢房，厢房东北角劈

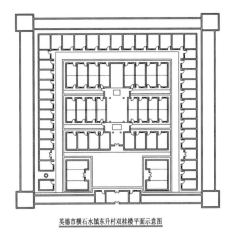

英德市横石水镇东升村双桂楼平面示意图

图5-33 英德市江古山村双桂楼

（来源：自绘）

一间，开古井一口；围内三进祠堂居中，左右各有堂屋四间，呈"王"字形。祠堂
正对门楼，中间为长方形前院，前院两侧各有一排三开间民居，祠堂、前院、门楼
形成整个围屋的中轴线。建筑整体为悬山顶，鹅卵石夯土墙基、泥砖墙身。巷道明
沟排水，鹅卵石铺地。围屋设有一座门楼、四座碉楼，也是一座"四点金"围屋。
门楼高三层，硬山顶，青砖砌拱状门面，花岗石门框，趟栊门，门额上阴刻"双桂
楼"。门楼墙面为鹅卵石夯筑，外批灰沙，每层有条形枪眼，三楼开有青砖砌拱形
侧门，现楼板及屋顶已塌。碉楼高11.2米，硬山顶，青砖砌拱形门面，花岗石方
形门框，三楼开有红砂石侧门。围墙和碉楼的墙体设有一字型、葫芦形红砂石枪眼
和窗口，窗内嵌铁枝，围墙牢固结实，高8.8米，厚0.38米。

祠堂三进两天井布局，建筑为鹅卵石夯筑墙基，泥砖墙身，三合土铺地。大门
五步门廊、凹斗门式门面，木质月梁浮雕精美，木门框。厅内有木柱六根，花岗石
柱础，中厅梁架为抬梁式结构，上厅屋架山墙承檩。天井屋檐上有雕花檐板，天井
汇水池青砖铺地，红砂石包边，祠堂现已废弃。

5."一条龙"式围屋

"一条龙"式围屋，即纵列厅堂犹如一条长龙将两侧居住空间串列一起，形成
以祠堂为主轴两侧布局住房的模式，其边界因周边地形不同可呈现出规整与非规整
的形态，如乳源县大桥镇柯树下村的清河堂，于1939年由张氏家族建成，是一座
由纵列四进厅堂为核心，两侧
房间顺山势横向展开而成的客
家民居，大门正对文笔峰，前
有风水塘，后山有风水坪，整
体保存良好。堂前晒坪原建有
一牌坊，现仅存柱础。清河
堂主入口在2002年进行部分重
修时外墙瓷砖贴面，原貌已
失。宗祠以青砖砌筑，梁架则
采用以抬梁、穿斗相结合的结
构形式，房间则大都以土砖砌
筑。梁架、雀替有精美木雕刻，
侧门门拱上方有装饰画，部分
房间外墙采用马头墙形式（图
5-34、图5-35）。

a 清河堂屋顶

b 正门

c 门前水塘

d 山墙

图5-34　清河堂
（来源：自摄）

图5-35 乳源县柯树下清河堂平、剖面图

（来源：自绘）

乳源县柯树下清河堂 1-1剖立面

乳源县柯树下清河堂 首层平面图

（三）民居（居住）形态

祠宅合一的村落从形态上看分布较为规整，特别是"一条龙"形式的围屋村落，如曲江叶屋村、始兴红梨村和乳源柯树下村等；又如翁源祝三楼、英德九牧围和英德的双桂楼等村落，多以宗祠为中心轴线进行两侧建设，祠宅紧密联系，秩序严谨，突出了祠堂的地位和家族凝聚性。其源头正如万幼楠先生的观点"可以说都是'根植'于客家'三堂式'民居，'原型'则都是取自'城堡'、'山寨'"；而"求'安'就是其最重要的建筑思想，最起码开始就是这样"[⑨]。

而祠宅分离的村落形态则多以祠堂为中心进行向心性布局，其他民居围绕祠堂建设，虽祠堂处于村落核心，但与前者相比祠宅关系在空间上就相对独立，这种村落容易在地形地貌的影响下形成网络加放射式布局，如南亩镇的鱼鲜村、仁化恩村等。

二、宗祠和宫庙

客家人独特的宗族观念反映在宗祠建筑上，具有强烈的聚集性和高度的秩序性，内部空间一般沿轴线展开对称整齐布局，体现了宗族伦理等级和族权观念。血缘关系的亲疏远近决定了村落成员在宗族里的地位，其居所屋舍位置也被相应的纳入这一既定的秩序之中。英国学者白馥兰（Francesca Bray）认为，宗祠是体现整

个社会科技发展水平的指针，生活在其中的人被培养着基本的知识、技能以及对这个社会特定的价值观[⑩]。粤北村落中一般至少有一个祠堂，多的达十几个。这些祠堂成为家族供奉祖先、缅怀先贤、旌表后人、惩戒族人和商议族内重要事务和举行节日庆典的重要场所。

（一）宗祠的分类

1．类型

在粤北地区，按居住空间与公共空间的联系，有祠宅分离、祠宅合一这两种类型。祠宅分离也即独立的祠堂，按祠堂等级不同，分宗祠（祖祠、家庙、总祠）、支祠（房祠）或大厅（官厅、众厅）等。而祠宅合一的建筑，常以围屋或围楼中的上厅作为祠堂。

2．形制特点

（1）独立祠堂

粤北地区南雄、仁化、乐昌、连州和乳源等地，受中原、湘赣村落民居影响，祠堂一般独立建造。平面布局一般为两进三开间或三进三开间，青砖墙体，勒脚多用红砂石砌筑。祠堂多为硬山顶、抬梁式结构，外檐用斗栱，额枋和内部厅堂梁架用月梁居多，屋内多有吊顶及各种精美雕刻。民居邻里间以窄巷组合，户户相接，整体性较好，但通风采光较差。建筑门前多有红砂石抱鼓石，内有藻井及木窗花。此外，粤北梅关古道、乌迳古道、水口-南亩古道沿线的村落，祠堂前设有一定数量的牌坊或门楼，作为祠堂入口空间的过渡，而连州地区祠堂多为穿斗式梁架，用料较为简朴。

仁化城口镇恩村祠堂建筑群大部分始建于元代，有蒙氏家庙、世科祠、德志祠、昆寿公祠，占地面积约为1500平方米。其中世科祠（图5-36b），始建于宋朝，占地185平方米，两进三开间，是全村风水最好的祠堂，依山面水，背靠周边最高山西峰寨，地位显赫。砖木结构，红砂石勒脚，马头墙硬山屋顶式，木雕彩绘精美，至今保存较好。花岗石门鼓基底雕饰祥云，上有狮子抱鼓，背后有基底为神龙雕饰，梁枋，柱头有植物，百兽雕饰，月梁上有精美彩绘，横脊各有精美正吻。入口有木栅栏围合，正门中间有一大门，两边各开一小门共有三门入口，这种做法较为少见，显示家族地位和声望的崇高。入口屋檐处理方式与湖南郴州汝城县文明乡沙洲瑶族村朱氏宗祠非常相似（图5-36）。

鱼鲜村最古老的祠堂，为王氏家族先祖王裕的祠堂（图5-37），始建于南宋，建筑面积162.47平方米。先祖堂为两进三开间，墙体为青砖砌筑，有红砂石石刻，硬山屋顶及马头墙。抱鼓石保存完好，雕刻精美，门上有"江左名家"牌匾。先祖堂每一进的红砂石柱的正面及侧面皆刻有对联，雕刻字体及形式丰富多样。石柱上

a 湖南郴州汝城朱氏宗祠   b 仁化恩村世科祠

图5-36
（来源：a网络，b自摄）

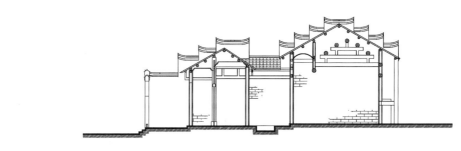

南雄市南亩镇鱼鲜先祖堂 A-A剖面

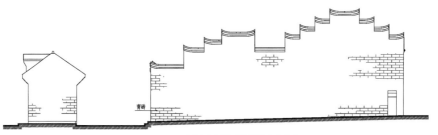

南雄市南亩镇鱼鲜先祖堂 东北立面

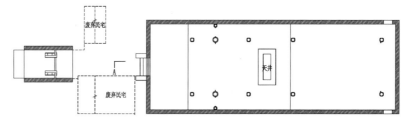

南雄市南亩镇鱼鲜先祖堂 首层平面

图5-37   鱼鲜村先祖堂平面图、立面图、剖面图
（来源：自绘）

有线刻、阴刻和阳刻的对联，字体丰富，有楷体、行书、隶书及篆书等，保存比较完好，从牌坊、庭院、门厅、天井到大堂内层层加高，体现王氏家族的威望。

鱼鲜村世盛堂，建筑面积为153.59平方米，有牌坊及内庭院，祠堂内部结构保存完整。牌坊作为室外到室内空间的过渡，占地范围大，牌坊为红砂石雕刻，图案精美，保存较完整，牌坊外及庭院各有一对功名石。

鱼鲜村成思堂（私房祠堂）（图5-38），建筑面积62.91平方米，为清代所建，格局较简单，两进三开间，硬山顶，抬梁式结构，主要特点为精美的木雕窗花，屋内有吊顶，大堂有嵌入式壁龛。

南雄乌迳镇新田村爱进堂（图5-39）年代久远，大约始建于宋代，后世历经重修。祠堂整体格局和主体结构保存基本完好，建筑细部基本保持历史风貌，但藻井、斗栱、照壁、屋面和梁柱局部损毁严重，而其他几座宗祠的建筑细部仍保存完整，藻井、斗栱、照壁、梁柱等建造工艺精美。

南雄乌迳镇新田村继述堂（图5-40）为三进祠堂，其山墙和飞檐极具特色，山墙上的丹青彩绘和照壁上的题字历经几百年依然清晰可见，与山墙相连的侧门门楣气势丝毫不逊色于其他祠堂的正门，由此可见新田村昔日的辉煌。叙伦堂始建于宋，平面格局和主体结构完整，建筑细部完好，三进两厢，规模宏大，是典型的大家族祠堂建筑。西川公祠距今已有400多年历史，建筑格局和主体结构基本完整，但西部局部存在较大破损，屋面天花和梁柱工艺精美，历史价值较高。

仁化县石塘村（图5-41），历史上曾建有祠堂9座，除火冲祠堂和儒林祠堂被毁外，现存7座，其中，李氏祠堂6座、蔡氏祠堂1座。此外，石塘村还有众厅2间，分别为塘下众厅和门前巷众厅，为塘下坊和门前巷坊村民商议公众事务的场所。这

a 门外街巷　　　　　　b 上厅　　　　　　c 下厅

图5-38　鱼鲜村成思堂
（来源：自摄）

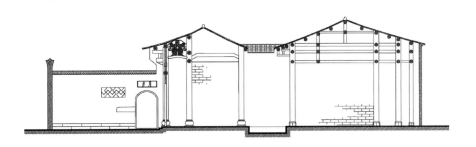

南雄市乌迳镇新田村爱进堂 剖面图

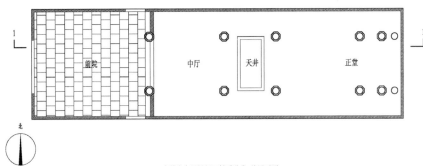

南雄市乌迳镇新田村爱进堂 首层平面

图5-39　南雄县新田村爱进堂
（来源：自绘）

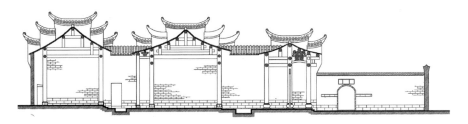

南雄市乌迳镇新田村继述堂 1-1剖面

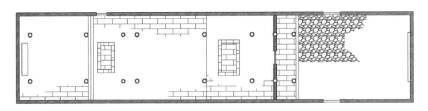

南雄市乌迳镇新田村继述堂 首层平面

图5-40　南雄县新田村继述堂
（来源：自绘）

a 高祠堂　　　　　　　　　b 贻德堂　　　　　　　　　c 三多堂

d 奉先堂　　　　　　　　　e 蔡屋宗祠　　　　　　　　f 塘下众厅

g 锡类堂　　　　　　　　　h 石老厅

图5-41　石塘村祠堂
（来源：自摄）

些祠堂数量多，大小各异，马头墙等建筑外观细部与湘南建筑相似，部分山墙为人字墙，少量为跌落式马头墙。据文献记载，湘南村落常聚族而居（血缘型聚落），整个自然村落姓氏相同，以宗祠为核心，级别不同的祠堂和民居形成居住空间的脉络，极为强调祠堂的重要性，规模大且多。祠堂多为合院式布局，前后两组院落由天井中庭构成。祠堂入口风格多样，以槽门式、木构牌楼式居多。[⑪]

　　南雄珠玑镇中站村徐氏宗祠（图5-42）建于乾隆三年，大门上方石匾刻阳文记录了建祠时间："龙飞乾隆三年（1738年）岁次，戊午腊月吉旦。"但从内部梁架的现状看，后世应该进行过重修。宗祠特点在于内部厅堂梁架采用抬梁式和穿斗式相结合的做法。现因年久失修，宗祠内部杂草丛生。

　　始兴马市高水黄塘赖氏宗祠（图5-43），占地约260平方米，原主要作为赖氏家族集会、婚丧嫁娶等活动的场所。赖氏宗祠于1980年左右遭大火烧毁，原在赖

a 牌匾　　　　　　　　b 祠堂内部　　　　　　　c 梁架

图5-42　中站村徐氏宗祠

（来源：自摄）

a 宗祠正门　　　　　　b 宗祠内部　　　　　　　c 抱鼓石

图5-43　始兴县黄塘村赖氏宗祠

（来源：自摄）

氏宗祠举行的活动移至上、下关公厅进行。赖氏宗祠现状损坏严重，内部墙体倒塌，屋面大面积破损，仅青砖外墙和大门稍完好。大门门框及抱鼓石由红砂石制成，上阳刻"赖氏宗祠"四字，工艺精良，尽管损毁严重，但从残存部分也反映出宗祠建筑的技术和艺术水平。

　　黄塘，上官厅（图5-44）有两个天井，共三进，木梁架保留相对完整，建筑局部装饰相对精美，厅内使用情况良好，厅内环境干净整洁，无杂物堆放现象，为上官赖氏家族集会、婚丧嫁娶等活动的场所。上官厅于2010年冬重修时墙裙使用红色瓷片，地面铺设水泥，与传统风貌不协调，对历史原真性造成一定程度的破坏。下官厅（图5-45）为下官赖氏家族集会、婚丧嫁娶等活动的场所，为三井天井布局。建筑整体保存基本完好，青砖外墙，内部梁架简洁质朴，部分使用月梁，正门入口一侧墙体坍塌，目前多为老人聚集闲聊的场所。

　　连州市丰阳镇，因发源地在湟水，故命名夏湟村。村内居民多为黄、李、吴三姓，有李氏宗祠、黄氏宗祠、壬元公宗祠和江夏郡祠堂四座祠堂。李氏宗祠三间两进一天井布局，砖木结构，人字山墙硬山顶，正脊上有一灰塑装饰，造型优美，大门凹斗门式门面，轩式檐廊，檐壁有人物、诗文彩绘。木门框，上有一对木门簪，

| a 正门 | b 入口跳头细部 | c 下厅与中厅 | d 右侧横屋巷道 |

图5-44 始兴上官厅
（来源：自摄）

| a 正门 | b 正门檩条与屋面 | c 内部厅堂 |

图5-45 始兴下官厅
（来源：自摄）

门额上悬挂"李氏宗祠"木匾，上开直棂窗。上厅两侧各有一间房，高两层，正面开两窗。门前鹅卵石铺半圆形纹饰，左右为铜钱花纹。黄氏宗祠三间两进一天井布局，建筑为砖木结构，人字硬山墙。大门凹斗门式门面，木门框，上有木门簪一对，门前一对檐柱，上为木柱，下为石柱，为"一柱两料"做法。梁架上雕花精美，鱼龙撑栱，造型精美。壬元公祠两进一天井布局，为近年重修，改建较大，建筑为砖木结构，人字硬山墙。大门凹斗门式门面，木门框，上悬挂木匾"壬元公祠"，门额上有一排三个直棂窗。门前一对木檐柱，下厅与天井两廊联通，上做阁楼，有栏杆围合，彼此贯通，内部空间显得通透，上厅混合式梁架结构。江夏郡祠堂三间两进一天井布局，通面宽约16.4米，进深约22.8米，建筑为砖木结构，人字硬山墙；正立面被改为现代形式，巨大的拱形凹斗门式门面，门上开方窗。下厅面宽约6.4米，后设屏风，两侧各有一间房，高两层，向厅内开门，面宽约4.9米，进深约5.4米。上厅进深约12.5米，有柱六根，两侧各有一间房。

（2）围屋中的宗祠

围屋是客家民系建筑风格的代表。从建筑学的视角对围屋中的宗祠进行探究，可以发现客家人对于宗族观念格外重视。通常一个围屋，住的就是一个大家族，这个家族的核心便是宗祠，三进围屋最为常见。

围屋中的祠堂与独立祠堂相比，没有街巷与住房隔开，常常与左右厢房共用墙体成为围屋或围楼的整体。在以堂为中心的这条中轴线上，从正门进入，厅堂空间依次为下厅、中厅、上厅，"上厅"是供奉祖先的地方，也即祠堂所在。粤北地区始兴、翁源、新丰和曲江等地，受福建、赣南和梅州等地村落民居影响，祠堂与围屋整体建造，一般位于整个围的轴线上，平面布局多为三进或更多，两侧为厢房。

曲江区小坑镇曹角湾村邓氏宗祠（图5-46~图5-48），是曹角湾村唯一的祠堂，具有典型的客家围屋形式，高两层，采用祠宅合一形式，中轴线为三进纵列厅堂空间，上厅设神龛供奉历代祖先神牌。建筑采用砖石砌筑，内部木结构，硬山灰瓦，入口月梁、上天井滴水和柱础装饰精美。据说宗祠约有400年历史，经多次维修，现保存完好。

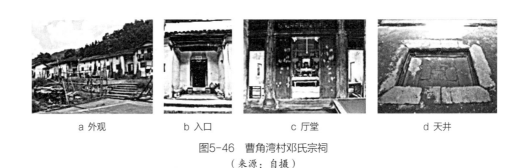

a 外观　　　　b 入口　　　　c 厅堂　　　　d 天井

图5-46　曹角湾村邓氏宗祠
（来源：自摄）

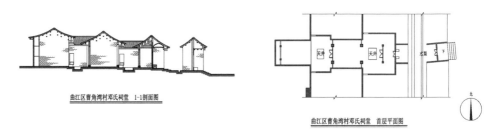

图5-47　曹角湾村邓氏宗祠平面图、剖面图
（来源：自绘）

图5-48　曹角湾村邓氏宗祠立面图
（来源：自绘）

| a 祠堂外观 | b 祠堂入口 | c 厅堂内空间 |

图5-49 寨下村许氏祠堂
（来源：自摄）

新丰大席镇寨下村许氏祠堂（图5-49）位于村落风水塘南侧，以村北的"麻龙嶂山"为对景，许氏祠堂是以祠堂为中心的围屋，建于清朝，距今400多年。祠堂面积大约300平方米，东西两侧各有出入口通向围屋内巷道，主要为青砖砌筑并结合木构架，装饰精美。平时使用不多，主要用于春节前后祭祖和作为老人归山前棺材存放地。

围屋除祠堂外，其余多为土砖砌筑，装饰较少。建筑外墙保存相对完整，内部则倒塌损毁较严重，目前大部分居民已迁到村外围新建民居内，围屋内仅剩大约七、八户住户。

翁源县江尾镇南塘村湖心坝长安围（图5-50、图5-51），始建于明朝天顺年间（公元1457~1464年），整体坐西向东，平面半圆形，占地面积约10000平方米，建筑面积为6020平方米。门前有晒坪和半圆形风水塘，晒坪现存有两对红砂岩功名石。

围屋由中央纵列厅堂和内、外两围构成。围屋中央为永初公祠，原用鹅卵石和灰沙夯筑，清嘉庆年间整修时，部分墙体被替

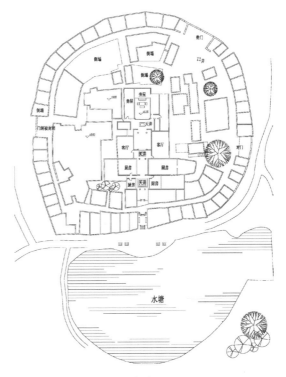

图5-50 长安围平面图
（来源：自绘）

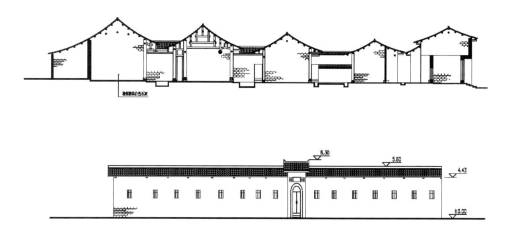

图5-51　长安围立面图、剖面图
（来源：自绘）

换为青砖，共五进，全长49米，有三道大门，皆以厚20厘米的红条石作竖门框。第
一进大门（即正门）是外围大门，直通第二进大门（即外围内门），第三进大门为
内围大门（实际就是永初公祠大门），两根立于锥体石础上的内柱间原有隔扇门，
现已毁失。过了前天井即是公祠前厅，其前檐之石柱础为鼓形，与后檐柱之锥体石
柱础有所不同。中厅是公祠建筑主体部分，前后两对檐柱与金柱成一直线，其柱础
皆为鼓形，木质圆柱粗大。该厅由于跨度大，梁枋做成穿斗结构，其前檐柱与前侧
横梁间的棚形额枋板，刻松鹤祥龙和凤凰麒麟，并着色彩绘。中厅后檐柱用两枋连
接后厅檐柱，枋间垫木雕刻成花草形状。后厅前檐以拱形枋上置雕刻成云龙图案的
替木承撑藻井，后厅设神位，以神楼、神位牌、香案台构成。神楼雕花镂空，题材
是日月乾坤，龙凤吉祥。

　　建筑外墙系灰沙夯筑，厚约30厘米。正面外墙凹凸不平，但基本成直线，其余
三面为圆弧形状，由居屋围成外围和内围。整座公祠建筑，包括厅、堂、房、走
廊、天井和地面皆用河卵石拼砌，天井以条石压边。内、外围间设巷道，巷道随圆
弧走势宽窄不一。河卵石铺砌地面。由于围屋整体呈半圆形布局，内、外围居屋其
平面多是平行四边形，甚少正四方形。内围与公祠间的空地设计为杂物间，因无人
居住现已多数倒塌。

　　湖心坝大夫第，平面呈"回"字形，总建筑面积为2600平方米，分为前院和主
体两部分。前院两边房屋与围墙连接，围墙开有院门，房屋外墙以青砖砌筑，悬
山顶，檐下起菱牙砖。院内以鹅卵石铺砌地面，有一口水井，方形筒状石板井圈。
院内以侧门通两侧封闭式小院，右侧小院后端建三层碉楼凸出外墙。主体部分呈

"回"字形，中央部分为公祠，公祠建筑精致，雕梁画栋。整座建筑布局规整，规模宏大，其建筑工艺精良，体现出雄厚的财力和优雅的文化底蕴。

始兴罗坝镇燎原村长围曾氏祠堂（图5-52、图5-53），位于长围前，建于咸丰五年，以杉木、水磨青砖和石料为主要建筑材料。外墙以水磨青砖砌筑，墙角使用石料，内部木雕工艺较高，祠堂主要作为长围红白事时摆酒或庆祝使用。

新丰县梅坑镇大岭村懋公祠（潘氏总祠），位于大岭村村道北端，交通便捷，建于1770年前后，属潘氏集体所有，现为祭祀及红白事使用，平日用作议事场所（图5-54）。懋公祠曾经倒塌，2006年农历三月重修，青砖木梁架结构，梁架细部有瓜柱及双步梁。祠堂为三进三开间，祠堂前有半月形风水塘，周边为潘氏传统民居，多建于新中国成立前。

大岭村双凤祠（图5-55），位于大岭村村道北端，交通便捷。祠堂建于1810年前后，属潘氏集体所有，现为祭祀及红白事使用，平日用作议事场所，保存良好。

a 长围周边环境　　　　b 建筑外观　　　　c 长围侧面

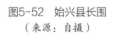
图5-52 始兴县长围
（来源：自摄）

长围内景

始兴县罗坝镇长围 侧立面图

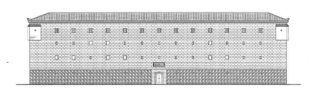
始兴县罗坝镇长围围楼 正立面图

图5-53 始兴县长围平立面图
（来源：左，自摄；右，自绘）

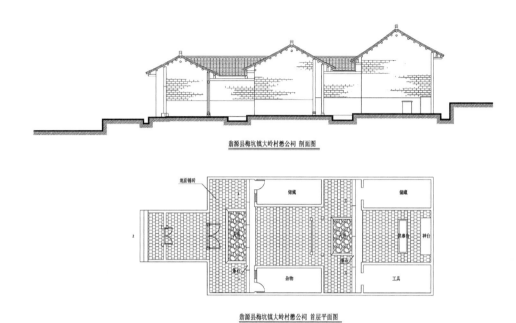

翁源县梅坑镇大岭村懋公祠 剖面图

翁源县梅坑镇大岭村懋公祠 首层平面图

图5-54 新丰县大岭村懋公祠平面图、剖面图
（来源：自绘）

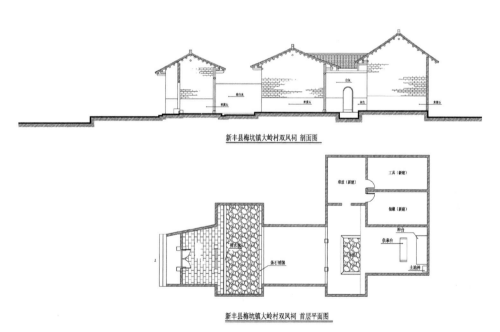

新丰县梅坑镇大岭村双凤祠 剖面图

新丰县梅坑镇大岭村双凤祠 首层平面图

图5-55 新丰县大岭村双凤祠平面图、剖面图
（来源：自绘）

祠堂矩形平面，两进一开间，砖木结构，梁架细部有瓜柱及双步梁，建筑占地约92平方米，前有风水塘，东侧有村道，2004年重修。

浈江十里亭镇湾头卢氏宗祠（高第街大厅）（图5-56），占地约200平方米，为两进祠堂，砖木结构，硬山顶。现状主要作为湾头卢姓族人集会、婚丧嫁娶等活动之用。宗祠历经多次修、改建，唯天井为原有构架。宗祠共有三重门：正门为高第街大门，门两旁各有一石鼓，上原有一对石狮，现今遗失。中门上有牌匾上书"拔魁"，为清道光29年（1849年）壬酉科考第一名拔贡生卢克谦所立，为湾头村重要的非物质文化遗产。

湾头姜氏宗祠（图5-57、图5-58）建于民国时期，103.7平方米，现属村委会，保存良好。木架结构，砖墙砌体，三进，前门有晒谷场，周围为传统民居。

a 入口　　　　　b 高第街广场　　　　　c 祠堂内部

图5-56　湾头卢氏宗祠
（来源：自摄）

a 宗祠主入口　　　　b 祠堂内景　　　　c 横屋与巷道

图5-57　湾头村姜氏宗祠
（来源：自摄）

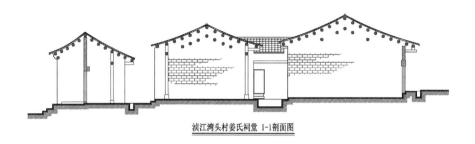

浈江湾头村姜氏祠堂 1-1剖面图

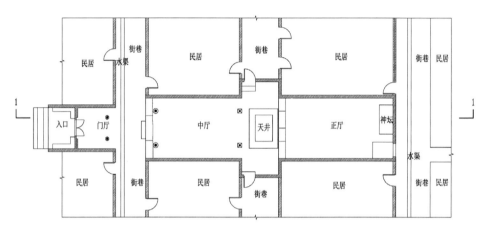

浈江湾头村姜氏祠堂 平面图

图5-58　湾头姜氏宗祠平面图、剖面图
（来源：自绘）

（二）寺庙

1．类型

粤北村落的寺庙类型主要有：佛教、道观（真武）、风水（水口庙、水口塔）、地方神（社官庙、娘娘庙）以及多教合一的庙宇。

2．形制特点

南雄南亩鱼鲜村花林寺（图5-59、图5-60）为佛教、道教、儒教三教合一的寺院，是鱼鲜村附近村庄主要的祭祀场所，小孩上小学前都到花林寺拜孔子。花林寺原为大规模的寺院，始建于宋代，明崇祯年间曾修复；20世纪中期，寺内大部分文物被毁，2006年重修后开放。现存主殿空间格局为三进三开间，建筑面积为271平方米，周围为被毁或改造成民居的禅房，及若干放生池。主殿门前有一对红砂岩石柱，第二进为主殿"三宝殿"，歇山顶，抬梁式结构，设吊顶，第三进已倒塌，寺内为红砂岩柱础。

花林首进门前一对红砂岩石柱正面及侧面各有一副线刻对联。

a 正立面　　　　b 正门　　　　c 内院　　　　d 花林寺修缮碑记

图5-59　花林寺
（来源：自摄）

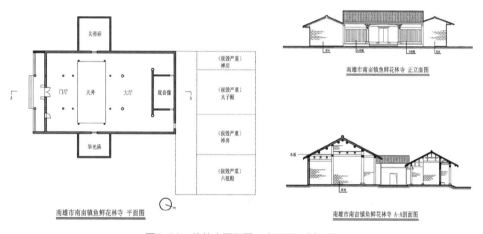

图5-60　花林寺平面图、立面图、剖面图
（来源：自绘）

正面：佛法恁么新忍草昙花呈一色
　　　皇恩何以报山呼嵩祝庆千春
侧面：花发祇园香满三千世界
　　　林茂峦岭影遮八万人天

仁化石塘社官庙属于地方神庙，规模小，单开间，庙前有水塘和大榕树。村中原有"娘娘庙"（图5-61b），又名龙母宫，原地名叫"田心园"，1945年迁建于石塘村东南侧（现石塘镇政府南侧）农田中央的小台地上，占地面积约0.2公顷，建筑由石塘李旭生（又名端仪）设计，坐北朝南，砖木结构，平面方形，周围设廊，面积150平方米。庙前有一棵大樟树，东南面有一棵大榕树，周边环境优美，保存状况良好。

乐昌市黄埔镇应山村水口庙（图5-61c）属于风水类庙宇。水口庙建在应山古石桥的南岸旁，迄今已有400多年，为此方水口把守之关键，庙前还有一棵400多

a 连州夏湟村武帝庙　　　　　　b 社官庙　　　　　　c 应山村水口庙

图5-61　调研村落宫庙
（来源：自摄）

年的参天古柏树。

连州市丰阳镇夏湟村关帝庙又名武帝庙（图5-61a）属于道观类庙宇，单开间，通面宽约9.0米，进深约15.6米。建筑为砖木结构，凹斗门式门面，门前一对红砂岩石檐柱，红砂岩石门框，上嵌同治年石匾额"武帝庙"，墙壁嵌明正德年鼎建碑记、清雍正年及近年维修碑记。厅内有柱六根，现改为砖柱，后供奉关帝像；现于一侧加建一间观音庙。连州沙坊村东岳庙，建筑单层，砖木结构，悬山顶，同时还应用作村会议室，较为简陋。

总的来讲，粤北地区的宫庙建筑在材料、工艺和规模上与祠堂相比明显要简陋，这也符合当地"敬神不如拜祖"的观念。

三、书院和戏台

（一）书院建筑

客家人讲究"耕读传家"，极为重视子孙后代的教育，这在粤北的村落中也得以体现，每个村落往往都有一个书房或书院，有的3~5个甚至更多。

1．曲江曹角湾村上、下书院

曹角湾村位于小坑镇东北约9千米的丘陵盆地中，是小坑镇较早形成的自然村落，历史上曹角湾村曾有300多人。村落规模不大，但有"上、下两个书房"（图5-62、图5-63），建筑类型丰富，特别是充分反映出客家重文教的特色。作为粤北丘陵山区的农耕客家村落，其耕读文化具有一定的典型性和代表性。"上、下书院"为砖木结构，其核心部分都按祠堂的模式中轴对称，两进一天井模式进行布局，下书院南还带有前院。其他部分依山就势而建，形式较自由，空间层次多变而丰富。其中，"下书房"几乎与"石楼"同期建成。"上书房"（图5-62、图5-64）为邓天荣公所建，同治六年（1867年）建成。曹角湾保存着各个历史时期、数量可观的匾额，与"上、下书房"共同反映出村落重文兴教的历史风气，下书院南面檐口封

a 上书院外观　　　　　b 上书院入口　　　　　c 天井　　　　　d 入门通道

图5-62　上书院
（来源：自摄）

a 下书院梁架　　　　b 下书院入口　　　　c 下书院内　　　　d 牌匾

图5-63　下书院
（来源：自摄）

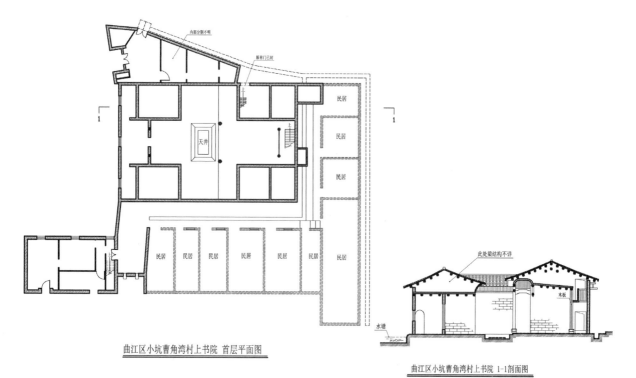

曲江区小坑曹角湾村上书院 首层平面图

曲江区小坑曹角湾村上书院 1-1剖面图

图5-64　上书房平面图、剖面图
（来源：自绘）

a 入口

b 残存构架

c 院落被加建房屋

d 内部残存构件

图5-65　紫云轩书院
（来源：自摄）

檐板的雕刻"谈笑有鸿儒、往来无白丁"更是透出主人的意趣情怀，营造出浓厚的文化气息。

2．始兴马市高水黄塘紫云轩书院

紫云轩是旧时黄塘赖氏子弟进行文化教育的书院（图5-65、图5-66），面积达300平方米，位于黄塘古村北角，坐北朝南，共三进，面对田野。书院具体兴建年代不详，门口上镶嵌着一块石

始兴县黄塘紫云轩书院 1-1剖面图

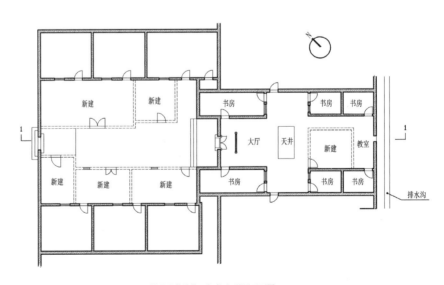
始兴县黄塘紫云轩书院 首层平面图

图5-66　紫云轩书院平面图、剖面图
（来源：自绘）

匾，上面书写着"紫云轩"，字体秀逸飞扬。紫云轩书院现状损毁严重，据居住附近的一位81岁老伯讲述，他在"大跃进"时曾在这里教过书，紫云轩原来雕梁画栋，金碧辉煌，2层高，铺有木楼板。书房一共4间，分布在四角，两侧有偏门，通向花园，格局严格对称，青砖砌墙体。1984年冬，突发火灾烧掉大片书院木结构。据传书院排水也颇为讲究，要在院内转9个弯才排出。

3. 南雄乌迳镇新田村文明书院和兰庭书院

书院为典型的清代二层砖木结构建筑，保存基本完好，门、窗、挑檐等建筑细部装饰精美。其中，兰庭书院（图5-67）二楼木雕门极为精美，是暗八仙图案，虽有部分损坏，但大部分保存完好。

4. 乳源县大桥镇老屋村观澜书院

大桥镇新书房下村观澜书院（图5-68），建于清乾隆五十八年（公元1793年），距今210多年，为乳源县级重点文物保护单位。观澜书院是大桥许氏十四世贡生许景发创建，书院坐落在大桥河畔，正门前方可览滔滔奔流的大桥河水，故取名"观澜"，书院外立面和部分地面于1997年重新维修。

a 檐下壁画已毁　　　　　　b 历史题字　　　　　　c 山墙

图5-67　兰庭书院

（来源：自摄）

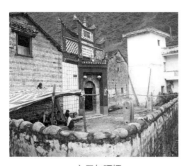  

a 入口与晒坪　　　　　　b 正门立面　　　　　　c 内门

图5-68　观澜书院

（来源：自摄）

　　书院规模较大，为砖木结构两层楼房，悬山顶，建筑美观大方，具有明显的客家建筑特色。书院门外有晒坪和旗杆石，晒坪边界较曲折，入口处铺设鹅卵石。书院共四进，一进拱秀门，门楼筑成风火墙式，门上方用砖砌成菱形和方形墙楔，携"拱秀"二字，拱秀门后面是"紫微门"；二进"观澜门"，门楣上方有"观澜书院"木匾，题写于书院落成的清乾隆五十八年（公元1793年），匾高0.5米，长1.8米，红底浮雕金字，"观澜书院"四字为楷书，笔力雄浑凝重；三进为"明德堂"，四进"资深堂"。一进院子地面铺鹅卵石，二进地面镶石板。二楼廊道和戏楼栏杆用木雕装饰，明德堂正面设隔扇与芸香院相隔，芸香院二楼廊道栏杆雕有花、鸟雀和圆形篆刻"福、禄、寿"等字，篆体字采用偏旁变位法，构思巧妙，显示出较高的技艺。

　　据称，书院落成时，一方文人逐门拟有楹联，这些楹联寓意深刻，其中一直被后人沿用的有拱秀门联："拱南镇北营居正，秀水佳山绕户清"；紫薇门联："紫气频来多瑞景，薇霞悉去近名贤"；观澜门联："观察周圣人体段，澜前乐智士心肠"；明德堂联："明从日月兮，美如去花荫，常凭书史长年酌；德配乾坤大，任雅来云物，不宜斗牛志直捷"；资深堂联："心作君，志作帅，心志端方自有一善乐德；财为胆，人为城，财人茂盛何惊群邪侵临"等。

　　5. 乐昌市庆云镇户昌山"龙门第"书院、华峰书院和凤起书院

　　"龙门第"书院（图5-69）位于村落左前侧，建于乾隆末年，约18世纪30年

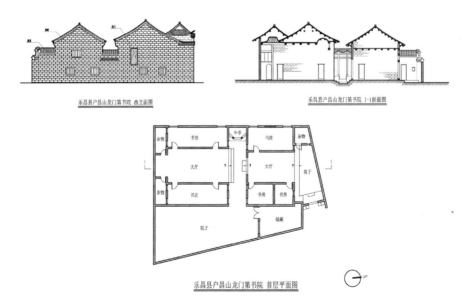

图5-69　龙门第书院平面图、立面图、剖面图
（来源：自绘）

代，主要供子孙读书之用。书院建成后村中共出庠员、科甲等不下30家，村内文化氛围浓厚，人才济济。同治九年庚午（公元1870年）书院改建，改建后院内上下厅及右厢共有四间书室、八间宿舍、一间厨房，此外，书院内还有一个三层神龛，上构八角亭以御风和通日月，四周无窗，利于学童闭门读书。

华峰书院又名八角楼，因院前高峰峻岭、树木繁华、葱葱郁郁，故命名为"华峰"。书院以八角楼为主楼，为"成周公"所建。相传"成周公"有八个儿子，故取名"八角楼"。楼阁坐落在坡地的三级台阶上，设有后院，楼阁大而美，气势磅礴，后山清秀迷人，可惜在民国初期华峰书院被拆，今只残留遗址和后院残壁。

凤起书院在李氏祠堂右侧，单进设前后院，高两层。书院中间为大厅，两侧有书房，被分隔成四间。书房两侧墙封闭，只有前后采光。大厅两层，二层室内保存有精美木雕刻天花、窗棂和屏风。主入口位于书院前院右侧，后院种有几棵芭蕉树，右侧有一口1.5m见方的水池。

（二）戏台建筑

传统戏台是村落重要的公共建筑，戏台作为娱乐休闲建筑的一种，在村民的公共活动中有着重要的作用。戏台在湖南和江西的民居中很常见，而在粤北的村落中却较少，或许由于客家村落创业艰苦的原因。从调研显示，在靠近湘南和赣西南的部分地区有少量的戏台，其建造与工艺做法也一定程度上受到湘赣两地的影响。通常，将戏台形制分为双幢竖（纵）联式、台口前凸式、三幢并联式这三类[12]（图5-70）。

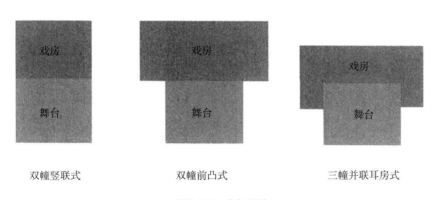

双幢竖联式　　　　　双幢前凸式　　　　　三幢并联耳房式

图5-70　戏台形制

（来源：李晓峰. 两湖民居[M]. 北京：中国建筑工业出版社，2009，12：248.）

1．南雄珠玑镇里东村里东戏台

里东戏台（图5-71、图5-72）在珠玑镇里东街广明殿遗址内，前身为关公庙，清代乾隆四十年由住持修斌机创建。里东戏台距今已200多年历史，建筑保存较完好，是南雄市级文物保护单位。

戏台坐南朝北，以青砖砌筑，平面为"凸"字形，为双幢前凸型戏台。面宽8.9米，进深三间共44.98米。第一进"邸戏台"深8.42米，柱与台为木质，有檐柱

a 戏台正面

b 戏台外观1

c 戏台文保单位牌匾

图5-71　里东戏台
（来源：自摄）

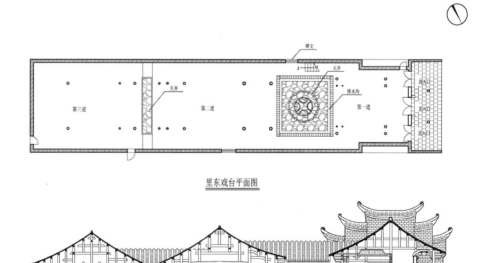

里东戏台平面图

里东戏台1-1剖面图

图5-72　里东戏台平面图、剖面图
（来源：自绘）

两根，均为圆形。戏台高1.95米，台上有厢房两间，无栏杆，为单坡歇山顶，盖灰色瓦。一、二进之间为天井，宽6.2米，深5.1米，两侧设有走廊。第二进深13.21米，柱排列为横二纵五，共10根，均为木质圆形，前檐柱柱头上施斗拱。二至三进之间也设有天井，天井两侧为走廊。第三进深12.55米，柱排列为横二纵三，均为木质圆形柱，二至三进均为布瓦悬山山顶。戏台建筑内部梁架采用了抬梁式和穿斗式相结合的构架方式，颇具地方特色。

2. 始兴马市戏台

马市戏台，其戏台与戏房面宽相等，属于典型的"两幢竖联式"布局，戏台形式简洁，屋顶为单檐歇山顶（图5-73）。后因久无使用，村民在台前加建了一住宅，外观只能看到戏台屋顶部分。

3. 马带村戏台

位于连州市马带村中心位置，前有唐氏宗祠。戏台通面宽约7.2米，进深约11.9米。分前后两部分，前为舞台，后为戏房，单檐歇山顶，正脊上有葫芦装饰，山花墙面抹白灰，绘黑色"葫芦"图，显得庄重美观。花岗岩条石基座，高1.4米，上有圆木柱六根，中间两根木柱靠内，与外角木柱形成八字形，有垂花柱装饰。舞台后木质隔板，开两侧门进入戏房，中间绘巨幅福寿图，上悬挂木匾额书"永乐盛世"，两侧有对联"永乐庆无疆自有笙箫雅韵，盛世钦荟萃常闻钟鼓锣声"。整个戏台装饰简约，尺度适当，风格端庄稳健（图5-74）。

图5-73　马市戏台
（来源：自摄）

图5-74　马带戏台
（来源：自摄）

（三）商业建筑

1. 传统商业街、商铺

陆路商贸通常沿古道线型展开，古道沿线的村落，陆续出现沿街商铺，如：黄塘、石塘、里东的商业街。也有一些商业街是建村后形成的集市。如：连州东陂商业街。

（1）沿街商铺

据始兴黄塘村民反映，古时面向浈江的房屋除了宗祠等公共空间外，大都为商住两用，形成沿江的街市，主要经营布料、食用油、盐巴、茶叶等。这些物质主要靠水路运输，岸边的街道是最古老的街巷。

（2）传统商业街

仁化石塘村"三角街"为传统的商业街（图5-75a），整体风貌基本完好，商铺、理发室、客栈等多种类型建筑得到保存，甚至连商铺前的布架（即：在店门前用青砖砌起约1.3米高的石台，用以摆卖布匹、烟酒小食等之用）至今也保存完整。

（3）里东上下街（南雄珠玑镇里东村）

传统商业建筑（图5-75b）多为窄面宽大进深的平面形制（类似广府的竹筒屋），采用前面商铺，后面居住的空间格局，中间以若干天井采光，形成各进空间，由外而内依次为前廊、商铺、制作间和天井、厨房和餐厅、房间、天井、房间、后院。后院通常设晒坪以晾晒花生和谷物等农作物。沿街部分通常两层，即在商铺上面设阁楼以储存商品或居住。直跑梯上下，也有骑楼形式，是清末民初受到广府文化影响的结果。

（4）东陂商业街（连州市东陂镇东陂村）

据村民口述，崇祯十七年（1644年）先民从东莞北迁，看中了四面环山、清澈的西溪河从这里流淌的小平原，于此建村，发展集市。因圩镇东有拦水坝，俗称水陂，故名东陂。村落坐北向南，现存门楼3座、祠堂2座、民居160栋及冯达飞故居、巷道、码头等。古建筑为青砖砌筑，硬山顶，上为阴阳板瓦面，正脊板瓦叠置，直棂窗，青石板巷道。

| a 石塘商业街 | b 里东上下街 | c 东陂商业街 |

图5-75　调研村落商业街
（来源：自摄）

清末民初时，盗匪猖獗，各路街道均添设闸门。后司长冯少珠为方便居民经商，下令拆除闸门，重修石板街（图5-75c）。修建好的石板街统一宽度1丈3尺，用石板、石条、鹅卵石铺设。商铺门前设骑楼（清末民初受到广府文化的影响），方便客商交易。街道从上到下分为头铺街、接龙街、水拱街、坳折街、新街、大田街、中街、老街、水桥街、南隅街、司前街、新兴街、南安街和重庆街等。

2．当铺、银库

由于社会动荡，在商贸发达的村庄或富有的村落，常常建有当铺、银库等，这些建筑具有很好的防御盗抢的功能。

（1）翁源县江尾镇南塘村湖心坝当铺

"当铺"建筑平面为方形，青砖砌筑，规模较小，外观简洁大方。因防御需要，当铺墙体厚开口较少且小，门设有多重防盗措施，防御性好（图5-76、图5-77）。

a 旁边加建建筑　　　　b 入口　　　　c 内部结构

图5-76　湖心坝当铺
（来源：自摄）

 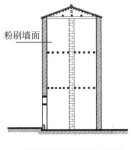 

新丰县江尾镇南塘村湖心坝当铺 首层平面　　新丰县江尾镇南塘村湖心坝当铺 A-A立面图　　新丰县江尾镇南塘村湖心坝当铺 1-1剖面图

图5-77　湖心坝当铺平、立、剖面图
（来源：自绘）

（2）始兴马市东湖坪村曾氏银库

东湖坪曾氏开基祖曾国柱的银库从外表看与普通民居无异，但是结构却非常坚固，防盗功能强。它的墙壁厚度为普通民居的两倍，瓦梁密实排放连手指都伸不进，墙体四周分布着外小内大的瞭望孔和射击孔，窗口狭小，有厚实的双层铁柱作为窗棂，并且还安装了铁丝网分隔。银库共设三道门扇，外侧为普通实木门，中间为铁栏栅，里层为铁板门，十分安全和保险。

曾氏银库的外墙很有特点，为石灰糯米墙，三合土批档形成的肌理百褶千转，形同一副地图，相传为"藏宝图"。这种诡秘的外墙肌理，有人说是自然风化而成，东湖坪村的人宁愿相信这是人工刀刻的。传说当年日本入侵期间，族中有人将财物转移到附近的山中藏起来，在墙上留下这张扑朔迷离的"藏宝图"，刻图人和知道图的秘密的人都在战争中死去，所以至今没有人能揭开谜底，现在村中留下两个传说：一个歌谣是："月依山崖背，金刚设梦坛，两江夹一河，江江十八锣，东一丈、西一丈、前一丈、后一丈、左一丈、右一丈，奔一奔，让一让，一脚踢出个元宝缸"；另一个传说是藏宝秘图只有曾氏双胞胎才能看懂，而东湖坪曾氏至今还无双胞胎出生，这或许反映出曾氏祖宗希望后世人丁兴盛，事业传承的心愿。

（四）防御建筑

防御是粤北传统村落一大特色，但不同地区和时代其防御方式各有不同，建筑也呈现出多种形式，有门楼、碉楼（炮楼）、围楼和寨堡等形式。

1．寨堡

图5-78　双峰寨
（来源：自摄）

仁化石塘的双峰寨又名"石塘寨"（图5-78），总占地面积约11300平方米，始建于光绪己亥年（1899年），历时12年于1911年建成，建筑至今保存完好。平面"器"字形，四角建炮楼，南面正门建主楼，寨内四周均建有瓦面盖顶的走廊沟通五个楼角，同时，四周还有护寨濠，是少有的巨型寨堡。民国17年（1928年），在石塘村发生的双峰寨保卫战，震撼北江地区，当时被中共广东省委誉为"农民暴动中最伟大的战斗"，英雄事迹流芳千古。村中双峰寨1978年以后先后被列为广东省、全国重点文物保护单位，省、市、县爱国主义教育基地。2006年，双峰寨经国务院核定公布为第六批全国重点文物保护单位。

2. 门楼

门楼一般置于村口，不仅是交通性空间，还具有标志性、界定性和防御作用。通常设有夹层（或二层），下部为过道，大的门楼底层还是村民交流休息场所，夹层作为瞭望和防御之用。如连州镇沙坊村的儒林坊门楼，始建于道光八年，将门楼与凉亭巧妙结合，造型独特、美观，前为凉亭，歇山顶，四角飞檐，四根圆木住，梁架、檐板均有精美彩雕，亭后为门楼，左右八字墙相连，上绘八仙人物，砖砌拱门上嵌匾额"上和里"，上有两圆形枪孔，有夹层，门前有扇形地坪和池塘，门楼为近年重修，但型制、装饰均如旧时。

（1）连州朱岗村紫气东来门楼

紫气东来门楼（图 5-79）位于朱岗村东部，坐西朝东，高一层，内有夹层，整体砖木结构，石砌墙基，正门前有半圆形小广场，以鹅卵石铺砌钱币纹样，小溪缓缓从门前流淌而过。门楼顶屋为硬山式，人字山墙，叠瓦压脊，正中宝葫芦饰脊。门楼内部四面均开有门洞，正面砖砌拱形门洞，左右砌筑八字形砖墙，门额嵌"紫气东来"石匾，其上方

图5-79　朱岗村紫气东来门楼
（来源：自摄）

以青砖叠出两个菱形枪眼。地面铺砌鹅卵石，正中甬道以三排较大鹅卵石铺砌，周边铺小鹅卵石，平整而有序。

（2）南雄乌迳镇水城"七星世镇"门楼

门楼为布瓦歇山顶，正脊中央有一泥塑圆形宝珠，梁架为穿斗式结构，楼东西面设石砌阶梯。城门呈拱形，用麻石和青砖砌筑（图5-80），门高2.34米，宽1.46米，城门上镶一块石匾，上书"七星世镇"，落款为"明嘉靖巳酉知府周南立"。城门置有两扇高2.75米、宽83厘米、厚10厘米的鱼鳞纹铁闸木门，门上方横置石浮雕额枋一条。

a 七星世镇周边环境　　　　b 七星世镇门楼正面　　　　c 七星世镇门楼背面

图5-80　水城门楼

（来源：自摄）

3. 碉楼（炮楼）

碉楼（有的地方又称炮楼、戍楼）作为防御建筑通常设于村落入口、道路转角或重要地带。一般有可居住和不可居住之分，可居住的碉楼通常也称为围楼。

韶关仁化的石塘村，现存炮楼6处，炮楼遗址1处（图5-81b），多为2-4层，有的独立设置，有的与住宅相连，砖木结构或土砖木结构，人字坡，有悬山和硬山屋顶两种。

乳源县大桥镇柯树下村中建有防御性炮楼两座，分别位于清河堂后部风水坪和古村入口附近，前者保存较完好，后者倒塌损毁严重。古村入口处的炮楼高两层，设有枪眼，主要为青砖木结构。

a 石塘村炮楼　　　　　　　　b 柯树下村炮楼

图5-81　炮楼遗址

（来源：自摄）

四、构筑物

（一）古塔

文峰塔大多是古代人们为使当地文风、文脉顺达，多出人才，根据风水理论而建造的，具有观赏性和标志性双重意义。

连州市丰阳镇夏湟村文峰塔（图5-82a），是为护佑一方的风水地脉而建，六边形砖塔，攒尖顶，高五层，首层砖砌拱门，上嵌石匾额"安澜阁"；每层塔身均开窗，每面墙体开窗各不同，有拱形、圆形等。惜字塔是用于烧毁书有文字的纸张的地方，是古人"敬惜字纸"理念的体现之一。连州市瑶安乡大营村门楼之外水田之中建惜字塔（图5-82b）。平面呈六角形，攒尖顶，青砖叠式出檐，通高3.2米，亭壁上镶民国癸丑年（1913年）的"鼎建字纸亭碑"一通，亭的南面开圭门式炉口。

a 文峰塔　　　　　　　　b 惜字塔

图5-82　调研村落塔　　　　　　　　　图5-83　顺头岭古道
（来源：自摄）　　　　　　　　　　　（来源：自摄）

（二）驿站

南天门顺头岭古道（图5-83）位于广东省连州市大路边镇顺泉村委，村域面积9平方公里。《广东通志·卷三·沿革十八》记载："连州，禹贡荆州之域，春秋战国属楚，秦为长沙之南境。"据传南越王赵陀"下番禺，郡南海"，从中原经长沙"下湟水"，经过山塘古道，汉代伏波将军路博德平南越时在湟溪关屯兵十万休整，途经山塘南天门一带。

秦汉时期，随着中原通往南粤的官方通道开通及顺头岭（图5-83）、荒塘坪驿站的建立，到此谋生的各地先民曾先后到此居住或生活。村落形成规模是清嘉庆年间，

a 怀清亭

b 广荫亭

c 凤翼亭

图5-84 古道驿站
（来源：自摄）

坐西向东，地势北高南低，现存门楼3座，清乾隆重修的广荫亭、怀清亭各一座及石板古道。村落沿古道两侧而建，多为商铺，建筑多为青砖砌筑或泥砖墙，悬山顶，上为阴阳板瓦面，正脊板瓦叠置。南端开一拱门，上有两圆形枪孔，墙面嵌一神龛，供奉土地神。古道长约1000米，宽3米，从山上直到山脚，青石板铺成。溪水从山上流下经村落沿古道直到山脚，为旧时商旅提供饮用水源。

怀清亭位于连州市大路边镇顺头岭的半山腰，是古时西京古道的临武至连州的必经之地（图5-84a）。南北走向，面阔5.7米，进深12米，建筑占地面积68平方米。叠落式山墙，正脊为板瓦叠置，开南北门，门额石阴刻"怀清亭"。据怀清亭石碑文记载，该亭始建于清顺治十八年（1661年），清乾隆五十八年（1793年）重修。

广荫亭位于连州市大路边镇南天门村子最南端，旁有古树掩映，南北走向，出南门视野开阔，犹如天门，有石板路逐级而下。（图5-84b）。建筑面阔8.7米，进深6.5米，占地面积57平方米；青砖墙身，花岗岩石墙基，抬梁式梁架结构；开南北门，石砌圆拱门，北门门额石阴刻"广荫亭"，南门阴刻"南天门"。

凤翼亭（图5-84c）位于乐昌黄圃镇应山村应山古桥以南，建于乾隆五十八年（1793年），采用石头砌成，已有215年历史，是湘粤古道上的重要建筑物。

（三）古桥

由于粤北地区山高水长，古桥梁是重要的交通联系要素，数量多，形式也丰富。有拱桥、梁桥、廊桥、索桥等。如应山石桥就是规模较大的三拱桥。

乐昌市黄埔镇应山石桥（俗称玉环桥）（图5-85）位于应山村以南200米处，为乐昌至汝城、江西、湖广古道上的主要石桥，成为宜乐古道的重要交通枢纽，始建于乾隆丙戌年（1766年），迄今已有242年的历史。石桥由二十四世锦元公倡首并捐谷一百二担，全村鼎力，据县志记载"工程为乐昌石桥之冠"。石桥采用拱圈式纵联砌置法拱砌，为三拱墩柱式石梁桥，南北走向，桥长49.85米，桥面宽6.5米，桥高12.5米，桥身厚1.15米，三个桥洞并联，单拱跨度达16.9米。桥面两侧有石砌护墙作栏杆，长48米，高53厘米，墙厚36厘米。上石阶5级，每级长2.3米，宽66厘米，级高12厘米。下石阶29级，每级长2.3米，宽66厘米，级高12厘米。应山石桥历经数百年仍保存完好，是乐昌市目前保存下来的最完美的石拱桥，也是广东目前发现跨度最大的古石桥。玉环大桥建成后，又在湖广道上建起了风翼亭、水口庙和弥陀庙等。1978年玉环大桥被列为县级文物保护单位，2002年7月又被批准为"广东省级文物保护单位"，但2006年的一场洪水，将该桥冲毁一半。

图5-85　应山石桥
（来源：自摄）

（四）牌坊

过去往往通过立牌坊表彰功勋、科第、德政、忠孝、节义。一些宫观寺庙也以牌坊作为山门，还有的是用来标示地名。《辞海》给牌坊定义："又称牌楼。一种门洞式的纪念性建筑物。一般用木、砖、石等材料建成，上刻题字。旧时多建于庙宇、陵

图5-86　世盛堂前牌坊
（来源：自摄）

墓、祠堂、衙署和园林前或街道路口，用以宣扬封建礼教、标榜功德。"牌坊也是祠堂的附属建筑物，昭示家族先人的高尚美德和功绩，兼有祭祖的功能。

按功能分类，牌坊有门式坊、标志坊、纪念坊等。

1．世盛堂前牌坊（南雄南亩镇鱼鲜村）

牌坊为门式坊，又为纪念坊，最初主要为了宣扬功德而建。牌坊红砂岩砌筑，雕刻精美的浮雕及透雕（图5-86）。现局部有破损，但总体保存较完整，牌匾刻"古晋名家"为纪念鱼鲜村王氏家族的功德及辉煌。牌坊红砂岩石柱正面及背面各

有一副对联：

    正面为楷书线刻：四马荣登辉甲第

                       三槐畅茂蘸庭楷

    背面为楷书阴刻：其族元吉须凭满座牌？

                       视履考祥还藉中流砥柱

该牌坊见证鱼鲜村在宋代的繁荣，具有考古和艺术价值。

2. 先祖堂前牌坊门（南雄南亩鱼鲜）

青砖砌筑，墙面浮雕部分为红砂岩（图5-87）。宽约4米，为纪念和宣扬祖先功德而建，局部破损，但总体保存基本完整。牌匾刻"四马荣登"为纪念王旦荣登三公之位。牌坊御赐雕龙形雕刻，门楣上的王旦像刻成"南宋"字样。

3. 节孝牌坊（翁源县江尾镇南塘村湖心坝）

此牌坊为纪念坊。"诰封第"屋主的先祖二十一岁亡故，其先祖母十八岁生小孩，因终身未再嫁获颁"节孝牌坊"，建于村口"高桥头"旁。牌坊"文革"时被毁，现有牌坊为新建。

4. 李陈氏节孝坊（乐昌市庆云镇户昌山）

李陈氏节孝坊位于庆云镇户昌山村西北，李陈氏是儒童李祚性之妻，陈学亮之女（《李氏族谱》）。据《乐昌县志》记载："李祚性妻陈氏十九夫故"。李陈氏十九岁就开始守节，终生未嫁，并且在李家恪守孝义，对李氏长辈尽孝尽忠。为赞扬其节孝兼顾的高尚情操，当地奏请朝廷为她建坊。清道光帝亦被李陈氏坚贞不二、恪守孝义的精神所打动，立即命地方官给银三十两为其建节孝牌坊，清道光十九年李陈氏节孝坊建成。

图5-87 先祖堂前牌坊门
（来源：自摄）

此牌坊为四柱三间式结构，三间面阔8.7米，通高10.7米，明间比次间较宽。明间和次间的上方两侧，有透雕石板作装饰和加固作用，青石制葫芦形刹顶。节孝坊正中（包括背面正中）阴刻"圣旨"两字，字大约35厘米见方，两旁为斜方格透雕石板镶砌，左间横额阴刻行楷"行义"，字大约35厘米见方，落款"乐昌县节妇李祚性妻陈氏立"。右间横额上刻阴行楷"苦节"，字大约

35厘米见方。落款："署理乐昌教谕
刘为"。节孝坊左右间横额上分别阴
刻"兼全"、"孝义"四字。李陈氏节
孝坊因年久失修，正门栏额石梁已折
裂倒塌，左楼挑檐也被树枝打断，但
牌坊建造精巧，庄重素雅，具有地方
特色，是乐昌县唯一一座残存的石牌
坊，1987年被列入广东省市县级第二
批文物保护单位。

　　5. 浆田村进士牌坊

　　进士牌坊是为纪念村中考取功
名的族人而建，整体三开间，红砂
岩门柱，中间悬挂"进士坊"匾额，
牌坊前有一对形象生动的红砂岩石
狮。牌坊近年修缮，加了黄色琉璃
瓦和涂白色坊顶，中间镶嵌黑麻石
匾额，上书"圣旨"，是一种保护性
破坏（图5-88）。

图5-88　浆田牌坊
（来源：自摄）

第三节　粤北传统建筑技术与艺术

一、建筑结构

（一）基础材料

　　粤北地区传统村落中的建筑材料以因地制宜、就地取材为特色，同时建造注重
节约资源、施工简易的原则，通常会选择当地能常见易取的生土、竹木、沙石等材
料。而基础作为建筑坚固与否的关键，无论哪种规模、形式的建筑，其基础都会采
用大块的红砂岩石条、青石板、河卵石和青砖等材料，采取单一或混合的方式叠砌
或垒砌而成（表5-4）。

　　1. 卵石基础，在粤北靠近河流水系的地区，如南雄、曲江等地区，当地在
建筑房屋时，就地取材，同时又能起到较好的防水作用，故而多以卵石作为基础，

如：始兴红梨村、廖屋村、燎原村、南雄水城等地建筑基础大多以卵石铺砌。

2. 红砂岩基础，粤北韶关地区地势总体北高南低，境内红色岩系构成的丘陵、台地分布较广，特征明显，特别是仁化丹霞山一带以独特的红岩地貌闻名，除此之外南雄、坪石等盆地属红岩类型，故而在建筑取材方面，红砂岩常作为建筑材料被普遍使用，如南雄新田村、鱼鲜村、新田村等地多以红砂岩为基础砌筑。

3. 混合基础，混合基础的砌筑作法，充分体现了文化交融带来的材料丰富多样，也体现了粤北地区在建筑上对材料的综合运用能力。如始兴东湖坪"一贯书香"民居基础用红砂岩石条、河卵石、石灰糯米浆黏合，曲江下三都三圣大王庙墙体的勒脚高约1.3米，为卵石加泥灰夯筑而成等。

基础材料   表5-4

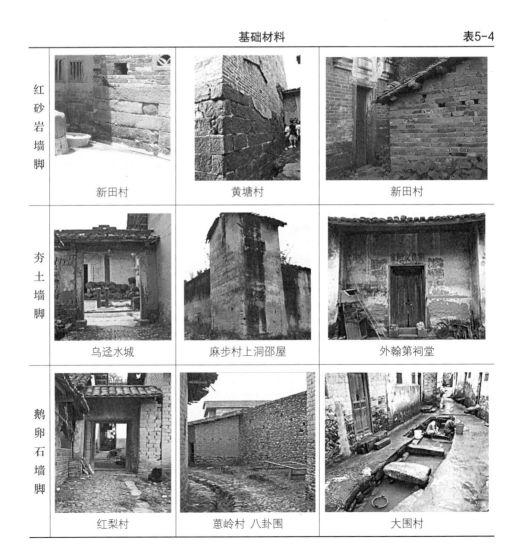

红砂岩墙脚	新田村	黄塘村	新田村
夯土墙脚	乌迳水城	麻步村上洞邵屋	外翰第祠堂
鹅卵石墙脚	红梨村	蕙岭村 八卦围	大围村

续表

鹅卵石墙脚	 鹤桥围光裕堂	 廖屋村	 湖心坝

（来源：自摄）

（二）基础做法

另外，在建筑基础的做法中，尤其以围楼围屋的基础做法最为讲究。如始兴地区，由于当地山多田少、沼泽湖泊多等自然地理环境，当地客家人为了节约用地，保护农田，大多选择在沙坝、沼泽等地方建造房屋，为了能够居高临下，易守难攻，围楼多建3~5层，而沙坝、沼泽地质极其不稳定，按常规是不宜建造高大的建筑物，当地客家人在长期生产生活的实践中总结出利用山区丰富的木材资源，将生松木打入沙坝、沼泽地，再放沙石土夯实固定地基。在当地流传着"水浸千年松"的说法，因生松木在潮湿的地下，不仅不会腐烂且越浸越坚硬，既防水又稳固结实。而打入的生松木层数则一般根据具体地理位置的实际情况而定，加之民间风水中认为单数为阳，为了以阳克阴，阴阳调和，达到地利人和的效果，故而松木层数通常以3、5、7、9层不等。甚至更传凡是打入足够的生松木固定地基的围堡，历经上百年的风雨、地震等自然的考验，墙壁和地面都无一处裂缝和下陷，都能保存得较完整。[13]如建在河流湖泊沉积地的上窑背村"九栋十八厅"民居、建在沙坝地上的"满堂"大围等，历经多年风吹雨打，结构稳固。关于上窑背村的"九栋十八厅"民居至今还流传有其建造的传说故事，相传，清乾隆初年，上窑背村先人曾国柱公，经营事业发财后，请江西善看风水地理的别名为"烂脚瘌"（因走路一拐一拐而得名）的风水先生来指挥建造，烂脚瘌尤其擅长对风水先生不会选择的沙坝地、湖洋田地的建设，采用防止沙坝地基下沉墙体开裂采用松木做地基的办法建房。据传除上窑背村的九栋十八厅以外，花山乡兴仁里老屋九栋十八厅和顿岗镇周所沙陂村老屋的九栋十八厅也都由他指挥建造。

（三）墙体结构形式与做法

墙体是房屋的主要组成部分，粤北村落建筑其墙体不仅要承重，同时还要有很强的防御功能，基于此，其墙体从建造材料和工艺作法等方面都表现出共性和丰富的个性。有三合土版筑、土砖或青砖砌筑、卵石加三合土或加青砖混合的砌筑方式，都体现出就地取材的经济性和文化交融的丰富性。

在粤北地区墙体一般以青砖、卵石、泥砖、土坯砖、红砂岩和石块等为主体材料，单一的或组合的垒砌或叠砌而成。从经济实用和防水考虑，用土砖砌筑是比较普遍，但基础和墙裙（有的甚至首层）会多用青砖或卵石等砌筑，如南雄的新田村、始兴东湖坪和翁源蕙岭村等。具体做法上，为了加强房屋的坚实程度，用生土加入少量的石灰、卵石等混合，有的在砌筑过程中局部还会预埋长短厚薄不一的竹条、木条，起到加强连接的作用，如始兴廖屋村、曲江曹角湾村等土砖砌筑都有辅以木条。还有一种在当地被称为"金包银"的做法，外墙用青砖砌筑，里面用土砖，在防水的同时也体现其经济性。另外，在一些防洪要求高的地区，建筑多全以青砖砌筑，达到防水的作用，如曲江苏拱村因位于浈江边，地势低，经常遭遇洪灾水淹，故建筑全为防水性能较好的青砖墙体，转角还用红砂岩或青石板砌筑以起到加固的作用（表5-5）。

墙体结构形式　　　　　　　　　　　　　　　　　　　　　表5-5

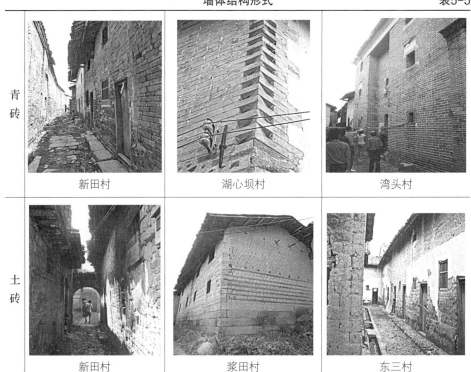

| 青砖 | 新田村 | 湖心坝村 | 湾头村 |
| 土砖 | 新田村 | 浆田村 | 东三村 |

续表

卵石	东湖坪	蕉岭村　八卦围	石下村
混合	罗坝镇廖屋村	龙围村	始兴石下村围楼燕子角
	大岭村	小坑镇曹角湾村	老屋村
转角做法	大岭村	坪田村大围	鱼鲜村成思堂

续表

转角做法			
	鱼鲜村	新丰龙围村	新田村

（来源：自摄）

（四）屋面结构形式与做法

粤北传统建筑的屋面形式主要以悬山和硬山为主，也有少量的歇山屋面出现在门楼、戏台和宗教建筑中。山墙形式丰富，以"人"字山墙居多，受湘赣影响有些民居特别是祠堂部分则普遍采用马头墙的形式，有的民居用象征"金、木、水、火和土"的山墙式样。此外，受广府地区影响，也有用镬耳山墙的形式。在结构形式上，屋面除了主要的厅堂梁架用木构架承重外，大部分采用屋面檩条直接搁筑在墙上，然后在檩条上面铺设椽板和瓦片。

而屋面的主要差异体现在脊式、滴水等细部装饰样式方面，有些脊式和滴水的装饰精美，常用砖或红岩石雕刻成丰富的图案，如乐昌当地常见滴水以叠砖雕成卷草的式样，翁源湖心坝村有的围楼瓦面出水口位置有红石凿刻的"鲤鱼"或"葫芦"形状，屋面雨水从"鲤鱼"嘴或葫芦中吐出，真可谓创意极致，富有美意。更具有地方特色的是，部分围楼在屋顶安置"公鸡报晓"或"宝葫芦"瓷器，以图吉祥。也有的装饰非常的简洁，突出实用性，反映出粤北民居的质朴。如正脊常以叠瓦形式压顶，以备日后维修屋面时更换损坏瓦片所需，客家俗称"子孙瓦"，脊两端微微起翘，形式简朴、美观实用。不少民居只正脊中央和两端设脊饰，如乳源必背瑶寨的民居。

屋面对于以注重防御性为主的围楼来说，尽管属于围楼中最为薄弱部分，但是因围楼一般高3层至5层不等，屋面处于高高在上的位置，并不会很容易受到侵入。所以大多采用杉木梁架瓦桷，再覆盖以青灰瓦。但是在始兴地区也有部分围楼屋面桷桷分布十分稠密，几乎并列相连，然后在上面覆盖较厚实紧凑的青灰瓦。据传这种做法能防止贼人上房揭瓦进入屋内盗窃，以及防止暴风雨、冰雹等自然灾害等。除此之外，在翁源湖心坝村有部分的围楼使用镬耳形风火墙，有的檐下还会凸出两行横砖，然后再砌两行菱牙砖，形成撑拱上承悬山式楼顶。有的瓦面上还设天阶，天阶上面可以行人，以作防御之用（表5-6）。

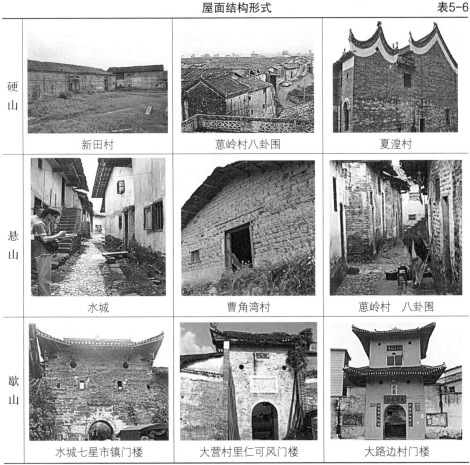

	屋面结构形式		表5-6
硬山	新田村	蒗岭村八卦围	夏湟村
悬山	水城	曹角湾村	蒗岭村　八卦围
歇山	水城七星市镇门楼	大营村里仁可风门楼	大路边村门楼

（来源：自摄）

（五）厅堂梁架结构形式与做法

粤北厅堂梁架有抬梁式、穿斗与抬梁相结合的做法，其中，抬梁式最为普遍。

1. 抬梁式

梁架通常采用前后乳栿或三步梁落四柱的做法，但各地檩条疏密不一，架数差异较大，从调研看，英德、佛冈至乳源等地的檩条较密，和广府祠堂做法接近。

部分厅堂梁架在前金柱位置用通跨的内额，两端入侧墙，其上搁梁架或立短柱以支撑梁架，从而取消前金柱。内额中间厚，成月梁形，受力合理。这一做法从南雄到曲江均可见，尤其以南雄鱼鲜村宗祠梁架更为典型。

在构件样式上,连州、乐昌、仁化和南雄等受湘赣文化影响的厅堂梁架多见月梁形式,尤以乐昌为最。而新丰、翁源、英德和佛冈等地的梁架用料较平直,新丰梁架还带有明显的福建、潮汕做法,如叠斗式、水束等。

厅堂抬梁式结构形式		表5-7
各地梁架		

南雄新田村继伦堂厅堂梁架	乐昌户昌山李氏宗祠	大湾镇上洞邵屋祠堂梁架

白家城李氏宗祠梁架	乳源柯树下村清河堂	连州南天门广荫亭梁架

冲口陈氏宗祠梁架	朱岗村吴氏宗祠梁架	夏湟村壬元公宗祠梁架
以内额取代前金柱		

南雄鱼鲜先祖堂梁架	南雄溪塘村宗祠梁架	曲江饶屋村饶氏祠堂

续表

曲江中界滩谭屋渭水堂梁架	曲江下三都骆氏三房宗祠	仁化周田张屋村祠堂梁架

福建潮汕建筑风格的影响

新丰寨下村许氏宗祠厅堂梁架	新丰寨下村许氏宗祠头门梁架	新丰九栋十八井中厅梁架

（来源：自摄）

　　2. 抬梁与穿斗相结合

　　除了抬梁结构，台梁与穿斗结合的梁架在南雄、曲江、乐昌和连州等地也较普遍。

　　南雄珠玑镇中站村徐氏宗祠和沿古道商铺，珠玑镇里东村戏台，其梁架可见抬梁与穿斗相结合的做法，一般是在柱头或稍低于柱头的高度设一根梁，梁上立柱直接承接各根檩条，立柱之间以穿枋相联系，这样，屋面荷载通过立柱和梁传递到柱子，而不是采用抬梁式将屋面荷载通过各根梁和短柱逐层向下传递。

　　为增加梁的受力能力，部分梁架将集中受力的这一根梁做成月梁形式，以增强中部承载能力，如曲江上伙张宗祠上厅梁架做法。也有在梁的下端设一根随梁，且加工成月梁形式，其上立短柱支撑主梁，以增强主梁的承载能力，如南雄浆田村黄氏一本堂梁架做法。黄氏一本堂是浆田村最古老的宗祠，韶关市级文物保护单位，始建于宋淳祐年间，几经修缮，现状为清代重建。祠堂为砖木结构，二进三开间，开三门。硬山灰瓦，后堂设有神堂，祠堂前建有牌坊，上匾额书"大夫第"。

厅堂抬梁式与穿斗式结合结构形式		表5-8

南雄中站村徐氏宗祠梁架	南雄里东村戏台梁架	南雄中站村店铺前廊梁架

南雄中站村店铺前廊梁架	曲江上伙张宗祠上厅梁架	浆田村黄氏一本堂梁架

（来源：自摄）

二、装饰艺术

建筑具有物质与精神两个方面的功能，在精神功能的表现上，建筑与绘画、雕塑不同，它不能被描绘或塑造成任意的形象，建筑只能依靠群体的布局、空间的大小变化、房屋的整体形象表现出一定的精神境界，例如威严、崇敬、神秘、平和、雅致等等。如果要进一步表现某种理念，那么就得依靠建筑装饰，依靠附属于房屋上的雕刻、绘画和色彩等，所以建筑上的装饰可以说是建筑艺术表现力的重要手段，它直接记录和反映了一个时代的文化艺术。乡土建筑的装饰更早表现出极大的丰富性与多样性，作为一种艺术，它既是民间工匠所创作，也是直接反映了最基层农村民众的信仰和理念的一种艺术，所以它与民间艺术最相通相融，和民间艺术一样具有极大的丰富性与多样性。[14]

粤北传统村落建筑的装饰艺术也丰富多彩。主要装饰手法有木雕、石雕、砖雕、彩绘和灰塑等。重要的装饰部位有大门、窗扇、梁架、屋脊、山墙、檐口、柱子、铺装、照壁和天井等。粤北地区祠堂大门的造型就很有特色，因受湘赣、闽和广府等地影响，装饰艺术吸收融合了多方文化特色，在材料、形式、构造及题材上体现出丰富的地域性，其蕴含的象征意义反映了地方传统文化特色。

（一）门的形式及装饰

在中国古代民居中，门有着极为重要的作用，《论语·雍也》记载过孔子的一句话："谁能出不由户？"[15]作为出入的门户，说明门自古便极为重要。在传统风水理论中，门是住宅的咽喉和沟通内外的气道。风水术认为，门上接天气，还关系到聚气和散气。同时，门还犹如人的脸面，有着重要的表征性，加之还要考虑通风和防御的需求，其材料和形式更加讲究。粤北地区传统村落中门大致可分为门楼、巷门、闸门等，还有民居住宅的入户门和公共建筑的门。

1. 门楼

门楼在粤北地区的应用比较普遍，特别是受湖南影响的连州、仁化地区，多在村的入口设置门楼，门的朝向和位置，根据风水和地形的需要布置，主要门楼前有风水塘，正对门楼或笔架山。门楼本身造型和形象代表着一个村子的门庭气象，建筑多为砖木结构，白墙黛瓦，翘角飞起或作灰塑动物形象，檐壁多有彩绘，装饰精美。门楼前设置圆形坪地，两侧或与八字墙相连，有迎风纳气的含义，这与两湖地区的做法很相似。连州一带的村落门楼甚至还多采用歇山屋顶。如连州市石兰寨兰桂里门楼，建于清嘉庆二十年（1817年），砖木结构，人字硬山墙，凹斗门式门面，轩式檐廊，封檐板雕花，檐壁有山水、诗文彩绘；拱形门洞，两侧挂木对联书"家声自息传京兆、世德于今箸石兰"，门额阴刻"兰桂里"，上悬挂嘉庆年木匾额书"进士"，左右有两圆形枪孔，门楼内墙嵌光绪年重修门楼碑记，地面为青石板铺砌，门前半圆形地坪也铺石板。

2. 祠堂大门

祠堂入口大门的设计也很有特色，其中在粤北不同的地区无论是祠堂平面型制还是入口的造型与装饰都能看到周边地区的影响。其入口形式大致可分两种，一类是祠堂正门向内凹进，形成檐廊空间，这样可以丰富立面形式，增加装饰题材。而在这一类型的基础上，粤北地区祠堂演化出了几种不同的变体。如在韶关南雄地区祠堂前设置一个门楼，开间较小，檐廊进深较大，直接在檐下架横楣梁。祠堂的入口形式受江西地区影响较大，仿照木牌楼做牌坊式门面，材料多使用红砂岩。而在连州地区的祠堂则多受湖南地区的影响，通常不会在前面加设门楼，祠堂的开间较大，布置两前檐柱，檐柱多为一柱两枓结构，部分祠堂的入口还做成卷棚样的轩式檐廊。这与两湖地区的做法相似，入口的横楣梁与梁枋有少许雕饰，但不如广府或潮汕地区祠堂入口那么华丽装饰，更加注重功能性。

另一类祠堂正面开三间，入口凹斗门式门面，这类祠堂大多出现在清远英德、韶关曲江、浈江区、翁源等祠宅合一地区。英德与翁源等围楼地区，民居的防御功能增强，祠堂的型制大多相似，但装饰变得更加简洁、实用，横楣、梁枋雕花较少。沿北江而下，该地区祠堂前多设头门，木质横楣梁，浮雕精美，檩下檐壁也多有彩绘，大门的花岗岩石门框、石门枕和封檐板雕刻也十分精美。

3. 民居大门

粤北地区民居入口大致可分为独栋式民居大门与祠宅合一民居大门。韶关南雄地区红砂岩分布较为广泛，建筑门框、横眉梁多用红纱岩石材制作，连州、仁化等受湘南影响较大的地区，民居多用木门框；而粤北围屋、围楼则多见花岗岩石门框。

除了材质不同，门的造型上也是多样的，在连州、仁化、乐昌地区"一明两暗"式民居中，大门形式简洁，木门框、石门枕，门框上有一对门簪，具有地方特色的是该地区门上多开方窗，这样有利于堂屋的采光，方窗的大小不一定，如连州市大路边镇山洲村民居大门上开大的槅栅窗，而在其他地区多开较小的直棂窗，这种做法在湘南地区也常见。而另一类大门的特色是在门上嵌一根横眉梁，横眉梁的材质各地区不同，如新田村九井十八厅民居入口使用了红砂岩材料，而在连州、乐昌等地则多采用木材且雕刻精美。不同的是连州地区的横眉梁紧靠入口外墙，不像其他地区为悬空状。门罩的设置在该地区也比较普遍，最简单的做法是用撑栱从墙面伸出，上架檩条披檐。围屋的入口多用红砂岩或者青砖砌拱形门面，石门框，门额上有阴刻楼名。如白围村入口大门有木牌匾高书隶体"兰台首选"，阳文雕刻，雄浑遒劲，硕大卵石加石灰夯筑、垒砌而成的围门，厚实稳重。门楣上悬石匾"亘古鸿猷"四字，周围灰雕城郭图案，古朴厚重。

	门的形式	表5-9
典型样式	相似形式	

门楼			
	石兰寨兰桂里门楼	大营村里仁可风门楼	马带村金马世第门楼

	典型样式	相似形式	
门楼	 恩村门楼	 朱岗村紫气东来门楼	 沙坊村上和里门楼
祠堂入口	 朱岗村吴氏宗祠	 英德石下村巫氏祠堂	 蒙氏家庙
	 鱼鲜村先祖堂	 浆田村爱敬堂	 新田村玉珊祠
民居大门	 冲口村	 应山村	 山洲村

续表

典型样式	相似形式	
 沙坪村武进士第	 应山村	 白家城村
 新田村九井十八厅	 沙坪村	 楼村
 光明村均和楼	 石桥塘村卢寨	 光明村喜燕楼

(左侧纵向标题：民居大门)

(来源：自制)

（二）窗的功能、形式、大小及构造

窗在功能上主要有通风采光作用，同时也是建筑装饰的重点部位。粤北地区窗的形式多样，按材料分有木窗、石窗和砖砌窗等。按形式分有方形、圆形、拱形、叠涩三角形和不规则形窗等，其特色的主要体现在石制方窗、砖拱窗、砖叠涩窗、榀栅窗和镂空花窗等。

石制方窗在韶关南雄、始兴、曲江地区比较多见，石材多用红砂岩，就地取材。因防盗外墙开窗往往较小。一般为直棂窗，有的窗花雕刻精美，题材多样如风车、太阳、花草、钱币和万字等纹饰，寓意富贵吉祥、一帆风顺。

拱形窗多出现在受湖南影响的连州、乐昌、仁化和翁源等地，利用砖砌拱券将重力转到两侧，这样减少了窗的受力，还可加大窗宽，如连州山洲村民居。同时，对拱券下的墙面进行灰塑造型和彩绘，赋予美好题材。

叠涩三角形窗在连州、乐昌、仁化等地常见，是利用青砖造型而成的类似窗楣的作用，本身具有装饰效果。工艺上与发圈类似，将窗上部墙体的力传到两侧墙体以减少窗受力。

榀栅窗在粤北地区宅院中也广泛被应用，此类窗一般用在民居内装部位。榀栅的制作精美，榀心雕刻各种花式或者动物式样。榀栅窗也会直接开在外墙，为了减少窗上墙体的重力通常会在窗上檐嵌入一根长木，在连州市山洲村的民居建筑中可以看到此类做法。

镂空花窗有遮阳和阻挡视线的作用，也能增强民居的艺术气氛，一般出现在民居的内庭院。漏窗的材料多样有砖砌、陶制和琉璃等。漏窗的窗花形式丰富，一般比较有规律，多数是几何图案和花草图案。

窗的形式　　　　　　　　　　　　　　　　　　　　　　表5-10

	典型样式	相似形式	
石窗	 新田村九井十八厅花窗	 新田村九井十八厅花窗	 周田村李屋民居（浆田村）

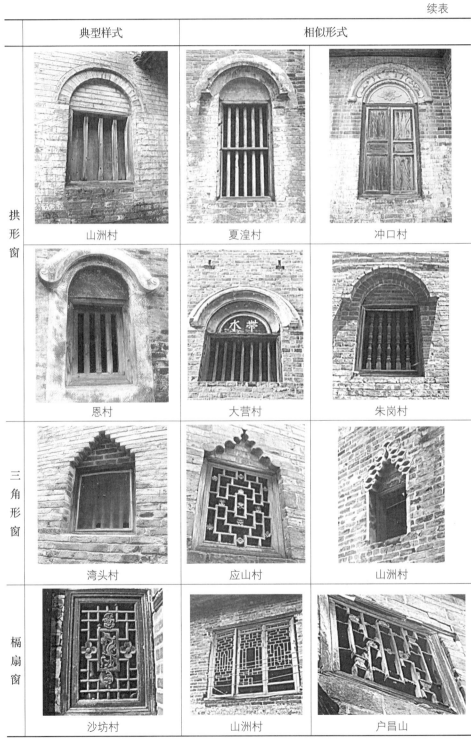

	典型样式	相似形式	
拱形窗	山洲村	夏湟村	冲口村
	恩村	大营村	朱岗村
三角形窗	湾头村	应山村	山洲村
槅扇窗	沙坊村	山洲村	户昌山

续表

	典型样式	相似形式	
镂空窗花	 中界滩凝晖堂砖砌漏窗	 江尾镇南塘村湖心坝	 英德石下村
枪孔	 罗坝镇长围	 罗坝镇长围	 新丰潭石村九栋十八井

（来源：自制）

（三）功名石

功名石，又称功名旗杆、旗杆石、桅杆石，矗立于大门坪的水塘前，是为本族弟子取得一定"功名"而立的石柱。因它原来夹着一根旗杆，故称旗杆石，又因它像船上的桅杆，故称桅杆石。[16]

功名石具有激励后人奋发图强、兴家旺族、报效国家的意义。在始兴客家围屋的大门口，可看到两对至十多对不等的旗杆石，它是人们弘耀人杰地灵，崇尚文化，耕读传宗的一个标志。[17]主要作用为考取功名后，社会地位提高，光耀门楣，作为后人学习榜样，激励积极进取。韶关地区多产红砂岩，村内功名石、牌坊、柱础等常就地取材，用红砂岩制作而成，坚固、美观、耐久。

1. 翁源县江尾镇南塘村湖心坝（图5-89a）

长安围正门外晒坪有功名石两对，对称分布于厅堂轴线两侧。功名石以红砂岩制作而成，现状保存基本完好。

2. 南雄市南亩镇鱼鲜村（图5-89b）

世盛堂牌坊作为室外到室内空间的过渡，占地范围大，牌坊为红砂岩雕刻，图案精美，保存较完整，牌坊外及庭院各有一对功名石。

　　　a 湖心坝　　　　　b 鱼鲜村　　　　　　　　c 老屋村

图5-89　功名石

（来源：自摄）

　　3. 乳源大桥镇老屋村功名石

　　风水塘和老屋之间的晒坪立有十余对功名石。据村民介绍，旧时凡村里有考取监生以上功名者便树立一对功名石以资纪念，有的因"文革"被毁，不少用于铺设路面。功名石高低不等，约1米左右。上刻年号、考取功名者姓名、字号和考试名次等，体现出老屋村历史上对教育的重视上级对村中人才辈出的见证。

　　（四）照壁

　　照壁是中国传统建筑特有的部分。明朝时特别流行，在大门内设屏蔽物。古人称之为"萧墙"。因而有萧墙之说。在旧时，人们认为自己宅中不断有鬼来访，修上一堵墙，以断鬼的来路。因为据说小鬼只走直线，不会转弯。另一说法为照壁是中国受风水意识影响而产生的一种独具特色的建筑形式，称"影壁"或"屏风墙"。[18]照壁是中国传统建筑的特有部分。风水讲究导气，气不能直冲厅堂或卧室，否则不吉。避免气冲的方法，便是在房屋大门前面置一堵墙，所以照壁具有挡风、遮蔽视线的作用，同时因其墙面大又具有对景效果，也往往是重点装饰部位。粤北地区照壁也很普遍，装饰多为砖雕和灰塑，题材主要是福、禄、寿等吉祥字和图案。

　　1. 翁源县湖心坝"司马第"照壁

　　照壁既是司马第的重要组成部分，同时，又与照壁前水塘构成村落入口处的重要景观节点。照壁青砖砌筑，工艺讲究，保存基本完好，但近期洪水浸泡使墙体向外倾斜。

2．曲江上伙张的张氏宗祠照壁（图5-90）

上伙张村张氏宗祠的堂号为"金鉴堂"，祠内建筑分布在同一中轴线上，左右为民居，照壁位于第四进和第五进之间的后院，上面的砖雕灰塑为牌坊门的形式，还有人物花卉，只是很多细部装饰已模糊不清。

图5-90　张氏宗祠二进（左）、四进照壁
（来源：自摄）

（五）小木作装饰雕刻

尽管粤北地区小木作装饰受到湖南和江西影响较多，但因受到当地山区经济的限制，与广府和潮汕地区相比较还是简约质朴。主要在重点的部位进行装饰雕刻，以达到装饰效果，主要装饰部位有槅栅、横楣梁、封檐板、雀替和藻井等。

槅扇门上的格心部分其装饰图案一般以几何纹为主，槅扇门上的格心部分格纹相对比较密。这种格纹可以千变万化，但为了制作方便，多以直纹为主，曲纹为辅，并且纹样的组织多有规律性。有一种大方格组成的式样，四周加一点雕刻花式；还有一种由大方格到小方格，由外到里逐级缩小的窗格纹样，由于窗格一步步向里紧缩，所以取名"步步紧"，紧与"锦"谐音，根据谐音改称为"布布锦"，人们认为其有步步走向锦绣前程之寓意。[19]人们赋予一些纹样以吉祥之意，使其包含丰富的文化内涵。而几何纹样没有特定的象征意义，制作方便，多采取有规律的式样而形成韵律美。

雀替是在房屋外檐柱与梁枋交接处的一种构件。雀替的式样也并不统一，在外形上，有的雀替带有斗拱，有的不带。雀替上面的装饰纹样更是多种多样，有雕刻植物、动物、人物以及祥云、花篮的，有的为动物植物组合的装饰纹样，一般根据建筑的类型，装饰的图案和题材会有差异。甚至同一建筑其雀替的式样也不尽相同，反映出装饰的多样性和丰富性。

在粤北地区鸱吻（鸱尾）被作为装饰题材运用到雀替上面是比较常见的，民间传说中鸱吻为龙头鱼尾，双目怒睁，口舌大张，有鱼鳞，形象威猛，而且据闻鸱吻喜欢在险要处，而且喜欢吞火。所以，在当地人们都喜欢在屋脊、大门檐柱的雀替上安置上两个相对的鸱吻，以祈求能避开火宅，家宅平安[20]。

封檐板是指在檐口或山墙顶部外侧的挑檐处钉置的木板。[21]一般这样做是为了使檐条端部和望板免受雨水的侵袭，设置封檐板时，一般要比挂瓦条高20~30毫米，以保证檐口第一块瓦的平直。普通民居的封檐板，以实用性为主，较少考虑装饰作用，直接以未经装饰的木板条作为封檐板。而祠堂或者是一些较大型的民居，对装饰要求高，会对封檐板进行装饰，在封檐板的造型上会比较讲究，还会在封檐板面上进行雕刻和彩绘，如简单的几何纹样、花草纹样、文字宝瓶或是一些组合纹样。

粤北地区的民居和祠堂常做覆斗式天花和卷棚式天花，在户昌山凤起书院和应山村民居能看到覆斗形天花，呈四边形，天花上有木质雕花纹饰。而在连州地区部分祠堂大门设轩式檐廊，上有平顶式和拱形顶棚。

小木作装饰雕刻　　　　　　　　　表5-11

类型	典型样式	相似形式	
雀替	新田村继述堂	浆田村黄氏一本堂	红梨村祠堂
	中站村徐氏宗祠	大岭村儒林第	饶屋村
	小坑镇曹角湾村	浆田村	张屋村庐江堂

类型	典型样式	相似形式	
门窗	燎原村屏风构件破损	大岭村水湖围木隔窗	廖屋村石头城哭嫁楼门板装饰
	大营村	沙坊村	大营村
天花藻井	户昌山凤起书院天花	石塘	户昌山
封檐板	新丰龙围村	湖心坝村	鹤桥围光裕堂

续表

类型	典型样式	相似形式	
封檐板			
	大岭村	大岭村	冲口村陈氏宗祠

（来源：自摄）

（六）石雕、砖雕、灰塑和彩绘装饰

石雕是在大小已经定型的石件上面进行雕刻加工。石雕在粤北传统民居中一般出现在门匾、功名石、泰山石敢当、石狮、石鼓、门枕石、柱础、石窗花等部位，也有用于制作大门框和牌坊。因为石材质坚耐磨，且防水、防潮，所以在一些需要防潮和受力的构件中常常被使用。石雕技艺的传统类别和做法常为线刻、阴刻、浮雕、混雕等[22]。线刻一般用于柱础、碑石花边等部位，装饰题材多以花纹为主。阴刻和浮雕使雕饰更富立体感，在民居建筑中常用于台基、柱础等部位，通常以两种技法结合使用，雕以花草植物。圆雕因为其加工精准度不高，通常用于大门前或者牌坊旁的大石狮，在建筑构件中较少采用，石雕的柱础主要承接木柱身，避免木柱直接接触地面而受到湿气侵蚀，因粤北山区气候潮湿，有的地方柱子的下段部分仍用石材。石柱础的式样多种多样，有覆盆式、覆斗式、基座式、圆鼓式[23]，但从调研的石柱础中，除了基座式和圆鼓式外，大多数都是以组合式的柱础出现，如圆鼓与覆斗、覆盆与圆鼓、圆鼓与基座等相结合，基座还有方形、六角形、八角形等，在装饰内容方面，多选取具有象征意义植物、动物等图案进行组合和雕刻，寓意吉祥。

另外，在功名石的雕刻上，大多都比较简单质朴，但是有些功名石的雕刻也很讲究，内容题材有被誉为仁义祥瑞之意的凤纹和寓有奋发向上之意的龙纹，还会雕刻一些民间故事，如"马上封侯"，取其"猴"与"侯"的谐音，寄寓其对加官封侯、荣华富贵的一种向往和追究。[24]在一些祠堂等重要的场所出现的抱鼓石上，一般会雕刻有宪章，除了显示其家族是"官宦之家"以外，也有清正持家之意。

砖雕是在砖上加工，而雕刻出各种花卉、动物、人物等造型作为建筑上某一部位的装饰，因为打磨过的青砖能有较好的抗蚀性和装饰性，既耐久又丰富了其建筑的装饰性。故都用青砖雕刻，砖雕技法比石雕更为精准，雕刻更为精美。砖雕在技法上除了剔地、隐刻外，还有多层雕、浮雕、透雕、圆雕等。砖雕在民居建筑中，大多用在大型建筑的大门、墙面、照壁、墙楣等处。在屋脊上采用砖雕脊花者，雕刻比较精美，立体感强，在工艺上多采用透雕。在墙楣上通常会用边线框成画幅形式，题材上面多用人物故事或牡丹、菊、梅等装饰。这种砖雕精美，工艺复杂、耗时，故多用于祠堂建筑和较富有的民居中，普通民居中一般不会采用。

灰塑是以白灰或贝灰为原材料做成灰膏，加上色彩，再在建筑物上进行描绘或塑造成型的一种装饰类别，灰塑被分为彩描和灰批。[25]彩描是在墙面上绘制山水、动物、植物、人物等图案的壁画，灰批是用灰塑造出各种装饰。灰塑多用在屋脊、墀头、外檐下和照壁等地方，其中外檐下是彩描运用最多的地方，其画幅相对较长，通常划分为若干个画幅，而且每篇画幅还可独立成一个画面，题材一般以山水、历史人物、神话故事为主，装饰性极强。部分民居的门窗框边上也会有彩描绘制，题材多为抽象的花纹，会有一定的规律性。而灰批主要强调装饰的立体感，多用在窗楣、门楣、窗框、山墙墙头、屋檐瓦脊等部位，如浆田村、大岭村在屋脊都有做灰塑。另外，一般在宗祠会做"鳌头"灰塑，据说源于《淮南子·览冥训》中"女娲炼五色石以补苍天，断鳌足以立四极"之说。还有"独占鳌头"之说，寄托着科举高中的美好的愿望。[26]

彩绘一般多出现在檐檩、山墙、墙头的墀头部位，不会在墙面的重要部位，大多集中在墙的上檐口，多喜用植物花草和几何纹样组成的纹样。在一些大型的建筑，如祠堂，还会在斗拱、隔扇、藻井等部分进行彩绘。

石雕、砖雕形式 表5-12

典型样式	相似形式	

鱼鲜村先祖堂门檐雕刻	新田村	心田村

典型样式	相似形式	
老屋村	新田村九井十八厅	大岭村儒林第入口
鱼鲜村先祖堂屋脊雕饰	鱼鲜村世盛堂天井滴水	曹角湾村邓氏宗祠
水城永慕宗祠门梁石雕	湾头村卢崇善故居	户昌山村聚凤楼书院砖雕檐口
鱼鲜村先祖堂柱础	马市镇红犁村	南亩镇鱼鲜村先祖堂
户昌山村李氏宗祠	曹角湾邓氏宗祠	新丰龙围村

续表

典型样式	相似形式	
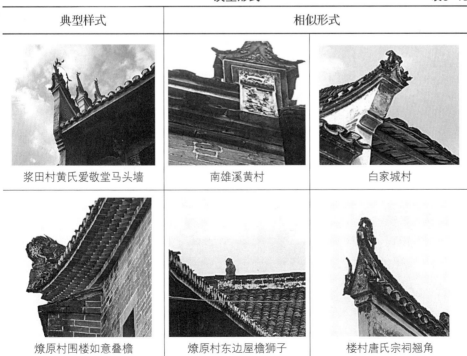		
柯树下村清河堂	东村岗村欧阳公宗祠	古道上村街
石下村巫氏祠堂	石下村巫氏祠堂	新田德星远庆门墩

（来源：自摄）

灰塑形式 表5-13

典型样式	相似形式	
浆田村黄氏爱敬堂马头墙	南雄溪黄村	白家城村
燎原村围楼如意叠檐	燎原村东边屋檐狮子	楼村唐氏宗祠翘角

续表

典型样式	相似形式	
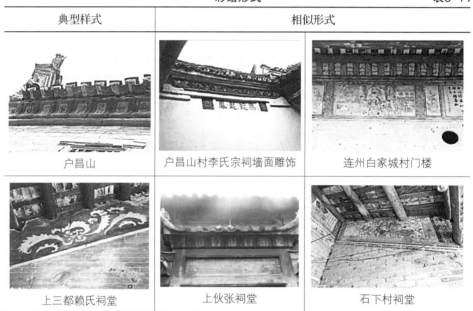		
大营村里仁可风门楼	连州冲口村	英德石下村

（来源：自摄）

彩绘形式   表5-14

典型样式	相似形式	
户昌山	户昌山村李氏宗祠墙面雕饰	连州白家城村门楼
上三都赖氏祠堂	上伙张祠堂	石下村祠堂

（来源：自摄）

（七）装饰题材

粤北地处湘、粤、赣三省交会的特殊地理位置，同样，建筑装饰也深受周边文化和移民文化的影响，反映在题材、工艺手法上都体现出相互交融汇集、多样丰富的特色。人们通过木雕、砖雕、石雕等装饰手法，在民居的门楼、横门梁、门罩、梁架、雀替、隔扇、窗花等处表现出其装饰性，再在装饰题材的选择上，通过动物、植物、几何纹样和人物故事等表达美好的追求，形象生动，既有乡土特色又富于意境志趣。

1. 植物文样

在长期的生产、生活过程中，人们意识到植物除了作为生活资源，还具有很强的观赏性，能美化人们的生活。同时借助这些植物的名称的谐音、同音以及植物本身的性质来进行符号化象征，反映出人们美好的愿望。在民居的装饰中，对植物题材的运用，体现出人与自然的和谐共生，如在大面积门扇、庭院的漏窗等上植物题材的运用，有"梅兰竹菊"，"花开富贵"的牡丹，另外还会与特定的动物组合成吉祥意义的图案，如"松鹤图"、荷与蟹意味"和谐"等。植物题材中，莲花和牡丹是比较传统的装饰题材，都具有其特定的象征意义。莲花也称为荷花，生长在污泥中，以藕为根，其花出淤泥而不染，被誉为"花中君子"，是最常用来作为宗教和哲学象征的植物，代表着纯洁和高尚的人品，象征着一种"出淤泥而不染，濯清涟而不妖"的纯洁品质。而莲花与莲藕一起也表达了"连生贵子"的寓意。[27]牡丹素有"国色天香"、"花中之王"的美称，在中国传统观念中人们认为牡丹是繁荣昌盛、幸福和平的象征，宋周敦颐《爱莲说》曰："牡丹，花之富贵者也"，故牡丹也被称为"富贵花"，有着富贵的寓意[28]，全部布满各式花卉纹样的则寓意着"花开富贵"。除莲花、牡丹是传统民居中的常见装饰题材外，花草纹也是传统民居装饰纹样中比较常见的一种。花草纹纹样形态更加自由，所以在建筑的各种部件上面都适合作为装饰，通过对花草纹的聚散组合，自由的进行穿插，能使装饰纹样更加丰富多彩，更具艺术特色。除此之外还有象征着长寿的桃子、象征坚贞不屈的菊花、象征如意吉祥的灵芝等寓意深远的植物纹样，这些也都是传统民居中常用的装饰纹样。

2. 动物纹样

在远古生产力低下的环境中，当人们面对一些自然现象带来的灾害时，甚至会把动物的形象神话，赋予其特殊的文化寓意。通过在日常生活中通过对动物的观察，模仿其造型，将其提升为一种图腾符号，并用这些纹样符号的组合表达追求和愿望。在粤北民居的装饰中动物纹样也随处可见，动物纹样多为龙、麒麟、鸱吻和喜鹊等，都被赋予特定的寓意。麒麟是中国传说中的"四灵"之一，与凤凰、龟、龙并称"四灵"，是仁慈祥和的象征，是祥瑞之兽、吉祥神兽，传说中，只有在天下太平，政通人和时才会出现麒麟。人们常将装饰构成"麒麟送子"的图案，也寓意着"早生贵子"，麒麟送来童子必定是贤良之臣。有传说孔子就是麒麟所送，故而民间流传有"麟送玉书"的典故。龙在西方国家，被人们认为是邪恶的怪兽，但是在中国，龙被誉为四灵之长，深受人们的尊重，能使国家风调雨顺，象征着向上、权利和尊贵、无所畏惧，故古代将皇帝尊称为"真龙天子"。民居中常以龙的图案寄托"望子成龙"愿望。另外，人们把龙与"四灵"之一的凤凰组合成装饰图案寓意着"龙凤吉祥"。鸱吻又称为"鸱尾"传说是"龙生九子"其中之一。据北宋吴楚原《青箱杂记》记载："海为鱼，虬尾似鸱，用以喷浪则降雨。"故在民居中人们喜欢在屋脊、大门檐柱、雀替上安置两个相对的鸱吻，据说有能避火灾之意。㉙另外，跟龙一样，在西方也有被寓有"邪恶"、"血腥"之意的蝙蝠。因其在中国，"蝠"与"福"是谐音字，人们把蝙蝠美化成吉祥物，根据《尚书洪范》云："五福：一曰寿，二曰富，三曰康宁，四曰攸好德，五曰考终命。"根据民间的说法，人们将倒飞的蝙蝠和古钱组成"福在眼前"的吉祥图案，蝙蝠倒着飞寓意着"福到"等。除此之外，被人们认为喜兆的喜鹊、寓意富贵长寿的鹿、象征飞黄腾达的狮子等也是传统民居中经常被人们使用的吉祥图案，在始兴的东湖坪曾氏祠堂中，甚至将老鼠与葡萄组合图形雕刻在正厅的檐柱下，体现主人祈求多子多福愿望。

3. 几何纹样

几何纹样是指由曲线、直线组合而成的抽象图形，几何纹大多和其他纹样组合在一起或有规律的排列，主要用于门窗、格扇、牌匾和梁枋的装饰，最常见的是回纹，有些还在回纹中间加各种动物和植物的雕花作为装饰。一些曲梁上面也会用回纹，由许多的回字形相互之间连接，不断的回环象征有家族千秋万代，子孙绵延不绝的寓意。"卐"形的万字纹也是建筑装饰中常用的装饰纹样，万字一般不单独出现而是由许多万字相互连接成网，比较常用作装饰的底纹，也会有万字花窗，万字在古代是印度佛教的符号，在中国有寓意万字不断头、长寿绵延之意。另外在粤北的一些窗花上，还会有方胜纹，将两个菱形压角相叠而组成的纹样图案，寓意着同心同德，有些还会在方胜纹中间加入梅花的图案，使装饰图案更加丰富精美。

4. 人物故事

人物故事题材的运用起到纪念、励志和引导人生的作用，或是人们喜闻乐见的传说故事。将它作为一种有纪念意义的装饰题材用雕刻、彩绘或者灰塑的手法将其记录下来。如始兴天门阿公的题材就大多取自一些民间人物传记和故事，相传明清时期始兴县各地老屋的私厅上都开有天窗，天窗下的墙壁上有灰塑的人物、植物、动物、园林和山水等图案和彩画，俗称"天门阿公"或"天檐阿公"。人们为了纪念张九龄让皇帝恩准开天窗和广东不解粮之事，特请师傅将这两件大事用灰塑和绘画方式安在天窗下的墙壁上，叫"天门阿公"，因在屋檐下又叫"天檐阿公"，起到纪念和辟邪作用，同时还解决了采光通风问题，后来成为始兴民居建造的特点并流传至今。八仙过海、财神爷赵公明等神仙的故事也常作为装饰题材广为使用，如在一些木雕题材中经常以财神爷昂扬而至，加上两旁的蝙蝠纹样组成构图，寓意着财运亨通、福禄双至。还包括被人们称为欢喜之神的"和合二仙"，用来暗喻夫妻和谐合好之意、西王母"蟠桃会"的民间典故用来寓意"长寿吉祥"。

装饰题材 表5-15

典型样式	相似形式	
大岭村	大岭村	大岭村
湖心坝	柯树下村	夏府村
户昌山	鱼鲜村	鱼鲜村
沙坪村	应山村	应山村

续表

典型样式	相似形式	
溪塘村	长围	石塘村
鱼鲜村	应山村	连州夏湟村

（来源：自制）

[注释]

① 段进等.城镇空间解析[M].北京：中国建筑工业出版社，2002，1：10.

② 张以红.潭江流域城乡聚落发展及其形态研究[D].广州：华南理工大学，2011：3.

③ 廖文.客家研究文丛 始兴古村[M].广州：华南理工大学出版社，2011，8：64-65.

④ 吴庆洲.中国客家建筑文化 上[M].武汉：湖北教育出版社，2008，5：1.

⑤ 李晓峰.两湖民居[M].北京：中国建筑工业出版社，2009，12：193-195.

⑥ 戴氏.广东通志•卷三十五[M].明嘉靖.

⑦ 黄浩.江西民居[M].北京：中国建筑工业出版社，2008，11：204-222.

⑧ 黄浩.江西民居[M].北京：中国建筑工业出版社，2008，11：204-222.

⑨ 万幼楠.对客家围楼民居研究的思考[J].华中建筑，2001（6）：90-92.

⑩ 刘兵.若干西方学者关于李约瑟工作的评述——兼论中国科学技术史研究的编史学问题[J].自然科学史研究，2003（1）：69-82.

⑪ 李晓峰.两湖民居[M].北京：中国建筑

工业出版社，2009. 12：193-195.

⑫　李晓峰. 两湖民居[M]. 北京：中国建筑
工业出版社，2009，12：248.

⑬　廖晋雄. 客家研究文丛　始兴古堡[M].
广州：华南理工大学出版社，2011，8：
24-26.

⑭　楼庆西. 乡土建筑装饰艺术[M]. 北京：
中国建筑工业出版社，2006，1.

⑮　王其钧. 中国民居三十讲[M]. 北京：中
国建筑工业出版社，2005：74.

⑯　廖文. 客家研究文丛　始兴古村[M]. 广
州：华南理工大学出版社，2011，8：
65-67.

⑰　同上

⑱　百度百科. 照壁[EB/OL]. http：//baike.
baidu.com/view/696539. htm.

⑲　楼庆西. 乡土建筑装饰艺术[M]. 北京：
中国建筑工业出版社，2006，1：178.

⑳　廖威. 客家研究文丛　始兴艺术[M]. 广州：
华南理工大学出版社，2011，8：58.

㉑　互动百科. 封檐板[EB/OL]. http：//www.
baike.com/wiki/%E5%B0%81%E6%AA%90%E6%
9D%BF.

㉒　刘森林. 中华装饰　传统民居装饰意匠
[M]. 上海：上海大学出版社，2004，5.

㉓　齐学君，王宝东. 中国传统建筑梁、柱
装饰艺术[M]. 北京：机械工业出版社，
2010，1.

㉔　廖威. 客家研究文丛　始兴艺术[M]. 广
州：华南理工大学出版社，2011，8.

㉕　王力. 中山近代民居窗楣装饰特色的研
究[J]. 装饰，2010（2）.

㉖　廖威. 客家研究文丛　始兴艺术. 广州：
华南理工大学出版社，2011，8：158.

㉗　廖威. 客家研究文丛　始兴艺术. 广州：
华南理工大学出版社，2011，8：20.

㉘　廖威. 客家研究文丛　始兴艺术. 广州：
华南理工大学出版社，2011，8：22.

㉙　廖威. 客家研究文丛　始兴艺术. 广州：
华南理工大学出版社，2011，8：58.

第六章
粤北传统村落文化特色分区

第一节 古道沿线村落特征

一、粤赣古道沿线村落典型特征

粤赣古道主要有乌迳古道、梅关古道和水口–南亩古道，其中乌迳古道和水口–南亩古道经江西信丰往赣州、吉安、南昌，连通长江水系；梅关古道则经大宜至赣州（图6-1）。粤赣古道选取5个村落，集中在韶关南雄地区。其中，乌迳古道有乌迳镇新田村和油山镇浆田村；梅关古道为珠玑镇中站村和里东村；水口—南亩古道有南亩镇鱼鲜村。

通过以上5村之间的比较，以及与江西大宜、信丰和赣州地区传统村落和建筑的比照，可以看出粤赣古道上述村落的一些共性特征：

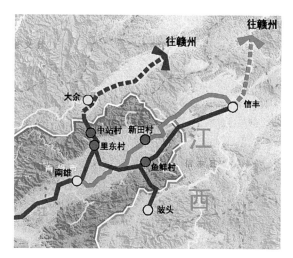

图6-1 粤赣古道
（来源：自绘）

（一）迁入时间

乌迳古道和西京古道为粤北古道中历史最久远且最为重要的两条古道，相应地，南雄（乌迳）和连州，成为粤北地区开发最早的两个主要区域。根据族谱和方志归纳出表6-1，可见粤赣古道所选古村开基时间均较早，多为宋元及以前。

（二）流源

在流源上多与中原相关，且多具官宦背景，文化底蕴深厚，如：新田村和鱼鲜村中的牌坊在样式、雕饰图案和题字等方面多体现出与中原文化深厚的渊源关系；特别是鱼鲜村宗祠上厅梁架以两端入墙的月梁状大内额取代两根金柱和穿枋，具有元代减柱造做法的遗风（图6-2）。

图6-2　鱼鲜村宗祠上厅梁架
（来源：自摄）

粤赣古道沿线传统村落流源与开基时间　　　表6-1

古道	村落名称	开基时间	流源／因由
乌迳古道	新田村	始祖李耿在公元315年（西晋建兴三年）开基，现传第53世	公讳耿，于晋愍帝朝官，居太常。见朝政日衰，宗室争权。建兴三年，直谏忤愍帝意，左迁始兴郡曲江令，公率家属之任，道经新溪，见其川原秀异，自悼谪居
	浆田村	始祖元轩公在宋景炎二年开基	因其父缜来韶州任教授，致仕还乡，途卒于雄，其子元轩扶柩回归，适遇元兵之乱，梅关受阻。为避兵乱往信丰过浆田，因爱其风土，遂葬父择家浆田
	乌迳水城	唐广明元年（公元880年），叶崇义开基	唐广明元年，叶氏祖崇义公授山屋州都督，年老任归，途抵南雄时，闻黄巢起义军攻入都城长安，道路扰攘难归，见南雄乌迳山水环翠，乃择址卜居
梅关古道	中站村	始建于秦末，历代均有修建	秦灭楚后，越人自立为王，梅鋗随越王至梅岭，筑城中站，奉王居之
	里东村	古道始辟于秦，主要用于军事，至明清商贸发展，商铺驿站林立	古道始辟于秦，主要用于军事，至明清，商贸发展，商铺、驿站林立，茶楼客店，鳞次栉比，同时它也是广东学子进京赶考的必经之路
水口-南亩古道	鱼鲜村	上门王氏开基于南宋孝宗乾道五年（公元1169年），已有839年历史	其先人由山西迁入，现传至93世。据说上门王氏先祖于南宁末年文天祥抗元失败后迁居于此

（来源：自制）

（三）祠宅关系

除鱼鲜村李氏采取祠宅合一的聚居方式外，其他姓氏大都为祠宅分离，建单独的祠堂建筑。

（四）牌坊、牌坊式入口和照壁

乌迳古道和水口-南亩古道所调研的三个村落主要宗祠前均设石构牌坊，如前所述，牌坊样式、题字内容和雕饰细部题材均凸显其祖辈与中原的文化流源关系和显赫世

图6-3　鱼鲜村先祖堂前牌坊上书"江左名家"
（来源：自摄）

家，如鱼鲜村先祖堂前牌坊上书"江左名家"，其每一进红砂岩石柱的正面侧面皆刻有对联，雕刻字体及形式丰富多样（图6-3）。

（五）山墙

宗祠多采用跌级式马头墙，端头略微起翘；而民居多采用悬山或三角形硬山，人字形山墙较少，且曲线不明显，山墙样式亦为赣南民居所常见。

总体而言，粤赣古道沿线传统村落既保留有宋元时期中原文化的特点，同时也反映出赣南传统建筑风格的明显影响。

二、湘粤古道沿线村落典型特征

粤北地区连通湘粤两地的五条主要古道为茶亭古道、星子古道（西京古道西线）、秤架古道、宜乐湘粤古道（西京古道东线）和城口湘粤古道，总体而言，靠近湘南的村落建筑反映出较为明显的湘南传统建筑风格影响，但由于茶亭古道连通湖南永州而其余四条古道连通湖南郴州，在村落建筑风格上，总体相似中仍存在一些差异。

（一）茶亭古道沿线村落特征

1. 门楼

茶亭古道（图6-4）沿线村落

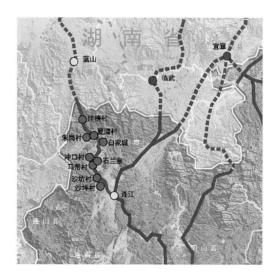

图6-4　茶亭古道
（来源：自绘）

都会在进村的入口设置门楼，其中许多门楼会在门楼两侧砌筑平面类似"八"字形的墙壁，或是和周边建筑按"八"字形设置，这种做法在两湖地区的祠堂或门楼中较为常见，寓意向内吸纳四方财气。门楼往往高于两侧房屋，两侧外八字青砖墙体较房屋低以突出门楼的挺拔。（图6-5）在沿线实地调查的九

图6-5　连州朱冈村"八"字门楼
（来源：自摄）

个村中，只有挂榜瑶寨和沙坪村未出现八字墙形式的门楼。

2．祠宅关系

茶亭古道沿线村落都采取祠宅分离的方式，独立设置宗祠建筑。一般会在村落的中心位置设祠堂，祠堂前往往有空地或池塘。

3．民居平面型制

茶亭古道沿线民居多为青砖砌筑，平面形式多样，其中以"一明两暗"式最为常见：中间为堂屋，是会客、聚会、就餐和祭祀的地方，两侧是卧室。此类建筑层高可为一至三层，通常居中或一侧开门，门上方设一个带有木隔断纹样的较大方窗，有利于堂屋采光。

此外，三合天井式民居与广府地区三间两廊布局相似，但茶亭古道沿线的此类民居中，天井通常靠外墙布置，尺寸较小，这样既可通风采光，也不至于在冬天冷气大量进入室内，天井形式充分考虑了当地的气候条件，在湘南地区也同样可见。

而四合天井式民居规模更大，但在茶亭古道沿线较少出现，通常第一进为前厅，在天井前设木屏风，后为堂屋，两侧布置卧房。

4．山墙形式

茶亭古道是连接连州和湖南永州的重要通道，沿线地区由北往南极具张力的人字形硬山墙向简洁的三角形山墙明显过度，山墙在形式上受湘南建筑影响逐渐递减。其中，人字形硬山墙曲线明显舒展，角部起翘明显，部分端部有卷草纹样，三角形山墙的直线垂脊略高于两坡屋面，建筑山墙形式较少看到徽派建筑中常有的跌

落式马头墙。

（二）星子古道沿线村落特征

1. 祠宅关系

祠堂通常独立设在村落的中心位置，祠堂前一般会有一块空地，并独立于其他居住建筑进行设置。

2. 民居平面型制

星子古道（图6-6）沿线民居多为青砖砌筑，"一明两暗"式最为常见，中间为堂屋，是会客、聚会、就餐、祭祀的地方，两侧是卧室。此类建筑层高可为一至三层，通常居中开门或一侧设门，门上设一个带有木隔断纹样的较大方窗，有利于堂屋的采光。

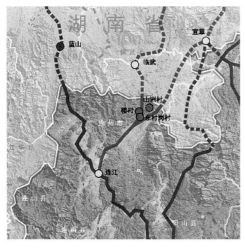

图6-6 星子古道
（来源：自绘）

图6-7 连州东村岗村戍楼弧形山墙
（来源：自摄）

3. 山墙样式

星子古道是连接连州和湖南郴州的重要通道，古时为联系中原地区的西京古道的重要一段，所以沿线地区山墙在形式上深受湘南建筑的影响。与茶亭古道沿线村落相似，建筑山墙形式以人字山墙和三角形山墙较为普遍，但星子古道沿线可看到少量跌落式马头墙，在楼村、大路边村及东村岗村祠堂或是戍楼可见到弧形山墙的应用（图6-7）。

（三）宜乐古道沿线村落特征

宜乐古道（图6-8）为连接韶关乐昌与湖南郴州宜章的交通要道。比照所选5个村落，具有以下特点：

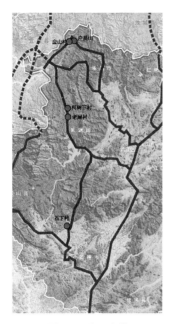

图6-8　宜乐古道
（来源：自绘）

1.祠宅关系和民居类型

靠近湖南境域的乐昌户昌山和黄埔镇应山村，建独立祠堂坐落在村落最前排。民居以"一明两暗"式为常见，少量三合天井式和四合天井式民居，入口带披檐，门楣梁为月梁形式，雕饰精美，部分民居室内厅堂覆斗形天花工艺考究。三合天井式厅堂前小天井照壁雕饰精美。

乳源县大桥镇老屋村和柯树下村则为祠宅合一的形式，以纵列厅堂空间为中心，两侧为顺应地势联排并列的房间。

2.屋面形式和山墙样式

乐昌户昌山和黄埔镇应山村屋面有悬山和硬山两种，其中，悬山屋面用于土砖砌筑的民居，宗祠和青砖民居则为硬山屋面。山墙有跌级式和人字形山墙两种样式，跌级式用于宗祠和少量民居，其他民居多用人字形山墙。

乳源县大桥镇老屋村和柯树下村宗祠采用人字形山墙，联排式房间端部采用悬山屋面。

（四）城口古道沿线村落特征

城口古道（图6-9）是连接韶关仁化县和湖南郴州汝城县的交通要道，所选村落5处：仁化县城口恩村、灵溪镇大围村、丹霞镇夏富村、周田镇张屋村和石塘镇石塘村。村落特征如下：

1.祠宅关系和民居类型

上述村落均为祠宅分离，建独立祠堂，但祠堂位置各异：恩村和夏富村宗祠位于村落前排，灵溪大围村宗祠位于村落中心，张屋村和石塘村规模均较大，宗族房支发达，以宗祠为核心发展民居组团。民居以"一明两暗"式为常见，有少量三合天井式。

2.屋面形式和山墙样式

屋面形式为悬山与硬山。土砖民居多用悬山，青砖民居和宗祠为硬山。上述各村宗祠和民居均有见跌

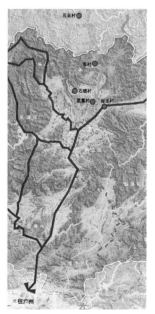

图6-9　城口古道
（来源：自绘）

级式马头墙，灵溪大围黄氏宗祠用镬耳山墙，此外，民居多见人字形山墙。夏富村部分民居角部建有外挑防御射击角楼，其采用青砖逐层叠涩的做法与始兴围楼角部射击角楼相似。

3. 门楼

灵溪大围主要入口门楼采用简化的牌坊样式，张屋村村落和宗祠主要入口均设门楼，人字形硬山，门楣梁为月梁形式，简洁无雕饰，门上方通常搁置匾额。

（五）连州市区至英德连江口沿线村落特征

1. 祠宅关系

在该地区调研村落中祠宅合一形式较多见，祠堂大多位于围屋的中轴线上或是居于一侧，祠堂两侧各有连排式民居与祠堂相连。祠堂比较注重装饰，月梁、封檐板雕花精美，檐壁多有彩绘。

2. 民居

民居多以"四点金"围屋或村围为主，墙体多为泥砖砌筑，单间连排，或有夹层，正立面开一门一窗。居住空间较为狭小，几乎没有过多装饰，体现了围屋节地实用重防御的特点。

3. 山墙

山墙均为三角形，民居多为悬山顶，围屋碉楼做硬山屋顶。

（六）韶关南雄市区至英德连江口沿线村落特征

这段古道主要是沿浈江、北江的水路为主。大体分为两段，一是南雄市区沿浈江而下至曲江，其中有城口湘粤古道沿锦江汇入浈江，宜乐古道一支沿武水在曲江汇入浈江；二是从曲江沿北江而下至英德连江口，与茶亭古道、星子古道、秤架古道和宜乐古道一支经连江在连江口交汇，进入清远清城区。

这一区段沿线共选择11个调研村落，其中南雄至曲江沿线为始兴马市镇红梨村和黄塘村、始兴太平镇东湖坪村、仁化周田镇张屋村、曲江十里亭镇湾头村；曲江至连江口沿线为曲江白土镇上三都、苏拱村和中界滩谭屋村、英德市沙口镇清溪村、英德市英城街办裕光张屋和英德市英城街办南山社区老地湾（表6-2）。

韶关南雄市区至英德连江口沿线部分村落建筑特征对比表　　表6-2

村名	祠宅关系	民居类型	屋顶、山墙样式	其他
始兴马市镇红梨村	祠宅合一	一条龙式	悬山	入口横楣梁为月梁样式

续表

村名	祠宅关系	民居类型	屋顶、山墙样式	其他
始兴马市镇黄塘村	祠宅合一和独立宗祠并存	一条龙式，小天井三合院式围楼	悬山	天后宫
始兴太平镇东湖坪村	独立宗祠	小天井三合院式围楼	悬山	—
仁化周田镇张屋村	祠宅分离和独立宗祠并存	一明两暗为多	跌级式马头墙	村口和宗祠前设门楼
曲江十里亭镇湾头村	祠宅合一	一条龙式，一明两暗	硬山	—
曲江白土镇上三都	祠宅合一	一条龙式	悬山为主	横楣梁为月梁样式，室内檩端墙体有黑底白色卷草彩绘，与广府相似
曲江白土镇苏拱村	祠宅合一	一条龙式	悬山、硬山，少量弧形山墙	天子门楼
中曲江白土镇中界滩谭屋村	祠宅合一	"四点金"围屋	硬山	—
英德市沙口镇清溪村	祠宅合一与独立祠堂并存	一条龙式	悬山	—
英德英城街办裕光张屋	祠宅合一	一条龙式	宗祠为人字形山墙	—
英德英城街办老地湾	独立宗祠	院落式，但建筑高2层，局部3层	三角形硬山、跌级式山墙、宗祠用镬耳山墙	—

（来源：自制）

从上表可看出，这一区段为各条古道交汇融合的区域，湖南、江西和广府风格交融，并受到闽、梅州和赣南地区影响，与始兴、翁源和英德等围楼和围屋一样，防御体系更加完善，对外更封闭，其村落亦呈现出明显的多样性。一方面，祠宅合一的围楼、围屋和一条龙式民居较多出现，但也存在独立祠堂和一明两暗、小天井三合院等民居；悬山、硬山屋面较普遍，跌级式山墙不普遍，仅周田张屋村和英德英城街办老地湾出现，而老地湾村还同时出现镬耳山墙。

（七）临近赣南、广西的村落

粤北古道沿线的村落，主要涵盖了粤北与湘赣接壤地区和粤北北江主要盆地，自东而西依次包括韶关南雄、仁化、曲江、乐昌、乳源和清远连州、阳山、英德北江西北地区。除上述地区，粤北尚有与江西和广东河源接壤的始兴、翁源、新丰、佛冈和英德北江东南地区，以及与广西交界处的连山、连南瑶族自治县，其传统村落及建筑呈现出许多相似点（图6-10）。

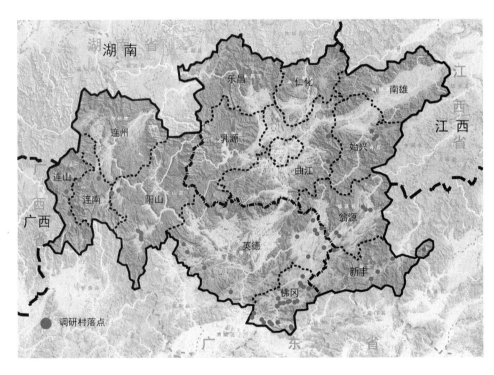

图6-10　粤北古道沿线的村落

（来源：自绘）

1. 开基时间与流源

在粤北东南部，有滑石山、青云山和九连山三道自东北向西南的山脉，与江西"三南"（龙南、定南和全南）地区和广东河源等地分隔开，韶关始兴、翁源、新丰、清远英德和佛冈等县分布其中，有翁江穿过翁源，在英德境域汇入北江。

根据方志和族谱归纳如下表6-3所示，从村落流源和开基时间看，这一区域发展于明清时期，移民多从福建、梅州和潮州经江西"三南"地区或龙门迁入，其中以福建为多。民国时，广府地区人们为避战乱也纷纷向粤北回迁，形成了从东往西、从南往北的反迁客家现象。

韶关始兴、翁源、新丰、清远英德和佛冈地区村落开基和流源统计表　　表6-3

县	村落名称	开基时间	流源
始兴县	白围村	陈公福佐于乾隆庚申年间开始建造，白围陈氏至今已27世	从福建迁江西全南县，再经河牌迳、凹背到此
	燎原村	长围建于清朝咸丰五年1855年，曾姓	六十祖仲五郎从福建徒居罗坝象山下等处立业，为罗坝曾氏先祖公
	廖屋村	据村民所述，村落始建于明朝中期（约公元1450年前后）	廖氏一族从福建、江西迁移而来
新丰县	寨下村	建村于清朝，距今四百多年历史，主要为许姓	从江西迁入
	潭石村	九栋十八井始建于清康熙初年（1600年），至嘉庆六年（1818年）竣工，历时158年	不详
	龙围村	镇江楼由胡焕章建于清道光年间	龙围村先祖迁徙路径：福建永定—广东顺县—江西—新丰县
	大岭村	朱姓：清乾隆时（约250年前）迁入；潘姓：明朝成化年间由广东兴宁县迁居翁源，1770年前后再迁大岭	朱姓：江西至龙门转而迁到朱家镇河东侧定居。潘姓：由广东兴宁县迁居韶州府属翁源南埔杨岸坝，再迁至原朱家镇西侧
	楼下村	始建于清嘉庆年间（1796~1820年），范氏	不详
翁源县	葸岭村八卦围	明朝洪武初年	从福建上杭县汀州府瓦子巷避迁广东翁源县慈茅岭开基
	南塘村湖心坝	明朝正统年间（公元1436~1449年），沈姓	由始祖仲三公从福建上杭汀州迁移到此辟基建造
	长江村罗盘围	始建于清同治二年（1863年），民国七年（1918年）重修	不详
	突水村白楼	始建于清代	不详
	东三村	恒兴围距今约一百多年历史，陈姓	东三村陈氏祖上于明清时期从福建迁至此处定居
	坪田村	杨氏八世祖三兄弟联合兴建坪田祝三围（杨氏至今已有22世）	族谱记载，坪田村杨氏祖上在明朝从福建迁来，至今已有约四百多年历史

续表

县	村落名称	开基时间	流源
英德市	江古山村	明洪武二年（1369年）	不详
	潭头村	明初	太祖邓天锡光禄大夫，原籍南京乌衣巷，元代至正间（1341~1368年）迁居南雄珠玑巷，明朝洪武年间（1368~1398年）次迁英德邓岗头后迁荷木岗，定居潭头村。
	溪村	明代	从福建珠玑巷茅廉村榕树下等处辗转迁徙而来
	石桥塘村	始建制于明洪武二年（1369年）	不详
	光明村	清代	不详
佛冈县	官段围	楼下村始建于清嘉庆年间（1796~1820年），范姓	不详
	土仓下围	始建于清嘉庆二十一年（1817年）	不详
	石咀头村	形成于明成化至正德初年（1470~1510年），郑姓	祖先从潮州迁徙而来
	八宅围	建于清代，多朱姓	不详
	大坝古围	清代客家围屋建筑	不详
	象田村	建于清代，邹姓	从南海迁居而来
	莲吉村	建于清代	不详
	古塘围	建于明代中期，黄姓	不详
	上里围	建于清代，宋姓	从诚逐水口围搬迁定居于此
	石溪古围	建于清代	不详
	石铺古围	清末，郑氏先人所建	不详
	科旺水围	清代围屋建筑	不详
	围镇村	围镇刘氏宗族第一代始祖广传公	围镇刘氏宗族第一代始祖广传公，1208生于南京，官授江西赣州瑞金县令
	潦口围	始建于清代道光年间，梁姓为主	不详
	大墩围	围屋始建于元代	不详
	郭围	该围始建于明清时期，民国时期重修	郭子仪后裔
	下岳村	建村于明末清初。村民多姓朱	始祖是南宋抗元名将朱文焕
	上岳村	元朝末年	宋大理寺评事朱文焕护驾南来广州讨元殉难，葬于清远横石礲竹坦。元朝末年，六世朱子英从广州回到上岳置田造屋，其族人延续至今

续表

县	村落名称	开基时间	流源
阳山县	隔江村	清乾隆末年（约1795年）	杨德官兄弟和杨氏登麟公从梅州迁来
	竹坑村	清咸丰年间	不详
	淇潭村	清乾隆二十一年（1756年）	陈氏祖先从湖南迁来

（来源：自制）

2．村落与建筑特征

（1）从现有调研资料看，粤北地区的围楼主要集中分布在始兴、翁源和英德地区（图6-11）。

始兴地区多围楼，素有"有村必有围，无围不成村"之说，其建筑风格和建造技术受江西围楼密集的"三南"地区影响较为明显。始兴地区围楼多为3-4层，而翁源地区围楼大都以2层为主，鲜有3层以上者，如南塘湖心坝现存大小和形态各异的围楼20余栋，但未见2层以上者。

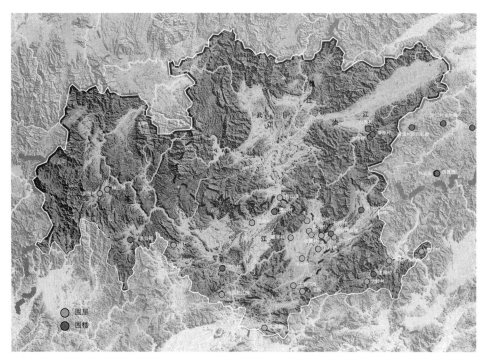

图6-11   调研村落围楼、围屋分布图
（来源：自绘）

（2）在翁源以及英德东部靠近翁源地区，有将围屋外墙加高一层甚至两层，设射击孔，在内侧设一层或两层周围连廊，与四角角楼连通成为一圈防御工事的做法。这种民居两层，少数三层，仅设入口和射击孔，对外不开窗，外观封闭，四角建角楼，角楼通常较外墙高，当地也称为"四点金"式围楼，但除外墙防御做法外，其空间格局与单层围楼无太大区别，围内房屋高一层，通常在轴线上设纵列厅堂空间，厅堂两侧为横屋。

这一做法为江西"三南地区"少见，而其分布地区亦主要见于翁源以及英德近翁源地区，可看作是围楼与"四点金"围屋之间的过渡类型。

（3）新丰、英德和佛冈地区多见四点金式围屋。

（4）粤东梅州客家的围龙屋在粤北较少见，调研中仅有4处，分别为韶关曲江高山门村、清远阳山县隔江村、竹坑村和淇潭村。

1）隔江村

位于阳山县黎埠镇的隔江村，清乾隆末年（约1795年），梅县杨德官兄弟迁来定居，清朝嘉庆年间梅州迁来的杨氏祖先登麟公儿子建造围龙屋。围屋坐东向西，二堂二横一围布局，总占地面积5150平方米，建筑面积3310平方米，有房屋100多间、7个天井，前低后高，主次分明，坐落有序，布局规整，以屋前的半月池塘和正堂后的"围垅"组合成一个整体。

2）竹坑村

位于阳山县黎埠镇竹坑村（图6-12），为清咸丰年间建的客家围龙屋。房屋依山而建，坐东南向西北，二堂二横一围龙布局，总面阔52.2米，总进深42.8米。悬山顶。头门为凹门斗式门面，素面门枕石，木门框，门额石刻"永贞第"三字。建筑主次分明，坐落有序，布局规整，屋内木雕讲究。围屋门前为晒谷坪，晒谷坪前面原有半月

图6-12　阳山县竹坑村
（来源：网络）

池塘，后被填平。晒谷坪侧立一对清代旗杆夹石，上刻"咸丰戊午（1858年）岁贡生李琼轩"等字。

3）淇潭村

位于阳山县黎埠镇淇潭村（图6-13）。清乾隆二十一年（1756年），陈氏一族

从湖南迁移至该村，从事务农经商。民居为三堂二横布局，面积790平方米，悬山顶，平脊，布瓦盖顶，墙体用青砖砌筑至顶，墙面较简洁，没有壁画和其他浮雕工艺。祠内分上堂、中堂、下堂，共有3个天井，8个厅堂大小房间18间；堂前用河卵石铺设长40米、宽约4.5米，面积为180平方米的通道。祠堂门前有宽大的地坪、半月塘，面积约1000平方米。

（5）此外，受岭南珠三角地区的影响，具有广府特征的镬耳山墙在佛冈、英德村落的围楼中也较为普遍（图6-14）。如有"围楼之村"美誉的英德横石水镇江古山村有近10座锅耳高墙大屋，又如英德英城街办南山社区老地湾村，其三进宗祠侧墙均为镬耳山墙，形态饱满，高耸醒目。从所调研村落看，镬耳山墙在翁源地区围楼也较为普遍，如官渡镇东三村楼下村小组陈屋、官渡镇突水村楼下村小组白楼、南塘镇湖心坝建爵第、江尾镇思茅围、江尾镇中村兴隆围和龙仙镇新岭村镬耳楼等（图6-15）。

新丰地区镬耳山墙仍可见，但不如翁源地区普遍，如梅坑镇大岭村儒林第、马头镇九栋十八井等可见有镬耳山墙。

新丰县梅坑镇大岭村儒林第（老屋怀德堂），潘氏开基祖"定楠公"生子"从唯公"（曾怀公）为国学生，敕封文林，即储封儒林郎。老屋建于清道光年间，到今160余年，以石、石灰、土砖砌筑。因其临江，内有五层高楼一座（行修楼）（图6-14），可作为望江楼观景，其行修楼屋顶为锅耳山墙。

在始兴、仁化地区，镬耳山墙较少，调研中仅见两例，分布是隘子镇满堂围和仁化灵溪大围，且两者在形体上均不太突出明显。

图6-14 新丰县大岭村儒林第平面图、剖面图

（来源：自绘）

新丰县梅坑镇大岭村儒林第 1-1剖面图

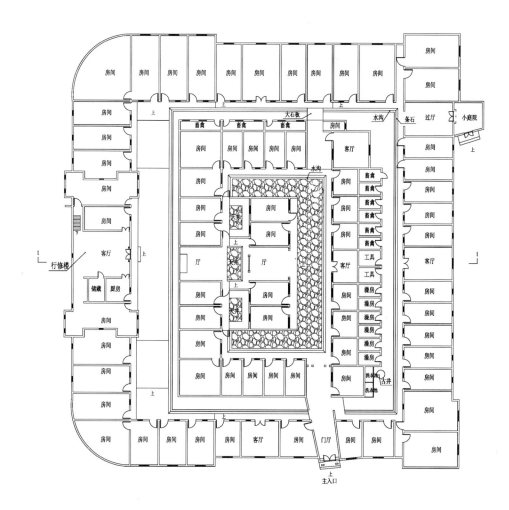

新丰县梅坑镇大岭村儒林第 首层平面图

粤北调研村落围楼、围屋与镬耳山墙分布情况统计表   表6-4

市／县	村	围楼		围屋			镬耳山墙
		围楼	碉堡	四点金	堂横屋	围龙屋	
始兴县	白围村	√	√				
	燎原村	√	√				
	廖屋村	√	√				
仁化县	灵溪大围						√
新丰县	寨下村			√			
	潭石村九栋十八井			√			√
	龙围村	√					
	大岭村		√	√			√
	楼下村						√
翁源县	南塘村湖心坝	√	√				√
	突水村白楼	√					√
	东三村			√			√
	坪田村			√			
英德市	江古山村			√			√
	光明村			√			
	板甫村			√			
	石桥塘村			√			√
	潭头村			√			√
	雅塘村			√			
	长江坝			√			
	圆山村	√					
	维塘村			√			
	黄竹村	√		√			
	恒昌松江围			√			
	溪村隔塘			√			
阳山县	隔江村					√	
	竹坑村					√	
	淇潭村					√	
	石角塘村						√
	莫屋村						√
	潭村						√
	学发公祠	√					√

续表

市／县	村	围楼		围屋			镬耳山墙
		围楼	碉堡	四点金	堂横屋	围龙屋	
佛冈县	土仓下围			√			√
	大陂村						√
	八宅围			√			√
	科旺新围						√
	大墩围			√			
	车部围仔						√
	上岳村						√

（来源：自制）

图6-15　调研村落镬耳山墙分布图

（来源：自绘）

三、民俗文化的相互影响

著名学者钟敬文先生认为："民俗文化，简要地说，是世间广泛流传的各种风俗习尚的总称。"其范围涉及之广，内容之丰富，包括不同地区人们长期形成的衣、食、住、行的物化形式，生产活动以及岁时节日、社会礼仪、信仰禁忌等文化活动。并认为民俗文化有五个特点：即集体性、类型性（或模式性）、传统性和扩布性、相对稳定性与变革性、规范性[①]。由于民俗文化的集体性，民俗培育了社会的一致性，体现在区域内的共有特征。早在《汉书·王吉传》一书中就有"百里不同风，千里不同俗"的记载。

民俗文化是历史的产物，是人类发展过程中的文化积淀，并且在不断地继承、扬弃、融合、渐进，是社会生活史的活化石。因此研究区域及周边的民俗文化，也可从另一个角度来推论区域的文化差异和关联。

粤北地区人们在长期的生产生活中，产生了依附当地人们生活、习惯、信仰等的众多民俗文化，其民俗文化类型丰富，包括居住、族社、喜庆、丧葬、节日、娱乐活动等生产生活的方方面面。而粤北地区作为历史上中原移民南下的中转站，南北不同区域之间的文化在此相互交流融合，还受到相邻的江西赣州和湖南郴州、永州等地区的民俗文化的影响。以下从不同方面对粤北地区与江西（赣州）、湖南（郴州、永州）两地的民俗文化之间的关联性进行分析。

（一）生产习俗

粤北地区的亲朋帮工、捡摘油茶、养牛、养猪、狩猎、尝新、集市贸易等习俗都与江西（赣州）、湖南（郴州、永州）的民俗有其交融性，如集市贸易，作为进行商品贸易的场所，粤北韶关与江西信丰、湖南两地在开市的时间上相同，均是一般以"一四七"、"二五八"、"三六九"等作为集市贸易之日；养牛，均在牛生日之日有爱护耕牛之俗，此日会给牛特殊待遇，时间各异，韶关地区以农历十月初一为牛的生日，赣州则以清明节（四月五日）为牛的生日，湖南为四月八日；尝新，都有在粮食成熟时煮新米庆祝丰收之习，因地域差异粮食成熟时间不同而尝新日各不相同，在内容上除"接姑姑"外，赣州还有点蜡烛敬"米谷神"、新米煮成先喂狗等做法。另外，二月初一粤北乳源东边瑶的"禾必"（麻雀）节与湖南蓝山县的鸟节（"赶鸟节"），内容上都是以糯米糍插于田间供鸟啄食以起到驱赶飞鸟避免鸟雀糟蹋粮食的目的。

（二）建房习俗

粤北与江西（赣州）、湖南（郴州、永州）都十分注重风水，在建屋之前必定请风水先生选址并择吉开工，建屋过程中讲究吉利，其中粤北、江西两地尤其注重上梁，上梁时必定举行隆重的上梁仪式。乔迁时（俗称入伙、过火），全家老少带着生活用具，燃放鞭炮，依次入宅，并有亲友拿着贺礼来祝贺。

（三）喜庆习俗

粤北的祝寿、三朝、满月、婚庆习俗，也与江西（赣州）、湖南（郴州、永州）

两地有相互影响。如祝寿，都有"男做平头女做一"的习俗，但在做寿的年龄上粤北韶关、赣州一般六十岁之后才能做大寿，湖南蓝山、临武分别以三十、五十后逢十做寿；三朝，都有婴儿出生后三天做三朝习俗，当天主人均会向亲友邻居分送红鸡蛋，外婆须赠送婴儿衣物等，除此之外，信丰有"三朝捆手"（在婴孩肘部缠红线），蓝山县县南有用艾叶煨水洗儿等的特殊做法；婚庆上，都有"六礼"、"三朝回门"之习，婚礼中乐昌山区、信丰县、蓝山县还有请儿女成群的"好命婆"搀扶新娘的做法。

（四）娱乐习俗

根据所收集资料的整理发现，相较于生产习俗、居住习俗、喜庆习俗等方面，其娱乐活动习俗受江西（赣州）、湖南（郴州、永州）的影响更为明显，如流行于南雄地区的推车灯、属于南雄马灯流派的界址马灯和江头马灯等民俗活动均为不同时期由南雄艺人从江西学艺而来；而祁剧（亦称祁阳戏、湖南班）是由湖南传入南雄，在南雄农村广为流传，尤其受湖口、黄坑、乌迳、界址、大塘等地乡民的喜爱，1961年还成立过南雄祁剧团，另外，根据实地的调研，连州的丰阳村、夏湟村也流行祁剧，其中丰阳村还在盛大的节日里演出祁剧，村中还有自己的小祁剧团；采茶戏在粤北南雄、翁源、连州等地都十分流行，传入时间、地区不同，南雄、翁源采茶戏由江西传入，而连州地区采茶戏据相传于一百多年前由湖南道州传入。

除上述直接由江西和湖南传入的娱乐活动习俗外，还有部分习俗是由江西、湖南地区习俗传入后再融合粤北当地的习俗而形成。如乐昌花鼓戏流行于以乐昌为中心的部分地区，是在清初湖南花鼓戏传入粤北后，同当地的民间小调、山歌、渔鼓相结合后而形成；流行于连州的十样锦主要的曲牌是由赣南采茶戏和湘南的祁剧中的一些曲调组合而成。

另外，在连南瑶族自治县、乳源瑶族地区中用于庆祝活动的瑶族长鼓舞在湖南蓝山县、临武县等地瑶族中亦有；而流传在连山壮族瑶族自治县及其相邻瑶族地区的瑶族八音作为瑶族器乐音乐，据资料显示，是随着瑶族先民从两湖地区退移南岭而进入的，自称"喇嘣"，人们称为"瑶族八音"。

总之，粤北与江西（赣州）、湖南（郴州、永州）的民俗文化，很大部分具有相同的内容，只是在活动时间和名称上有所区别。根据粤北、湘南、江西等地方志，归纳如表6-5进行比较说明。

粤北与湘粤地区主要民俗活动关联表　　表6-5

名称	内容	粤北分布地域	江西	湖南
亲朋帮工	农民为农作物抢季节，或建房、红白大事，有亲帮亲、邻帮邻的习惯，约定成俗，只招待茶饭，不计报酬。南雄称此俗为换工互助	韶关地区	信丰县帮工换工	临武县亲邻相互支援
捡摘油茶	山区自种油茶，霜降之前采摘。霜降当天，群众可任意采摘。非霜降之日，私自采摘，作为偷盗论处。此俗至今仍存	韶关山区	赣州摘木梓（油茶）	临武县内摘收油茶子，一般在霜降前3至7天
种长生树	粤北林区人民，给出生儿女种长生树，女儿出嫁时，会用长生树制作成花柜、花床等家具。新中国成立前，曲江、始兴等地还有留作棺木的习俗	粤北林区		湖南有"十八杉"
集市贸易	城镇有定期集市的习俗，有些地方称为"墟日"，有些地方称为"街日"。或三日一期，以"一四七"、"二五八"或"三六九"等时间作为集市，或五日一期，逢五逢十就是墟日	韶关城镇地区	信丰县亦有此俗	湖南各地农村集镇都有赶墟场的古老风俗。各地依习俗而定，沿袭至今
养牛	农历十月初一日（亦称十月朝），农村称此日是牛的生日。是日，农村各家各户做米糍相赠送，还把米糍贴在耕牛身上，以糍粘牛时还要口念歌谣。另外，春节时在牛栏门上贴吉祥贴，以求牲畜平安	韶关地区	信丰县地区养牛旧俗，赣州以清明节为牛的生日	湖南土家、苗、侗族地区及部分汉族地区多以农历四月八日为牛王节或牛生日
狩猎	农闲时，山区人民结对打猎，除猎物头部命中头枪者独得外，其余见者有份。此俗至今仍存	韶关山区	赣州、大余县亦有此俗	湖南多山地，古时狩猎是人们生活的主要来源
养猪	农家养猪除注重栏门的方向外，买来的猪仔进栏前，要在门前烧一堆火，然后提猪从火上走过，口念"火一样红，火一样旺"，而后才把猪关进栏里。意在祈求猪仔平安快长，是民间甚为流行的习俗	韶关地区	信丰县亦有此俗，做法略异	蓝山县亦有此俗，做法略异

续表

名称		内容	粤北分布地域	江西	湖南
尝新节		因粮食成熟时间而各异。农历六月二十三日为曲江、南雄、始兴、翁源等县的汉区的尝新日，通常做糍粑，煮新米，准备丰盛的家宴。连州白家城以农历六月六日，"尝新"、"洗神"、"请姑姑"三节同过。大路边村也有"六月六，接姑姑"习俗	曲江、南雄、始兴、翁源、连州（白家城）、大路边村	赣州、大余燃蜡烛敬"米谷神"，以庆丰收。信丰县地区此俗又叫"吃新"	蓝山县"尝新"。郴州六月初六夏伏节，煮新米尝新；临武县无固定时间，在早稻收割时择日举行
"禾必"（麻雀）节		二月初一，乳源东边瑶称为"禾必"（麻雀）节，又叫"封鸟嘴"节。以糍粑粘白纸条于小棍上，遍插田基以驱赶飞鸟	乳源东边瑶	—	蓝山县农历二月初一为鸟节，有的地区叫"祭鸟节"或"赶鸟节"
牛皇诞		四月八日俗呼"牛皇诞"，古称"龙华会"，是壮族大节，壮胞要蒸酒喂牛，洗刷牛身，使耕牛毛色一新，保留爱护耕牛的传统节日特色	粤北壮族	—	蓝山县农历四月初八日为牛王节
建房习俗	迷信风水	在旧社会，新建房屋时，要先请风水先生勘察地址，择吉开工。幻想"干龙"、"乳穴"等，新中国成立后逐渐破除。代之以科学建房	韶关	赣州旧时，民间营造住宅十分重视吉利、喜庆	蓝山旧时建房，先是看风水择基地，后择吉日破土动工
	讲求吉利	过去，民间建房有一套规矩。如奠基落石脚，又称放五星石，建房主人要和建筑工人一起祭拜鲁班，然后请工人师傅饮酒，送红包；安门时，在门楣上贴红纸，以示新门户立户；上梁，农村逢建新房（平房）必举行上梁仪式，要做"橡糍"敬奉神灵	韶关	赣州亦有此俗，繁简不一	蓝山亦有此俗，繁简不一
	乔迁之喜	俗称"入伙"，过去，一般在早上全家老少分别拿着生活用具，燃放鞭炮，依次入宅。之后，亲友拿着贺礼，陆续进屋。屋主拜祭"灶君"后设宴答谢亲友和工人。新中国成立后，风俗简化	韶关	赣州此俗谓之"乔迁"，俗称"过火"或"搬火"。大余县迁新居俗称"进火"	蓝山新房竣工后，乔迁新居，谓之"入伙"

名称	内容	粤北分布地域	江西	湖南
祝寿	祝寿比生日隆重，男六十岁女六十一岁，才能做大寿，旧社会礼仪烦琐，要设寿堂、祭祖先等。新中国成立后，礼仪简化，办寿宴祝寿即可	韶关	信丰县地区，老人年满60以后，由儿女为父母做寿，每10年一次，赣州民间做生日也是"男做平头女做一"习俗	蓝山县、临武盛行给满50周岁后的老人家做逢"一"的生日
三朝	在曲江县农村有做"三朝"酒的习惯。在婴儿出生第三天，外婆须赠送婴儿用的衣物和产妇食的补品，如糯米酒、鸡、鸡蛋、猪脚等	曲江	信丰县地区亦有"三朝"习俗，又称"汤饼之喜"。赣州亦有此俗，俗称"三朝客"、"三朝酒"	蓝山县亦有"三朝"习俗。临武县"三朝"时，男家大宴宾客，叫"请璋酒"
满月	婴儿满一月（或20天左右）即宴请邻居亲朋，以示庆贺婴儿诞生。赴宴者多为妇女	曲江	信丰县地区婴儿满月时请弥月酒	蓝山县满月酒也称"姜酒"。临武县"吃满月饭"
婚庆	在古代，韶关婚姻礼俗比较烦琐，通常要行"三书"、"六礼"。经说亲、察当、合肖、议聘、定亲、报日、迎娶、迎亲、拜堂、闹洞房等十道排场才能完成结婚仪式。抗战前，婚俗还有"叹情"、"催亲"、"利市"、"三朝回门"等习俗	韶关	信丰县、赣州旧时婚嫁有"六礼"之习规	郴州有六礼之习。婚后三日（或到次年）"回门"
婚庆	乐昌山区过去有一种很奇特的形式：女方送亲队伍到达男家后，往往要站一个时辰以上，而且据说越久越好。此时，男家要找一位头胎生子、儿女成群的"好命婆"做牵亲人，命人高颂赞词，当众杀鸡。而后，在爆竹和鼓乐声中，众人才能簇拥新娘入屋拜堂	乐昌山区	信丰县、赣州亦有	蓝山县亦有

续表

名称	内容	粤北分布地域	江西	湖南
婚庆	南雄梅岭的水上人家，男女结婚前一晚有"坐夜堂"的习俗，这种婚俗一直保留到新中国成立初期	南雄		蓝山县谓之"坐歌堂"
丧葬	粤北的丧葬规例，基本是儒学道习。举哀殡葬习俗，大同小异。要经过送终、报丧、买水净身、入殓、祭奠、守孝、打斋、出殡、安葬、做七等程序。死者埋葬五年后，男的逢双年，女的逢单年，即可捡骨复葬建造坟墓。另外，韶关地区除土葬外还有崖葬和火葬的习俗	粤北地区	信丰县、赣州亦有，做法略有差异	蓝山县亦有，做法略有差异
推车灯	由一男丑（手提鲤鱼灯）、六个花旦（手提六角花灯）、两小老头（推两架花车）、两花旦（坐花车内，一个舞彩绸扇和彩帕，一个轻打花鼓伴唱）等演员进行表演，传统演唱曲调有：《十二月花》、《祝英台歌》、《恩情歌》、《石榴歌》等	南雄	清光绪年间由江西全南传入江头乡武陵新屋村	—
界址马灯	也叫纸马灯、新年马。唱马灯道具有雄马（红）和雌马（黄），由两老翁（推车）、两花旦（坐在推车上，一手拿花、一手拿手帕或彩扇）和丑角等7个演员进行表演，整个舞蹈由丑角指挥，按照传统的惯例，先唱马灯拜年，再演出采茶戏	南雄	属于南雄马灯流派之一。界址马灯是界址镇赵屋村艺人从江西学艺来的	—
江头马灯	也叫马的故事，其表演形式和风格异于界址马灯。马灯有红、黄、白三种颜色，由一男两女合唱进行表演	南雄	属于南雄马灯流派之一。由南雄老艺人从江西全南县学艺而来	—

名称	内容	粤北分布地域	江西	湖南
茶花灯	一般作为采茶戏的前奏歌舞，道具有龙头、茶花灯、鲤鱼灯和凤凰灯，表演由一男角（迎龙头），两男旦（提茶花灯），一丑角（提鲤鱼灯），最后由一男角（提凤凰灯）在鼓乐伴奏下进行歌舞。一般演唱《采茶歌》《绣香包歌》《读书歌》作为前奏，之后由丑角和男旦表演采茶戏，如《卖杂货》《补皮鞋》等	南雄	由南雄南亩乡艺人从安徽凤阳学艺而来	—
舞鲤鱼灯	舞鲤鱼灯种类繁多，以鲤鱼灯为主，配以青蛙灯、螃蟹灯、虾灯、螺灯等。鲤鱼灯骨架以竹扎成，以纸覆面，绘上各种颜色，灯内装有蜡烛照明。伴随鼓乐、鞭炮声起舞，能运用鲤鱼灯舞出福、吉、喜等寓意吉祥的字形。每逢春节除夕，穿街过巷进行表演，年初二组织上百人队伍出村到外地表演，曾到过汤塘、龙山、石角、从化良口、温泉等地	佛冈县（田心村）	信丰县灯舞表演中亦有鲤鱼灯。赣州舞鲤鱼灯较普遍	—
舞狮	清代民间已很盛行，新中国成立前舞狮活动集武功、歌舞于一体，舞狮礼仪颇多，各狮队旗号、狮型均得符合自己实力。狮子进祠堂须由下厅绕柱朝拜走中堂，无中堂就跳天井，再入上厅拜神灵祖先。礼毕，师傅持贺帖单腿下跪向主人家说唱道贺，待主人家接领贺帖后，狮队武士们便依次表演武术及狮舞等。舞狮的全过程中都有一人手持破葵扇、头戴"大头佛"者伴舞，起逗引观众和为狮头引路的作用。舞狮的音乐为打击乐，锣鼓板点多用十点梅花。表演手法有起狮、滚狮、惊狮、过桥、饮水、拜门神、采青等动作。舞毕，还有"采青"仪式	粤北韶关地区、连州（塘头坪村、夏湟村、朱冈村）	信丰县春节期间亦有舞狮队串街游村进行表演	蓝山县舞狮有瑞狮、木狮、香火狮、猴头狮舞

续表

名称	内容	粤北分布地域	江西	湖南
舞龙	清代已流行民间。布龙以竹木为骨架，以彩布作为外装饰，龙体长约30米，16节，每节均于腹部装有长柄供舞者擎举。新丰县香火龙稻秆扎成，遍体插香火，只在夜间执柄起舞，金光闪烁。有的火龙通体捆扎沙田抽，柚上插着香火，舞完还可以柚解乏。南雄市水口镇的九节香火龙，以钢筋为骨、用稻草编织而成，长达二十余米。舞龙时随着鼓乐点进行动作，有各种花样如：金龙戏珠、蛟龙翻腾、二龙争珠等等。仁化县恩村有火龙节。连州市黄村中秋节村中还盛行舞火龙	粤北韶关地区（新丰县、南雄）	新丰正月半舞香火龙习俗，大约清末民初从赣南客家地区传入	蓝山县龙舞有布龙、纸龙、香火龙、灯笼、炭花龙舞之分
十样锦	"十样锦"的主调是吹奏打击乐，演奏的乐器，有鼓、锣、钹、顶子和唢呐五种乐器都是成双的，共有十样，因此称为"十样锦"；主要曲牌是赣南采茶戏和湘南的祁剧中的一些曲调组成，全套乐谱共为十曲，第一曲即赣南茶腔名曲"十样锦"，之后还有湘南祁剧中的"拜五方"、"闹严府"、"行山调"、"五方仔"、"坐车"等	连州（黄村、四方村）	其曲牌是从赣、湘南的山歌、灯调、茶曲、民间音乐衍变而来	—
凤舞	凤舞的角色分别有：引凤人、舞凤人、扛旗人及乐师。由引凤人手持一木盒，引领双凤上场，凤随着锣鼓节奏起舞，时而引颈长鸣、飞扑跳跃，时而交颈扫羽、妙舞相嬉，形象栩栩如生。表现了人们祈求风调雨顺、五谷丰登的良好愿望及对美好生活的向往	阳山县杜步镇旱坑村	旱坑凤舞源自肇庆怀集，清咸丰十一年（1861年），因邓介的祖父迁居旱坑，于是凤舞便传入阳山县杜步旱坑	—

续表

名称	内容	粤北分布地域	江西	湖南
祁剧	也叫祁阳戏、湖南班。祁剧由最初演出的二至三人发展到上十人,角色有生、旦、净、末、丑、老旦、副净、副末、贴、占等,初期唱腔为高腔、昆腔,后来有弹腔。传统演出剧目多达2200多个,但其中绝大部分为弹腔。如民国时期的演出节目:《桂枝写状》、《昭君和番》、《山伯访友》等,之后由新节目《社长的女儿》、《洪湖赤卫队》、《两个女红军》等	乐昌、仁化、始兴、南雄地区、连州市(丰阳村、夏湟村)	清雍正后期湖南祁剧传入赣州,清末民初流入大余县城	源自祁阳,湖南(蓝山、郴州、临武)祁剧流行。由湖南传入,在南雄农村广为流传,尤其受湖口、黄坑、乌迳、界址、大塘等地乡民的喜爱
八音	八音为中国传统器乐吹打乐的一种。原为中国历史上最早的乐器科学分类法,西周时已将当时的乐器按制作材料,分为金(钟、镈),石(磬),丝(琴、瑟),竹(箫、篪),匏(笙、竽),土(埙、缶),革(鼗、雷鼓),木(柷、敔)8类。八音也指民间器乐乐种。如山西五台山一带的八音会,所用乐器有管子、唢呐、海笛、笙、梅笛、箫、堂鼓、小鼓、大镲、小镲、大锣、云锣等	南雄(南亩镇鱼鲜村)	大余县八音班原称"雅乐三房",民国初期由赣州传入	蓝山县结婚之日会雇请"八音"乐队奏乐
乐昌花鼓戏	由于表演时跳花鼓唱小调,故俗称唱花鼓或调子戏。音乐曲调是由民歌小调构成的曲牌体,分"正调"、"小调"、"杂调"三大类。角色行当有小生、小旦、正旦、彩旦、婆旦、花面、小丑、老生等。代表性传统剧目有《打鸟》、《秋莲砍柴》等	广东北部以乐昌为中心的部分地区	—	清初,湖南花鼓戏传入粤北,同当地的民间小调、山歌,渔鼓相结合而形成

名称		内容	粤北分布地域	江西	湖南
师公戏		又称"师道戏"或"傩堂戏",为粤北失传民间戏曲剧种,渊源于古朴的酬神歌舞,清末民初仍流行传唱于乐昌、仁化、乳源等地,多见于乡坊间举行大型的庙会、醮会之时,由师公出面邀民间艺人组成班社,依附于巫道坛门而演出。其特点是不仅含有较为浓重的宗教世俗功利色彩,而且还有所谓"内坛法事、外台戏"、"箫鼓不知哀乐事,衣冠难辨吉凶人"之说	乐昌、仁化、乳源	江西是傩文化的发源地,也是傩舞戏最流行的一个省份。赣傩既有驱凶纳吉的祭祀功能,又具有歌舞戏剧的娱乐功能。江西傩舞大部分遵循傩祭—傩舞—傩戏的发展过程	傩戏是湖南民间最古老的剧种,各地有师道戏、傩愿戏、老君戏、姜女儿戏等多种称谓。它由巫师还傩愿的酬神歌舞发展而成。傩堂戏音乐粗犷,多为清唱。演员仍戴各色面具,保留了浓郁的宗教色彩,面具多者36面,少者5面,木质雕镂,神态各异。声腔多来自巫师腔和各地的民间歌曲
采茶戏		采茶戏中有生、旦、丑演员,由锣鼓、胡琴伴奏进行演出,男、女演员均右手拿扇,运用扇子进行表演动作,舞台表演运用矮步(由人们劳动中上下山、采茶时的动作演变而来的)步法来表演,由赣南采茶灯和南雄民间音乐组成,表演以地方语言为主。如:《美人照镜》《相公背伞》《懒人担扇》《狮子滚球》等。连州地区采茶戏语言沿用湖南方言,有些地方改用客家话,有胡琴、三弦、箫、鼓板等乐器伴奏	粤北韶关、南雄(南亩镇鱼鲜村)、翁源、连州(熊屋村)	清乾隆年间,由江西南康、龙南、信丰等地传至南雄地区。翁源县采茶戏也由江西传入。赣南采茶戏在广东韶关、曲江等地方也颇有影响	连州地区采茶戏相传于一百多年前由湖南道州传来
瑶族长鼓舞	瑶族	排瑶话为"挨汪都"。每逢春节、三月三、六月六、十月十六和耍歌堂、盘王节等传统节日时,就会跳长鼓舞欢庆节日。属喜庆舞蹈,舞者用彩带将长鼓舞挂在肩上,横在腰间,左手拿竹片,右手使掌,配合着锣鼓鼓声起舞。有36套表演程式,可分单人舞、双人舞、群舞等,有跳、跃、蹲、旋转等动作。代表作如:《种树鼓》《十二姓鼓》《参神舞》等	连南瑶族自治县、乳源瑶族地区	—	蓝山县、临武县瑶族亦有跳长鼓舞习俗

续表

名称		内容	粤北分布地域	江西	湖南
瑶族八音	瑶族	瑶胞在办喜事时，常吹奏八音助庆，春节、元宵，相约吹奏，瑶族八音以唢呐、长号、皮鼓、小钹、中钹、小锣、沙锣、牛角等吹打器乐组成。瑶族八音一般由八个人组成：敲击鼓、锣、铙各一个，吹唢呐二人，敲大小钹各一人，还有一人作为机动轮换或挑器具	连山壮族瑶族自治县三水及相邻的瑶族地区	—	瑶族器乐音乐，是随着瑶族先民从两湖地区退移南岭而进入，自称"咧嗷"，人们称之"瑶族八音"
装古事	壮族	是壮族一种群众性的民间游艺活动，装古事活动多在每年春节期间的夜晚举行，以一个或几个村寨联合组织游演。队伍少则100多人，多则达500多人，灯色队、古人古事化妆队、锣鼓队、八音队、舞狮队和其他民间艺术表演队等组成。主要表演地方的神话传说故事人物形象，如："西游记"、"红楼梦"等等。有村中德高望重的老人引路进行表演	连山壮族（永丰、福堂、小三江、加田、上帅等）	大余县亦有，称之装故事	临武东南部及近城"夜故事"
闹年锣	壮族	闹年锣，壮乡村寨，农历十二月二十四至正月初五进行的传统文艺活动。一般以青壮年为主，由五六人组成一个铜锣队，每队有4～6面铜锣；其中有大锣、小锣、有平锣、芒锣。铜锣队会到各家各户去拜年	连山县小三江、加田等壮乡村寨	—	湖南省芷江县侗乡亦有闹年锣，但存在差异

（来源：自制）

第二节　粤北传统村落特色分区

比照调研的粤北传统村落在文化流源、建筑形式和生活习俗等方面的特征，可以大致描绘出粤北传统村落在区域间的影响因素，并根据差异特色进行区域文化特色的划分。

一、粤北地区不同区域文化差异影响因素

（一）文化流源主要基于两方面资料，一是基于粤北古道所带来的商贸文化和民俗文化交流，通过比照湘赣相关地区的村落建筑特点，探讨其文化传播与影响；二是结合现场访谈调研和族谱等资料，确定其迁徙来源，并结合村落建筑特点，探讨相互间的关联。

（二）建筑形式主要从平面形制和外观样式两方面

1．从调研看，地区差异的一个主要表现在于民居形式中的祠宅关系，即：祠宅合一或是祠宅分离，这实际上也是聚居形式的差异，即扩大家庭或核心家庭式聚居方式的差异。另一方面，就是村落防御所呈现的不同方式。

2．外观样式的特征主要体现为：具有形态特殊性的围楼、围屋与独栋式"一明两暗"、"三合天井"或"四合天井"式民居的比较；以及山墙样式的差异，特别是镬耳山墙、人字形山墙和跌级式马头墙等特征性形式；再则特有的建筑物或构筑物等要素的有无及变化。

二、粤北地区村落演进历史和动态变化路径

从谱牒、村落特征和文化交流融合情况，明显可见粤北地区村落演进方向和动态变化的路径，主要表现为明清以前特别是唐宋时期，人口的迁徙是从北向南由中原经湖南或江西进入岭南粤北地区；而明清以来的一段时期，受战乱和人口剧增带来的土地资源的需求，或对外贸易等导致已安居在闽西、粤东和赣南的客家人向西迁徙，也进一步印证了所谓的反迁客家现象；到

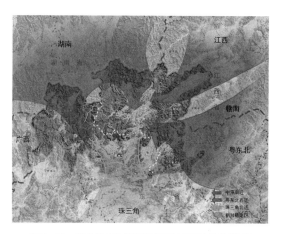

图6-16　粤北地区村落演进历史和动态变化路径

了清末民初时期，由于日本入侵，广州等地沦陷，大批移民由珠三角地区涌向粤北，形成了由南向北的迁移趋势。由此，粤北地区村落演进的历史可归为三个主要阶段，一是唐宋及以前的中原人南迁阶段，二是明清时期的闽东、粤东和赣南客家人西迁阶段，三是清末民初的珠三角地区人口北迁阶段。另外，少数民族聚居地虽与外界也有交流，但总的来讲还是处于相对稳定的状态（图6-16）。

三、粤北传统村落特色分区

基于以上的特征方面分析，粤北传统村落可分为以下5个分区，如图6-17所示。

（一）粤北北部连州、乐昌和仁化等毗邻湘南的地区（图6-17中的Ⅰ区）

通过茶亭古道、星子古道、宜乐古道和城口湘粤古道，与湖南永州和郴州地区关联紧密，其村落建筑反映出较为明显的湘南传统建筑文化的影响。

（二）南雄地区（图6-17中的Ⅱ区）

南雄传统村落既保留了宋元中原文化的古韵，同时也呈现出明清以来江西文化的影响，这与乌迳古道和大庾岭古道所带来的与中原地区的文化交融，以及地缘影响密切相关。从调研的传统村落看：新田、鱼鲜和油山镇浆田村等村落未见围楼和围屋，除水城后建村落围墙形成围村形态外，围楼（防御性碉楼）仅中站村见一例。

（三）反迁客家区（图6-17中的Ⅲ区）

这一区域为粤北围楼和围屋集中分布的地区。从调研看，始兴村落以3-4层的围楼为主，翁源则围楼和围屋兼有，翁源以及英德邻近翁源地区的围屋通常外墙2层的"四点金"形式，而内部房屋一层；新丰不见围楼，围屋为单层"四点金"。

根据村落迁入时间和源流看，这一区域大都开发于明清时期，也印证了反迁客家的历史。较古道沿线区域晚，其村落建设基本覆盖了原有古道村落的印迹，其源

图6-17　粤北传统村落特色分区

（来源：自绘）

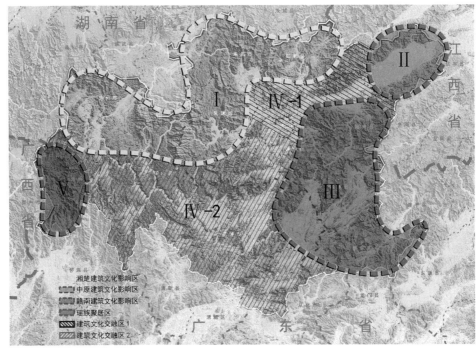

流主要是福建（大部来自上杭）和粤东梅州，少量潮汕地区，迁入地经江西"三南地区"进入始兴、翁源，或从龙门、河源进入新丰、翁源地区。

因而，始兴虽与南雄毗邻，但两地的村落和建筑具有较大差异。

（四）多元交融区（图6-17中的Ⅳ-1区和Ⅳ-2区）

Ⅰ区、Ⅱ区和Ⅲ区，除南雄盆地外，实际上为粤北北部、东部和东南部多山地区。伴随着古道的商贸文化交融，在粤北中部盆地地区形成湘赣粤文化交融区域。相比而言，这一区域的村落和建筑往往不似前述三个分区那样在聚居形态、民居形式和外观样式等方面相对单纯，而是呈现出两种以上文化的交融并存，如：祠宅合一与独栋宗祠并存、围楼与湘赣常见"一明两暗"、"小天井三合院"等民居并存、跌级式马头墙和镬耳山墙并存等现象。

从调研村落看，这一文化交融区可以大致分为两个区段：Ⅳ-1区和Ⅳ-2区。其分段位置大致在韶关曲江武水与浈水汇区域，划分依据主要是武水和浈江合流成北江后，其沿线采取祠宅合一聚居形式的村落开始密集出现，与合流前受湖南建筑文化影响较大地区祠宅分离、以"一明两暗"为主发展的聚居村落存在明显差异，显现出Ⅰ区（连州、乐昌和仁化）影响的逐步减弱，Ⅲ区（始兴、翁源和新丰）影响的主导性，以及广府建筑文化沿北江而上的渗透（见图6-15镬耳山墙分布情况）。

在乳源红云镇柯树下村和大桥镇老屋村，均以纵列厅堂为中心，两侧联排横屋间，形成祠宅合一的聚居村落，与乐昌村落存在明显差异。图6-17标示了调研村落中围屋和围楼的分布情况，从中可见祠宅合一聚居形态在粤北的大致分布状况。

（五）瑶族聚居区（图6-17中的Ⅴ区）

这一区域主要为连山壮族瑶族自治县和连南瑶族自治县。这一地区为山地，是瑶族和壮族等少数民族的聚居区域。

综合上述分析，湖南村落与建筑文化经由连州、乐昌和仁化而进入粤北，其影响呈现出由北而南逐渐减弱的趋势。而受江西"三南地区"和福建、梅州影响的围屋和围楼建筑，则自始兴、翁源和新丰，自东南向西北影响了曲江、英德、佛冈、阳山，直至乳源地区。

江西赣州方向的影响主要在南雄，而广府影响则沿北江而上，在始兴地区仍普遍可见带镬耳山墙的围楼，而南雄地区不见镬耳山墙。

根据司徒尚纪《广东文化地理》，广东民俗文化可分为三大群落，分别是广府风俗文化群落、客家风俗文化群落和福佬风俗文化群落。而粤北地区属广府风俗文化群落中的粤北山地丘陵风俗文化群落。地理上粤北处于广府风俗文化群落的过渡地带，其风俗颇受客家风俗文化影响，兼具两个群落特征。同时，粤北毗连湖南、江西，风俗也受其影响。唐刘禹锡任连州刺史时曾说："观民风与长沙同祖习。"明代南雄"地近荆衡，俗与韶同"。到清代连州，"州界荆湘，山近韶石，故其风俗好尚，多与相类"，例如饮食嗜辣，喜用茶油和烟熏鱼肉，食干饭多于食粥等。

从以上分析可见，粤北文化的突出特征是移民文化，它是岭南文化形成过程中的一个重要环节。从时间上开基在明清以前的村落多保留了中原汉文化的特点，并受湘赣民居的影响明显。明清以后开基或重建的村落，往往体现反迁客家居住特点，受赣南、梅州和福建民居的影响大。表现在区位上，位于湘赣古道的连州、乐昌和仁化地区在建筑和民俗上具有很多相似之处。而粤赣古道的南雄地区因长期受到江西民居的影响，而在建筑和民俗上呈现出许多一致性。而始兴、翁源、英德和新丰等地，多由福建、梅州和赣南迁徙而来，在动荡的社会背景下呈现了高度的聚族性和秩序性，以应对恶劣的山地环境和外敌的入侵。同时，民国时期，广府沿海地区遭到日寇侵略，大批移民北上，因此，在翁源、佛岗、曲江和新丰等地可见有广府特色的骑楼和镬耳山墙。加上瑶族聚居区，总的来说大致可划分为以上五个文化区域。

[注释]

① 　钟敬文. 钟敬文文集·民俗卷. 合肥：安徽教育出版社，1999：12.

结　语

　　粤北地处粤、湘、赣、桂四省（区）交界处，具有独特的区位条件，历史移民迁徙和传统商贸在岭南历史文化发展过程中起着重要纽带作用，成为岭南文化不可或缺的重要组成部分。因此，粤北古道更作为历史上南北中原之间移民往来、文化传播的重要通道，是客家人迁徙的生命线和发展线，直接影响着粤北历史开发和社会文化的形成与发展，记载着粤北村落的历史演变，是研究粤北传统村落与建筑文化的轨迹。通过重大历史事件分析，发现粤北人口大迁徙的动因机制往往是战争和自然灾害，以及它们导致的社会动荡不安。

　　粤北地区受到湘楚文化、广府文化、赣闽粤客家文化和广西少数民族文化的影响，加之，沿古道移民的汉人带来的中原文化，可谓不同的民系和源流在此交汇融合，使粤北地区在文化上呈现出多元共生的特点。因此，要全面认识粤北地区传统村落文化特色，需要对周边地区进行研究和了解。首先对相关地区已有的研究成果进行归纳分析和总结整理，找出粤北地区研究的不足和局限性。其次，从不同时代历史沿革的变迁、南北交通中转的区位和军事战略要地等方面进行区位特色分析。最后提出了粤北以中原移民文化为主的文化多元并存的特征。一是早期的本土石峡文化，对探索广东岭南地区的历史文化和我国名族渊源都十分重要；二是中原汉人带来的移民文化，主要体现在儒家文化、农耕文化和民俗文化等方面；三是当地少数民族文化，主要是瑶族、壮族和畲族等民族文化。

　　对粤北地理山水进行分析，寻找古道形成的环境条件大多沿河谷水系，也即肇源于五岭的浈水、锦江、武水、连江等纵多水系，最终合流为北江，通达广州、南海，与五岭之间的陆路相通，连成粤北古道。主要有湘粤古道和粤赣古道两大东西路径，湘粤古道包括城口湘粤古道、宜乐湘粤古道（西京古道东线）、秤架古道、星子古道（西京古道西线）和茶亭古道等五条。粤赣古道包括梅岭古道、乌迳古道、南亩—水口古道。对古道沿线的村落进行分析，同时通过族谱、牌匾和村落形态等对明清后的反迁客家区域进行实证和推论。

　　受独特的地理区位、气候条件和环境地貌的影响，加之文化多元性特征明显，粤北村落形态呈现出多样丰富的特点，既有共性又有个性，和而不同。研究立足多个视角，从地理环境、气候条件、民系源流、民间信仰和文化特征等进行分析，并在自然环境要素这一大背景下，对影响村落形态的客观元素进行梳理。就共性而言，表现为共同遵守风水选址，因地制宜，以当地的自然条件为基础进行聚居地的整体布局和建设。因山多地少，规划布局依山而建，紧凑节约。在选址上还考虑到生产生活的需要，往往选择宜耕而居，交通便捷之地。同时，受中原文化影响，重视耕读传家，奉行儒家礼制。

　　而个性方面，村落又表现出极大的差异性。在形态上，有的呈封闭轴线对称，有的随地形相对自由，有的为圆形，有的为方围。有的为农业形态，有的为商业形态，有的村落还反映出早期的军事防御形态。还有的村落，追求周易理想的风水模式，还有的以美好意象进行村落布局，如一帆风顺的船型、文房四宝型，还有模仿星象宇宙的"北斗七星"等等，可谓多姿多彩，不一类举。

　　从粤北空间构成要素和形态入手进行分析论证。首先对村落构成要素进行分析，通常有点状、线状和片状等空间形式，这些空间形式往往有特定的物质作为载体，这些载体也因作用不同其空间地位也不一样。如点状空间，有祠堂、牌坊、水井、戏台和古树等节点空间，这里祠堂居于首要地位，通常位于村落中心或轴线上。片状空间相对于点状空间尺度要大些，往往由祠堂、禾坪、池塘组成。这些要素以祠堂为核心形成不同的公共空间体系和组合模式，可归纳为放射状、网络式、棋盘式、组团式和复合式等。在村落中，空间还反映出防御文化的特色，主要有为围合封闭式、围楼围屋式、村寨结合式和街坊式等等。因此，无论从不同角度和层面都可看出，粤北传统村落公共空间构成的丰富多样和鲜明的特色。值得说明的是，祠堂所在村中的位置不同，反映出了文化差异，这与文化源流关系密切。

　　同时，村落建筑也类型多样，除了居住建筑外，还有祠堂、宫庙、书院、戏台等等，这些建筑也反映出来自不同地区和源流的影响，其中祠宅关系甚至还影响到整个村落的布局。独立祠堂大多见于古道沿线村落，主要受湘赣两地和中原文化的影响。而祠宅合一的形式多受反迁客家的影响，分布在英德、曲江、翁源、新丰等地。居住建筑形式多样，常用的是一明两暗型、围楼、围屋等。

　　粤北建筑的装饰工艺源远流长，种类丰富。有砖雕、木雕、石雕、灰塑和彩绘等，题材也多种多样，主要是追求富贵吉祥、福禄寿、倡导积极向上和谐美好的价值观等。在用材方面乐昌和连州多用木材，其木材雕刻精美，而南雄等地则多用红砂岩进行雕刻。

从以上分析可见，粤北文化的突出特征是移民文化，它是岭南文化形成过程中的一个重要环节。从时间上来说，开基在明清以前的村落多保留了中原汉文化的特点，并受湘赣民居的影响明显。明清以后开基的村落，往往体现反迁客家居住特点，受赣南、梅州和福建民居的影响。从区位上来说，位于湘赣古道的连州、乐昌和仁化地区在建筑和民俗上具有很多相似之处。而粤赣古道的南雄地区因长期受到江西民居的影响，在建筑和民俗上呈现出许多一致性。而始兴、翁源、英德和新丰等地，多由福建、梅州和赣南迁徙而来，在动荡的社会背景下表现出了高度的聚族性和秩序性，以应对恶劣的山地环境和外敌的入侵。同时，民国时期，广府沿海地区遭到日寇侵略，大批移民北上，因此，在翁源、佛岗、曲江和新丰等地可见有广府特色的骑楼和镬耳山墙，总的来说粤北大致可划分为五个文化区：湘楚建筑文化影响区、中原建筑文化影响区、赣南建筑文化影响区、瑶族聚居区和建筑文化交融区。

粤北传统村落是在特定条件下大多沿古道产生的，具有防御和日常生活的双重功能，是中国传统村落的一个特殊类型，具有很高的历史价值。然而城市化的进程快速推进，新农村建设和三旧改造如火如荼，这对传统村落的保护带来潜在的危害。保护和传承粤北传统村落文化：首先应对粤北历史村落的现状及问题进行深入分析，指出其在管理、实施和资金筹措方面过于单一，村民对保护方法和保护意识还不强，急功近利严重，导致村落年久失修，空心化严重；二是应对村落进行文化价值的普查和分析，建立价值评估体系和登录制度，编制保护规划，明确核心保护范围和重点地段的复兴，并借鉴国内外经验进行保护方案的制定和选择；三是积极引导村民参与，提高其责任心和自豪感；四是吸纳多种社会力量参与保护活动。最后，对新村建设进行研究，探讨因地制宜的发展模式，提炼传统民居的典型符号，并在新村建设中加以推广应用。

附　录

调研村落名单　　　　　　　　　　　　　　　　表1

县/区	镇	村	县/区	镇	村
南雄市	乌迳镇	新田村	浈江区	十里亭	湾头村
	乌迳镇	水城	仁化县	灵溪镇	大围村
	南亩镇	鱼鲜村		周田镇	张屋村
	珠玑镇	中站村		丹霞镇	夏富村
	珠玑镇	里东村		石塘镇	石塘村
	油山镇	浆田村		城口镇	恩村
始兴县	马市镇	红梨村	乐昌市	庆云镇	户昌山
	马市镇	黄塘村赖屋		黄圃镇	应山村
	太平镇	东湖坪村	乳源瑶族自治县	必背镇	半岭村
	罗坝镇	燎原村长围		大桥镇	老屋村
	罗坝镇	白围村		大桥镇	柯树下村
	罗坝镇	廖屋村	英德市	横石水镇	江古山村
翁源县	江尾镇	南塘村湖心坝		东华镇	光明村
	江尾镇	长江村罗盘围		桥头镇	板甫村
	江尾镇	葸岭村八卦围		青塘镇	石桥塘村
	官渡镇	坪田村		白沙镇	潭头村
	官渡镇	突水村白楼		白沙镇	楼下村
	官渡镇	东三村		东华镇	雅塘村
新丰县	大席镇	寨下村		沙口镇	圆山村
	马头镇	潭石村九栋十八井		牯塘镇	维塘村
	梅坑镇	大岭村		水边镇	黄竹村
	回龙镇	楼下楼上村		黎溪镇	恒昌松江围
	丰城镇	龙围村		明迳镇	坑坝村
曲江区	小坑镇	曹角湾村		石牯塘镇	石下村
	白土镇	苏拱村		灰铺镇	水口石屋
	白土镇	中界滩谭屋		大湾镇	上洞邵屋
	马坝镇	下丘村		大湾镇	麻步村
	白土镇	河边村上三都		大湾镇	古道上村街
	白土镇	河边村下三都		浛洸镇	火烧陂村
	马坝镇	叶屋村		桥头镇	博下村
	马坝镇	饶屋村		沙口镇	清溪村
	马坝镇	乌龟屯		沙口镇	长江坝
	梅花镇	梅花寨		英德市英城街	裕光张屋
	马坝镇	上伙张		英德市英城街	老地湾
				黄花镇	溪村

县/区	镇	村	县/区	镇	村
佛冈县	迳头镇	大坡村土仓下围	连州市	龙坪镇	元璧村
	迳头镇	石咀头村		龙坪镇	凤凰村
	迳头镇	湖洋村八宅围		三水乡	挂榜村
	石角镇	观山村大坝古围		瑶安瑶族乡	盘石里村
	迳头镇	甲名村		连州镇	大营村
	水头镇	新坐村象田村		东陂镇	白家城
	水头镇	莲吉村围屋		瑶安瑶族乡	华村
	水头镇	莲吉村		西岸镇	石兰寨
	石角镇	二七村古塘围		丰阳镇	丰阳村
	石角镇	三八村上里围		西岸镇	马带村
	石角镇	石溪古围		保安镇	卿罡村
	石角镇	石铺村石铺古围		保安镇	湾村
	石角镇	科旺村科旺新围		大路边镇	东村江村
	石角镇	科旺村科旺水围		大路边镇	南天门村
	汤塘镇	四九官山村海围		东陂镇	东陂村
	汤塘镇	田心村田心古围		西江镇	邓屋村
	汤塘镇	围镇村		星子镇	大水边村
	汤塘镇	高岭村潦口围		星子镇	黄村
	石角镇	三莲村大墩围		星子镇	峰园村
	龙山镇	官路唇村郭围	阳山县	杜步镇	旱坑村
	龙山镇	车步村车部围仔		七拱镇	莫屋村
	龙山镇	下岳村		七拱镇	潭村
	龙山镇	上岳村		七拱镇	石角村
连州市	保安镇	保安村		七拱镇	大禾岗村学发公祠
	保安镇	岭咀村		黎埠镇	隔江村
	大路边镇	大路边村		黎埠镇	淇潭村
	大路边镇	黎水村		黎埠镇	大陂村
	大路边镇	山洲村	连山县	连山县县城	甲科村
	东陂镇	塘头坪村		福堂镇	班瓦村
	丰阳镇	夏湟村	连南县	大掌瑶寨	大掌坪村
	丰阳镇	朱岗村		油岭千年瑶寨	三排瑶寨
	连州镇	沙坊村			
	连州镇	沙坪村			

图1　调研村落分布图

粤北地域历史行政界线演变　　　　　　　　　　　表2

时期	粤北历史政区图	备注
	图例 ◎ 国都（路治、道治、省会）　----- 路（道、省）界 ◎ 郡治（州治、府治、市治）　--- 郡（州、市）界 ○ 县治、县级市政府驻地　-··-··- 现省界 ---- 粤北范围界线	
秦朝（公元前221~前206年）		秦始皇三十三年（前214年）略定扬越，广东省分属南海郡、长沙郡、九江郡、桂林郡和象郡，其中北部分属南海郡、长沙郡、九江郡三郡，均未建县
东汉时期（25~220年）		汉承秦制，广东北部仍分属以上三郡，但开始陆续建县。有属荆州的曲江县、（包括今曲江、乳源、仁化、乐昌4县）、桂阳县（包括今连县、连南、连山3县）、阳山县、含洭县（今英西）、浈阳县（今英东和翁源县）五县，今南雄、始兴地区未建县，属扬州刺史部豫章郡南野县
三国（吴）时期（220~280年）		东吴始立始兴郡，属荆州。领曲江县、桂阳县、始兴县[东吴永安六年（263年），析豫章郡南野县及桂阳郡曲江县二县地新置，辖境包括今始兴、南雄二县]、含洭县（含阳山）、浈阳县、中宿县（今清远县）

续表

时期	粤北历史政区图	备注
	图例 ◎ 国都(路治、道治、省会)　————— 路(道、省)界 ◎ 郡治(州治、府治、市治)　————— 郡(州、市)界 ○ 县治、县级市政府驻地　—·—·— 现省界 ————— 粤北范围界线	
西晋时期 (265~316年)		西晋武帝平吴(280年),始兴郡改属广州,辖境与东吴的始兴郡无异。东晋始兴郡辖境不变,但改属湘州
南北朝 (宋)时期 (420~479年)		南北朝时期,朝代更替和州郡废置频繁,但广东北部基本沿袭前朝旧制。宋、齐时期该区域仍属湘州
南北朝 (梁)时期 (502~557年)		梁分湘、广二州置衡州,广东北部属之。梁承圣二年(553年)广东北部分东、西衡州,东吴以来一直归属始兴郡的中宿县,此时单独建置西衡州,治在今清远县境内

续表

时期	粤北历史政区图	备注

图例

◎ 国都（路治、道治、省会）　　----- 路（道、省）界
◉ 郡治（州治、府治、市治）　　-- - 郡（州、市）界
○ 县治、县级市政府驻地　　-- -- 现省界
　　　　　　　　　　　　---- 粤北范围界线

时期		备注
南北朝（陈）时期（557~589年）		陈袭梁制，分东、西衡州
隋代（581~618年）		隋唐时期广东北部建制渐趋稳定。隋大业元年（605年），于连州治桂阳县置熙平郡，领广东进内的桂阳、阳山、宣乐（大业十三年废入阳山县）、连山、熙平（唐废入连山县）
唐代（618~907年）		唐改熙平郡置连州，贞观（627~633年）年间，改东衡州为韶州，领曲江、临泷、良化、始兴、乐昌5县，废湞州，含湞、浈阳2县入广州

续表

时　期	粤北历史政区图	备　注
	图例 ◎ 国都(路治、道治、省会)　－－－－ 路(道、省)界 ◉ 郡治(州治、府治、市治)　－－－ 郡(州、市)界 ○ 县治、县级市政府驻地　－‧－‧－ 现省界 －‧‧－‧‧－ 粤北范围界线	
南汉国时期 (917~971年)		南汉析兴王府之浈阳县置英州,析韶州之浈昌县置雄州。此时广东北部分属韶州、连州、雄州、英州,浛洭属兴王府(广州)
北宋时期 (960~1127年)		宋元以后,南(雄州)、韶(州)、连(州)三地的建置,或为州,为路,为府,辖区大体不变。北宋时期,广东北境分属韶州、连州、雄州、英州四州,均属广南东路。浛洭于开宝四年自广州隶连州,五年改名浛光,六年自连州改隶英州
元代(1279~ 1368年)		南宋至元代广东北部县名稍有变化,但辖境基本不变,仍分属韶州、连州、雄州、英州四州,亦属广南东路

时期	粤北历史政区图	备注
	图例 ◎ 国都（路治、道治、省会）　----- 路（道、省）界 ◎ 郡治（州治、府治、市治）　--- 郡（州、市）界 ○ 县治、县级市政府驻地　-·-·- 现省界 ▬▬ 粤北范围界限线	
明代（1368~1644年）		明朝置韶州、南雄二府，属广东布政司。连州（今连县）改属广州府，领连山、阳山2县。英德降州为县，与翁源2县入韶州府
清代（1616~1911年）		清沿明制，韶州府的建置一直不变，领曲江、乳源、仁化、乐昌、英德、翁源6县。南雄府降为直隶州，领始兴县。连州初隶于广州府，雍正五年（1727年）升为直隶州，领连山、阳山2县，后连山县改设连山厅。以上府、州、厅，均隶属于广东省
中华民国时期（1912~1927年）		民国时期，广东北部建置变化频繁。民国2年1月广东北部始置南韶连道（治在今韶关市区），民国7年改称岭南道。此后名称有多次更改，但辖区均同。民国25年10月，广东省分设九个行政督察区，广东北部为第二行政督察区，专署驻韶关

续表

时期	粤北历史政区图	备注
	图例 ◎ 国都（路治、道治、省会）　----- 路（道、省）界 ◉ 郡治（州治、府治、市治）　--- 郡（州、市）界 ○ 县治、县级市政府驻地　---- 现省界 　　　　　　　　　　　----- 粤北范围界线	
中华民国时期（1938~1949年）		民国38年4月，粤北分置三个行政督察区。其中第三行政督察区专员公署设在英德，下辖英德、清远、佛冈、新丰、翁源5县；第四行政督察区专员公署设在韶关，下辖曲江、乳源、仁化、乐昌、南雄、始兴6县；第五行政督察区专员公署设在连县，下辖连县、连南、连山、阳山4县
中华人民共和国成立后（1950~1953年）		新中国成立后，1950年广东北部设北江人民行政督察专员公署，1952年设立粤北行政公署，辖区除原辖境15县1市之外，还增辖原属东江专区的连平、和平、新丰三县，以及原属珠江专区的花县，合共19县1市
中华人民共和国成立后（1954~1958年）		至1956年2月底，粤北行政区只是属下个别县的建制有些变动，而全区所辖范围不变。1956年3月1日，改置韶关专员公署，辖境减至16县1市，花县划归佛山专区，连平、和平二县划归惠阳专区

续表

时期	粤北历史政区图	备注
	图例 ◎ 国都(路治、道治、省会)　----- 路(道、省)界 ⊙ 郡治(州治、府治、市治)　- - - 郡(州、市)界 ○ 县治、县级市政府驻地　　　- - - 现省界 　　　　　　　　　　　　　 - - - - 粤北范围界线	
中华人民共和国成立后（1980~1987年）		1983年6月设韶关市（地级市）。下辖市区和12个县：曲江县、乳源瑶族自治县、仁化县、乐昌县、始兴县、南雄县、英德县、翁源县、连县、连南瑶族自治县、连山壮族瑶族自治县、阳山县。清远、佛冈2县划入广州市

（来源：根据广东历史地图集编辑委员会. 广东历史地图集[M]. 广州：广东省地图出版社，1995. 改绘）

参考文献

学术著作:

[1] （东汉）袁康，（东汉）吴平辑录．越绝书[M]．上海：上海古籍出版社，1985．

[2] （清）龙廷槐．敬学轩文集[M]之十《柳州太守何敬亭墓表》．桂林：广西师范大学出版社，2007．

[3] （英）马歇尔．经济学原理[M]．北京：商务印书馆，1991．

[4] 蔡海松．潮汕文化丛书 潮汕民居[M]．广州：暨南大学出版社，2012，2．

[5] 陈开国等．调查研究方法论[M]．长沙：湖南师范大学出版社，1990，8．

[6] 陈那波，龙海涵，王晓茵．乡村的终结：南景村60年变迁历程[M]．广州：广东人民出版社，2010，4．

[7] K. Frampton．现代建筑———一部批判的历史[M]．原山等译．北京：中国建筑工业出版社，1988．

[8] 邓庆坦，邓庆尧．当代建筑思潮与流派[M]．武汉：华中科技大学出版社，2010，8．

[9] 范宝俊；中国国际减灾十年委员会办公室编．灾害管理文库（第1卷）当代中国的自然灾害[M]．北京：当代中国出版社，1999．

[10] 房学嘉．围不住的围龙屋：粤东古镇松口的社会变迁[M]．广州：花城出版社，2002，2．

[11] 冯淑华．传统村落文化生态空间演化论[M]．北京：科学出版社，2010，12．

[12] 葛剑雄，曹树基，吴松弟．简明中国移民史[M]．福州：福建人民出版社，1993，12．

[13] 葛剑雄等．简明中国移民史[M]．福州：福建人民出版社，1993，12．

[14] 广东历史地图集编辑委员会．广东历史地图集[M]．广州：广东省地图出版社，1995．

[15] 何国强．围屋里的宗族社会：广东客家群生计模式研究[M]．南宁：广西民族出版社，2002．

[16] 黄浩．江西民居[M]．北京：中国建筑工业出版社，2008，11．

[17] 黄其勤．直隶南雄州志（全）[M]．台湾：成文出版社，1967，12．

[18] 江惠生，郭书田．中国新型农民素质读本 广东篇[M]．北京：人民日报出版社，2007．

[19] 李培林．村落的终结：羊城村的故事[M]．北京：商务印书馆，2004．

[20] 李晓峰．两湖民居[M]．北京：中国建筑工业出版社，2009，12．

[21] 李挚萍，陈春生等．农村环境管制与农民环境权保护[M]．北京：北京大学出版社，2009，6．

[22] 梁健，何露．韶关印象：历史与文化[M]．广州：广东人民出版社，2008，12．

[23] 廖晋雄．始兴围楼[M]．广州：广东人民出版社，2007．

[24] 廖文．始兴古村[M]．广州：华南理工大学出版社，2011，8．

[25] 林嘉书，林浩．客家土楼与客家文化[M]．博远出版有限公司，1992．

[26] 林凯龙．潮汕老屋：汉唐世家河洛古韵[M]．汕头：汕头大学出版社，2004，4．

[27] 刘先觉．现代建筑理论　建筑结合人文科学自然科学与技术科学的新成就[M]．北京：中国建筑工业出版社，2008．

[28] 刘晓春．仪式与象征的秩序　一个客家村落的历史、权利与记忆[M]．北京：商务印书馆，2003．

[29] 陆琦．广东民居[M]．北京：中国建筑工业出版社，2008，11．

[30] 陆元鼎，魏彦钧．广东民居[M]．北京：中国建筑工业出版社，1990，12．

[31] 陆元鼎．中国客家民居与文化[M]．广州：华南理工大学出版社，2000．

[32] 罗香林．客家研究导论[M]．兴宁希山书藏，1933，11．

[33] 罗香林．客家源流考[M]．北京：中国华侨出版社，1989．

[34] 丘桓兴．客家人与客家文化[M]．北京：商务印书馆，1998，12．

[35] 曲江地方志编纂委员会．曲江县志[M]．北京：中华书局，1999，12．

[36] 苏驼．社会调查原理与方法[M]．武汉：湖北科学技术出版社，1989，12．

[37] 孙大章．中国民居研究[M]．北京：中国建筑工业出版社，2004．

[38] 谭伟伦．乐昌县的传统经济、宗族与宗教文化[M]．国际客家学会，2002．

[39] 韶关市地方志编纂委员会．韶关市志[M]．北京：中华书局，2001，7．

[40] 司徒尚纪．广东文化地理[M]．广州：广东人民出版社，1993，8．

[41] 司徒尚纪．广东政区体系　历史·现实·改革[M]．广州：中山大学出版社，1998．

[42] 司徒尚纪．岭南历史人文地理　广府、客家、福佬民系比较研究[M]．广州：中山大学出版社，2001．

[43] 田斌守等．建筑节能检测技术[M]．北京：中国建筑工业出版社，2009．

[44] 佟新．人口社会学[M]．北京：北京大学出版社，2000．

[45] 汪勇，李尚旗，刘娟．求索中的演进：佛山夏西村的变迁[M]．广州：广东人民出版社，2008，12．

[46] 王东甫、黄志辉．粤北少数民族发展简史[M]．广州：广东高等教育出版社，1998．

[47] 吴庆洲．中国客家建筑文化　上、下[M]．武汉：湖北教育出版社，2008，05．

[48] 谢剑，房学嘉．围不住的围龙屋：记一个客家宗族的复苏[M]．台北：南华大学，1999，11．

[49] 杨正军，王建新．粤东侨乡：汕头新和村社会经济变迁[M]．广州：广东人民出版社，2008，12．

[50] 曾祥委，曾汉祥；李文约等；南雄珠玑巷人南迁后裔联谊会筹委会．南雄珠玑移民的历史

与文化[M]. 广州：暨南大学出版社，1995，10.

[51]　曾昭璇. 客家屋式之研究[M]. 广州：广东省中山文献馆藏，民国手抄本.

[52]　周大鸣，吕俊彪. 珠江流域的族群与区域文化研究[M]. 广州：中山大学出版社，2007.

[53]　周大鸣等. 当代华南的宗族与社会[M]. 哈尔滨：黑龙江人民出版社，2003.

[54]　周建新. 动荡的围龙屋：一个客家宗族的城市化遭遇与文化抗争[M]. 北京：中国社会科学出版社，2006，9.

[55]　周天芸，欧阳可全等. 潮平两阔，风正一帆悬：广州江村的变迁[M]. 广州：广东人民出版社，2008，12.

[56]　周振民. 气候变迁与生态建筑[M]. 北京：水利水电出版社，2008，8.

[57]　祝列克；国家林业局. 全国林业生态建设与治理模式[M]. 北京：中国林业出版社，2003.

[58]　庄初升. 粤北土话音韵研究[M]. 北京：中国社会科学出版社，2004，4.

[59]　（春秋）老子. 老子[M]. 北京：中国社会科学出版社，2003.

[60]　（法）雨果（V. Hugo）；王怀远译注. 巴黎圣母院　英汉对照[M]. 北京：商务印书馆，1986.

[61]　（清）额哲克修；（清）单兴诗纂.（同治）韶州府志[M]. 上海：上海书店出版社，2003.

[62]　（清）屈大均. 清代史料笔记丛刊　广东新语[M]. 北京：中华书局，1985，4.

[63]　（清）屈大均. 广东新语[M]. 北京：中华书局，1985，4.

[64]　（清）阮元修等. 广东通志[M]. 上海：上海古籍出版社，1990，3.

[65]　（清）赵玉材. 绘图地理五诀[M]. 北京：世界知识出版社，2010，3.

[66]　（宋）王象之. 舆地纪胜[M]. 北京：中华书局，1992. 10. 引陈若冲《连山县记》

[67]　（宋）余靖撰. 广东丛书　武溪集[M]. 北京：商务印书馆，1946，5.

[68]　蔡凌. 侗族聚居区的传统村落与建筑[M]. 北京：中国建筑工业出版社，2007.

[69]　曹泳鑫. 中国共产党人文化使命研究[M]. 上海：上海人民出版社，2011，7.

[70]　陈礼颂. 一九四九前潮州宗族村落社区的研究[M]. 上海：上海古籍出版社. 1995.

[71]　陈志华，李秋香. 婺源[M]. 北京：清华大学出版社，2010，1.

[72]　陈志华，李秋香. 梅县三村[M]. 北京：清华大学出版社，2007.

[73]　戴氏. 广东通志·卷三十五[M]. 明嘉靖.

[74]　（美）丹尼尔·哈里森·葛学溥. 华南的乡村生活　广东凤凰村的家族主义社会学研究[M]. 北京：知识产权出版社，2012，1.

[75]　段进等. 城镇空间解析[M]. 北京：中国建筑工业出版社，2002，1.

[76]　傅崇兰，黄志宏等. 中国城市发展史[M]. 北京：社会科学文献出版社，2008，12.

[77]　傅熹年. 中国古代建筑史（二）[M]. 北京：中国建筑工业出版社，2001.

[78]　郭谦. 湘赣民系民居建筑与文化研究[M]. 北京：中国建筑工业出版社，2005.

[79]　黎明中；江西省政协文史委员会. 江西古村古民居[M]. 南昌：江西人民出版社，2006，1.

[80]　李晓峰．两湖民居[M]．北京：中国建筑工业出版社，2009，12．

[81]　韶关市地方志编纂委员会．韶关市志[M]．北京：中华书局，2001，7．

[82]　王力．汉语音韵学[M]．北京：中华书局，1956．

[83]　吴卫光．围龙屋建筑形态的图像学研究[M]．北京：中国建筑工业出版社，2010，11．

[84]　薛林平．悬空古村[M]．北京：中国建筑工业出版社，2011，3．

[85]　杨慎初，湖南省文物事业管理局等．湖南传统建筑[M]．长沙：湖南教育出版社，1993，8．

[86]　赵兵．农村美化设计 新农村绿化理论与实践[M]．北京：中国林业出版社，2011，5．

[87]　周大鸣．凤凰村的变迁：《华南的乡村生活》追踪研究[M]．北京：社会科学文献出版社，
2006，7．

[88]　周振民．气候变迁与生态建筑[M]．北京：水利水电出版社，2008，8．

[89]　庄初升．粤北土话音韵研究[M]．北京：中国社会科学出版社，2004，4．

[90]　廖晋雄．客家研究文丛 始兴古堡[M]．广州：华南理工大学出版社，2011，8．

[91]　王其钧．中国民居三十讲[M]．北京：中国建筑工业出版社，2005．

[92]　李衍春．中国传统建筑造型和结构对中国古典家具的影响的研究[D]．中南林业科技大学，
2008．

[93]　楼庆西．乡土建筑装饰艺术[M]．北京：中国建筑工业出版社，2006，1．

[94]　廖威．客家研究文丛 始兴艺术[M]．广州：华南理工大学出版社，2011，8．

[95]　刘森林．中华装饰 传统民居装饰意匠[M]．上海：上海大学出版社，2004，5．

[96]　齐学君，王宝东．中国传统建筑梁、柱装饰艺术[M]．北京：机械工业出版社，2010，1．

[97]　廖威．客家研究文丛 始兴艺术[M]．广州：华南理工大学出版社，2011，8．

[98]　钱正坤．钱正盛．中华吉祥装饰图案大全：吉祥图谱 下[M]．上海：东华大学出版社，
2006，1．

[99]　戴志坚．福建民居[M]．北京：中国建筑工业出版社，2009，11．

[100]　李秋香．闽西客家古村落[M]．北京：清华大学出版社，2008．

[101]　刘沛林．古村落：和谐的人聚空间[M]．上海：上海三联书店，1997．

学术期刊：

[102]　郑力鹏，郭祥．南岗古排：瑶族村落与建筑[J]．华中建筑，2009（12）．

[103]　王瑞．华南古道志之六：宜乐西京古道[J]．开放时代，2009（6）．

[104]　张世琴．石塘古村明清建筑的保护与利用[J]．广东科技，2012（11）．

[105]　余天炽．秦汉时期岭南和岭北的交通举要[J]．中国地理，1984（8）．

[106]　蒋响元．湖南古驿道[J]．湖南交通科技，2011（2）．

[107]　孟昭锋．华南古道志之十水口：南亩古道[J]．开放时代，2009（10）．

[108]　胡水凤．大庾岭古道在中国交通史上的地位[J]．宜春师专学报，1998（6）．

[109] 赖井洋. 千年乌迳古道: 韶关古道概述之二[J]. 韶关学院学报, 2012 (11).

[110] 王力. 中山近代民居窗楣装饰特色的研究[J]. 装饰, 2010 (2).

[111] Alan M. Kantrow (ed.), Sunrise sunset: Challenging the Myth of Industrial Obsolescence[J], Jonh Winley&Sons. 1985.

[112] 林凯龙. "京都帝王府, 潮州百姓家"——潮汕民居装饰及其启示[J]. 艺术与设计 (理论), 2007 (10).

[113] 林凯龙. 凿石如木 鬼斧神工——潮汕民居的石雕艺术[J]. 荣宝斋, 2007 (5).

[114] 林平. 追寻潮汕民居的足迹——浅析潮汕民居的建筑布局及其文化渊源[J]. 重庆建筑, 2004 (4).

[115] 林卫新, 李建军. 探访宗祠建筑的文化唯象: 以汕头市澄海区隆都镇后溪村 "金氏祠堂" 为例[J]. 广州建筑, 2009 (3).

[116] 陆元鼎, 魏彦钧. 广东潮安象埔寨民居平面构成及形制雏探[J]. 华南理工大学学报 (自然科学版), 1997 (1).

[117] 邱国锋. 梅州市客家民居建筑的初步研究[J]. 南方建筑, 1995 (3).

[118] 阮仪三, 邵甬, 林林. 江南水乡城镇的特色价值及保护[J]. 城市规划汇刊, 2002, 137 (1).

[119] 唐孝祥, 郑小露. 潮汕传统建筑的技术特征简析[J]. 城市建筑, 2007 (8).

[120] 吴鼎航, 吴国智. 柱扇式五柱侧样之排列构成[J]. 华中建筑, 2011 (2).

[121] 吴国智, 吴鼎航. 上厅开启式柱扇侧样之构成[J]. 华中建筑, 2009 (7).

[122] 吴国智. 潮州民居侧样之构成——前厅四柱式[J]. 华中建筑, 1997 (1).

[123] 吴国智. 潮州民居侧样之排列构成: 下厅九桁式[J]. 古建园林技术, 1998 (3).

[124] 吴庆洲. 从客家民居胎土谈生殖崇拜文化[J]. 古建园林技术, 1998 (1).

[125] 吴庆洲. 客家民居意象研究[J]. 建筑学报, 1998 (4).

[126] 吴庆洲. 客家民居意象之生命美学智慧[J]. 广东建筑装饰, 1996 (4).

[127] 叶强. 湘南瑶族民居初探[J]. 华中建筑, 1990 (2).

[128] 曾建平. 潮汕民居的美学意蕴——以陈慈黉侨宅个案研究为例[J]. 汕头大学学报 (人文社会科学版), 2003 (5).

[129] 宙明. 神秘的客家土楼[J]. 华中建筑, 1992 (3).

[130] 陈牧川. 中国古代民居中的建筑风水文化——江西万载周家大屋考察[J]. 华东交通大学学报, 2006 (4).

[131] 程爱勤. 论 "风水学说" 对客家土楼的影响[J]. 广西民族学院学报 (哲学社会科学版), 2002 (3).

[132] 冯江、阮思勤、徐好好. 广府村落田野调查个案: 横坑[J]. 新建筑, 2006 (1).

[133] 龚耕, 刘业. 广州近代城市住宅的居住形态分析[J]. 中国传统民居与文化第一辑, 1991, 2.

[134] 郭粼，曾国光．赣南客家传统民居初探[J]．大众文艺，2009（24）．

[135] 黄浩，邵永杰，李延荣．浓妆淡抹总相宜——江西天井民居建筑艺术的初探[J]．建筑学报，1993（4）．

[136] 黄浩、邵永杰、李廷荣．江西天井式民居简介[J]．中国传统民居与文化第四辑，1996，7．

[137] 黄镇梁．江西民居中的开合式天井述评[J]．建筑学报，1999（7）．

[138] 赖传青．广府明清风水塔数理浅析[J]．热带建筑，2007（1）．

[139] 朱雪梅，付玲．现代主义本土化——西方现代建筑在中国的发展、演绎[J]．广东工业大学学报（社会科学版），2009（4）．

[140] 李国香．江西民居群体的区系划分[J]．南方文物，2001（2）．

[141] 林智敏．对梅州传统客家民居保护与利用的思考[J]．山西建筑，2006（17）．

[142] 刘兵．若干西方学者关于李约瑟工作的评述——兼论中国科学技术史研究的编史学问题[J]．自然科学史研究，2003（1）．

[143] 刘炳元．东莞古村落保护与利用研究[J]．小城镇建设，2001（12）．

[144] 陆元鼎．广州陈家祠及其岭南建筑特色[J]．南方建筑，1995（4）．

[145] 罗雨林．广州陈氏书院建筑艺术（续）[J]．华中建筑，2001（5）．

[146] 罗雨林．广州陈氏书院建筑艺术[J]．华中建筑，2001（3）．

[147] 麻欣瑶、丁绍刚．徽州古村落公共空间的景观特质对现代新农村集聚区空间建设的启示[J]．小城镇建设，2009，4．

[148] 潘安．广州城市传统民居考[J]．华中建筑，1996（4）．

[149] 施瑛、潘莹．江西传统聚落的保护与利用研究[J]．农业考古，2010（3）．

[150] 朱雪梅，程建军．传统街区改造复兴模式研究[J]．南方建筑，2008（4）

[151] 潘莹，施瑛．广府民系、越海民系水乡传统聚落形态比较（上）[J]．农业考古，2011（3）．

[152] 潘莹，施瑛．论江西传统聚落布局的模式特征[J]．南昌大学学报（人文社会科学版），2007（3）．

[153] 潘莹、施瑛．湘赣民系、广府民系传统聚落形态比较研究[J]．南方建筑，2008（5）．

[154] 张艳玲．"负阴而抱阳，冲气以为和"的古建筑空间[J]．华中建筑，2009（12）．

[155] 朱雪梅，程建军，付玲．浅析苏州宅园与粤中庭园之差异特征[J]．古建园林技术，2010（1）．

[156] 潘莹．江西传统聚落建筑文化研究的方法[J]．江西社会科学，2003（12）．

[157] 潘莹．江西传统民居的平面模式解读[J]．农业考古，2009（3）．

[158] 邱丽、张海．广府民系聚落与居住建筑的防御性分析[J]．华中建筑．2007（11）．

[159] 朱雪梅，王国光，林垚广，周祥．传统城区保护更新的适应性分析——以广州西关地区城市设计为例[J]．四川建筑科学研究，2011（4）．

[160] 施瑛，潘莹．广府民系、越海民系水乡传统聚落形态比较（下）[J]．农业考古，2011（4）．

[161] 汤国华.广州近代民居构成单元的居住环境[J].华中建筑,1996（4）.

[162] 唐孝祥.论客家聚居建筑的美学特征[J].华南理工大学学报（社会科学版）,2001（3）.

[163] 田银生,张健,谷凯.广府民居形态演变及其影响因素分析[J].古建园林技术,2012（3）.

[164] 万幼楠.对客家围楼民居研究的思考[J].华中建筑,2001（6）.

[165] 王海娜.广东佛山东华里古建筑群保护与利用初探[J].四川文物,2006（1）.

[166] 朱雪梅,程建军,王国光,潘文朋.后亚运时代历史文化名城广州形象建设思考[J].城市观察,2011（3）.

[167] 伍国正,余翰武,吴越,隆万容.传统民居建筑的生态特性——以湖南传统民居建筑为例[J].建筑科学,2008（3）.

[168] 肖文燕.华侨与侨乡民居:客家围屋的"中西合璧":以客都梅州为例[J].江西财经大学学报,2009（6）.

[169] 杨宝,宁倩.传统生土民居建筑遗产保护对策——浅议福建永定客家土楼的保护[J].华中建筑,2007（10）.

[170] 杨秉德.广州竹筒屋[J].新建筑,1990.

[171] 郑力鹏,郭祥.广州聚龙村清末民居群保护与利用研究[J].华中建筑,2002（1）.

[172] 朱光文.明清广府古村落文化景观初探[J].岭南文史,2001（3）.

[173] 陈榕滨,陈晓云.风水文化对潮汕民居的影响[J].华中建筑,2005（5）.

[174] 李建生,张寿祺.广东地震区划初探[J].华南师院学报（自然科学版）,1981（1）.

[175] 陈志华.说说乡土建筑研究[J].建筑师.1997.04（75）.

[176] 陈忠烈.清代粤北经济区域的形成与特点[J].广东社会科学,1988（3）.

[177] 程建军."压白"尺法初探[J].华中建筑,1988（2）.

[178] 程建军.粤东福佬系厅堂建筑大木构架分析[J].古建园林技术,2000（4）.

[179] 冯骥才.保护古村落是文化遗产抢救的重中之重[J].中国房地产,2006（6）.

[180] 陈泽泓.珠玑文化的意识特点[A].广东炎黄文化研究会.岭峤春秋 珠玑巷与广府文化[C].广州:广东人民出版社,1998.01.

[181] 葛剑雄.中国历史上的人口迁移与文化传播——以魏晋南北朝为例[A].东南大学东方文化研究所.东方文化 第2集[C].南京:东南大学出版社,1992.05.

[182] 葛剑雄.论秦汉统一的地理基础[A].葛剑雄.葛剑雄自选集[C].桂林:广西师范大学出版社,1999:190-205.

[183] 广东南雄珠玑巷后裔联谊会,南雄市政协文史资料委员会.（新会）马氏本房世谱[A].南雄珠玑巷南迁氏族谱、志选集 再版[C],2003.

[184] 陆元鼎.广东潮州民居丈竿法[A].陆元鼎.中国传统民居与文化 中国民居学术会议论文集[C].北京:中国建筑工业出版社,1991.

[185]　陆元鼎．广东潮汕民居[A]．《建筑师》编辑部编辑．建筑师13[C]．北京：中国建筑工业出版社，1982．

[186]　苏秉琦．石峡文化初论[A]．苏秉琦．苏秉琦考古学论述选集[C]．北京：文物出版社，1984．

[187]　魏彦钧．粤北瑶族民居与文化[A]．陆元鼎．中国传统民居与文化　第2辑　中国民居第二次学术会议论文集[C]．北京：中国建筑工业出版社，1992．10．

[188]　吴国智．潮汕民居侧样之排列构成——上厅六柱式[A]．李先逵．中国传统民居与文化（5）[C]．北京:中国建筑工业出版社，1997．

[189]　吴国智．潮州民居板门扇做法算例[A]．黄浩．中国传统民居与文化、中国民居第四次学术会议论文集．第4辑[C]．北京：中国建筑工业出版社，1996．

[190]　谢苑祥．广东客家民居初探[A]．陆元鼎．中国传统民居与文化、中国民居学术会议论文集[C]．北京：中国建筑工业出版社，1991，2．

[191]　朱雪梅，林垚广，叶建平．粤北韶关地区古村落普查及保护利用研究[A]．陆元鼎．岭南建筑文化论丛中国民居学术会议论文集[C]．北京：中国建筑工业出版社，2010，12．

[192]　张九龄．开凿大庾岭路序[A]．曲江集[C]．广州：广东人民出版社，1986，10．

[193]　钟鸿英．潮汕民居风采揽胜纪略[A]．陆元鼎．中国传统民居与文化、中国民居学术会议论文集[C]．北京：中国建筑工业出版社，1991，2．

[194]　（宋）余靖．浈水馆记[A]．（宋）余靖撰．武溪集[C]．北京：商务印书馆，1946，5．

[195]　房学嘉．从两岸客家民居的特征看客家文化的变迁：以围龙屋建构为重点分析[A]．陈支平，周雪香．华南客家族群追寻与文化印象[C]．合肥：黄山书社，2005，12．

[196]　姜水兴．"珠现巷与广府文化"研究述评[A]．广东炎黄文化研究会．岭峤春秋　珠玑巷与广府文化[C]．广州：广东人民出版社，1998，1．

[197]　李哲，柳肃．湖南传统民居聚落街巷空间解析[A]．历史城市和历史建筑保护国际学术研讨会论文集[C]，2006．

[198]　黎虎．客家民居特征探源[A]．庆祝北京师范大学一百周年校庆历史系论文集　史学论衡[C]．下．北京：北京师范大学出版社，2002，8．

[199]　朱雪梅，林垚广，杜与德，王熙阳．粤北古道传统村落初探[A]．第十届传统民居理论国际学术研讨会论文集，2013．11[C]．上．北京：中国建筑工业出版社，2013，10．

[200]　潘莹．试从迁徙与融合的动态模式解析客家民居[A]．华南理工大学建筑学术丛书编辑委员会．建筑学系教师论文集2000-2002下[C]．北京：中国建筑工业出版社，2002，11．

[201]　齐康．科学学的构想[A]．鲍世行，顾孟潮．杰出科学家钱学森论山水城市与建筑科学[C]．北京：中国建筑工业出版社，1999．

[202]　施瑛、潘莹．传统客家民居的现代意义[A]．华南理工大学建筑学术丛书编辑委员会．建筑学系教师论文集2000-2002下[C]．北京：中国建筑工业出版社，2002，11．

[203]　吴国智．广东潮州许驸马府研究[A]．陆元鼎．中国传统民居与文化　中国民居学术会议论文集[C]．北京：中国建筑工业出版社，1991，2．

[204]　赵一新．试论传统村落形态[A]．陆元鼎，杨新平．乡土建筑遗产的研究与保护[C]．上海：同济大学出版社，2008．

[205]　何建琪．传统文化与潮汕民居[A]．陆元鼎．中国传统民居与文化　中国民居学术会议论文集[C]．北京：中国建筑工业出版社，1991，2．

学位论文：

[206]　王海．明清粤赣通道与两省毗邻山地互动发展研究[D]．暨南大学，2008．

[207]　廖志．粤北客家次区域民居与文化研究[D]．华南理工大学硕士论文，2000．

[208]　冯江．明清广州府的开垦、聚族而居与宗族祠堂的衍变研究[D]．广州：华南理工大学，2010．

[209]　赖瑛．珠江三角洲广府民系祠堂建筑研究[D]．广州：华南理工大学，2010．

[210]　隋启明．广府历史文化村落典型建筑保护方法研究[D]．广州：华南理工大学，2011．

[211]　王健．广府民系民居建筑与文化研究[D]．广州：华南理工大学，2002．

[212]　魏欣韵．湘南民居——传统聚落研究及其保护与开发[D]．湖南大学，2003．

[213]　曾志辉．广府传统民居通风方法及其现代建筑应用[D]．广州：华南理工大学，2010．

[214]　张以红．潭江流域城乡聚落发展及其形态研究[D]．广州：华南理工大学，2011．

[215]　张索娟．The Research on the Spatial Structures of Traditional Settlements in South Hunan and Explain the Culture of Traditional Settlements[D]．中南林业科技大学，2008．

网络媒体：

[216]　在线《辞海》速查手册[DB/OL]．http://www.xiexingcun.com/cihai/．

[217]　百度百科．[EB/OL]．http://baike.baidu.com．

[218]　互动百科．[EB/OL]．http://www.baike.com．

谱牒村史：

[219]　乐昌应山白氏族谱

[220]　南雄市南亩镇鱼鲜村王氏族谱

[221]　南雄市水城叶氏族谱

[222]　南雄市油山镇浆田村黄氏族谱

[223]　南雄市珠玑镇梅岭中站村

[224]　曲江区金龟屯黄氏族谱

[225]   曲江区马坝转溪下邱村中华丘氏大宗谱

[226]   仁化县城口镇恩村蒙氏族谱

[227]   曲江区上三都村赖屋族谱

[228]   仁化县李屋李氏族谱

[229]   仁化县灵溪镇大围村族谱

[230]   仁化县夏富村李氏族谱

[231]   乳源县大桥镇柯树下村张氏族谱

[232]   乳源县大桥镇老屋村许氏族谱

[233]   始兴县罗坝镇长围曾氏族谱

[234]   始兴县罗坝镇廖屋村廖氏族谱

[235]   始兴县马市镇红黎屋赖氏族谱

[236]   翁源县八卦围八角楼欧阳谱村志

[237]   翁源县江尾镇蒄岭村张氏宗祠族谱

[238]   新丰县潭石村九栋十八井温氏族谱

[239]   新丰县梅坑镇大岭村潘氏族谱

后 记

　　十多年来有幸一边实践一边研究，到访过岭南三百余古村落，怀着"读万卷书、行万里路"的理想，总想探究每个村落不同的故事、鲜活的历史。这些村落虽历经千百年沧桑，身上斑驳的年华仍能透出当年遁世的恬静或熙攘的繁华。粤北古村更是波澜壮阔，屡遭战乱匪患洗礼，先人们还是不远万里、跋山涉水、历尽艰辛，走出了条条古道。他们相址择地，结庐而聚，营造了美丽诗意的栖居。稍事安顿，建屋修桥、巧展匠艺、精益求精。立祠设塾，怀古追宗、耕读传家、繁衍生息。或许太多的史料抑或伤感于古村落被遗弃和不断破败的现实，一直在思考，该用怎样的方法才能打动今朝的人们，多驻足看看这博大的史书、辉煌的画卷、灿烂的文明……看到她真实恒久的价值呢？！是的，太多的头绪、太多的思路，总是提笔、又总是放下，举棋不定，数易其稿。终于坚持下来完成书稿，暂时画上句号，但对古村落的保护研究更将热情不减、岁月不断地走下去。

　　感谢导师程建军教授，他的治学严谨、思想敏锐、学识渊博令我受益匪浅，特别在面对纷繁的素材思绪混乱之时，总是给予启发性的指导和鼓励，让我厘清思路，茅塞顿开。感谢吴庆洲教授、董黎教授、邓其生教授、陆琦教授和郭谦教授对研究所给予的无私指导和至关重要的建议。感谢郑力鹏教授、唐孝祥教授、田银生教授、邱代胜局长、廖晋雄主席一直的支持和鼓励，并对写作给予了具体和建设性建议。

　　感谢韶关和清远两市的城乡规划局和文广新局以及相关地方政府、热心村民的支持和提供的资料及接受的访谈，没有这些宝贵素材，研究将无以为继。感谢同门好友薛莹、刘卫、王平、郑红、姜省、石拓和刘琼琳等一直的支持和帮助。特别要感谢我的同仁及学生林垚广、叶建平、王平、叶文乐、杜与德、杨俊文和王熙阳等协助我收集基础资料及改绘一些图表。

　　最后，感谢我的家人在书稿写作期间的默默付出，你们的关爱支持一直伴随我的左右，永生难忘！

朱雪梅

于广东工业大学"遗产保护与城市更新研究所"

2015年3月